# Analyse des Nahtbildungsprozesses von Verstärkungstextilien für Faserverbundkunststoffe

Von der Fakultät für Maschinenwesen der
Rheinisch-Westfälischen Technischen Hochschule Aachen
zur Erlangung des akademischen Grades eines
Doktors der Ingenieurwissenschaften
genehmigte Dissertation

vorgelegt von

Kai Tobi Klopp

aus

Gronau (Westfalen)

Berichter: Univ.-Prof. Dr.-Ing. Dipl.-Wirt. Ing. Thomas Gries
Univ.-Prof. Dr.-Ing. Burkhard Wulfhorst

Tag der mündlichen Prüfung: 21. November 2002

"D82 (Diss. RWTH Aachen)"

Textiltechnik
herausgegeben von
Univ. Prof. Dr.-Ing. Dipl.-Wirt. Ing. Thomas Gries

**Kai Klopp**

# Analyse des Nahtbildungsprozesses von Verstärkungstextilien für Faserverbundkunststoffe

D 82 (Diss. RWTH Aachen)

Shaker Verlag
Aachen 2003

Die Deutsche Bibliothek - CIP-Einheitsaufnahme

*Klopp, Kai:*
Analyse des Nahtbildungsprozesses von Verstärkungstextilien für Faserverbundkunststoffe / Kai Klopp.
Aachen : Shaker, 2003
(Textiltechnik)
Zugl.: Aachen, Techn. Hochsch., Diss., 2002
ISBN 3-8322-1170-5

Copyright Shaker Verlag 2003
Alle Rechte, auch das des auszugsweisen Nachdruckes, der auszugsweisen oder vollständigen Wiedergabe, der Speicherung in Datenverarbeitungsanlagen und der Übersetzung, vorbehalten.

Printed in Germany.

ISBN 3-8322-1170-5
ISSN 1618-8152

Shaker Verlag GmbH • Postfach 101818 • 52018 Aachen
Telefon: 02407 / 95 96 - 0 • Telefax: 02407 / 95 96 - 9
Internet: www.shaker.de • eMail: info@shaker.de

## Vorwort

Mein Studium und meine Tätigkeiten als wissenschaftlicher Mitarbeiter des Instituts für Textiltechnik der RWTH Aachen (ITA) ermöglichten es mir, Kenntnisse und Erfahrungen in den Disziplinen Filamentgarntechnik, Fasergarntechnik und Technische Textilien zu erwerben. An dieser Stelle danke ich sowohl meinen Eltern Frau Eva Klopp und Herrn Ing. Ludwig Klopp für die Unterstützung meines universitären Ingenieurstudiums an der RWTH Aachen sowie auch dem Institut für Textiltechnik der RWTH Aachen - insbesondere Herrn Prof. Dr.-Ing. Burkhard Wulfhorst - für die hervorragende studentische Ausbildung.

Die vorliegende Dissertation behandelt die Anwendung von Nähverfahren zur Herstellung von Faserverbundkunststoffbauteilen. Die interdisziplinäre Aufgabenstellung umfasst Verstärkungstextilien, Kunststoffverarbeitungsverfahren und Aspekte des Leichtbaus. Herrn Prof. Dr.-Ing. Dipl.-Wirt. Ing. Thomas Gries und Herrn Prof. Dr.-Ing. Burkhard Wulfhorst gilt mein Dank für die Betreuung dieser Arbeit. Herrn Prof. Dr.-Ing. Ernst Schmachtenberg und Herrn Prof. Dr.-Ing. Klaus Dilger danke ich für die Übernahme des Vorsitzes und des Beisitzes in meinem Promotionsverfahren. Diese Dissertation wäre nicht ohne die Hilfe von Studenten in meinem Arbeitsteam denkbar gewesen. Mein Dank gilt besonders Herrn cand. Ing. Jens Pucknat und Herrn Dipl.-Ing. Torsten Anft. Die Interdisziplinarität im Bereich Faserverbundkunststoffe zeichnete sich durch enge Kontakte zum Institut für Kunststoffverarbeitung der RWTH Aachen (IKV) und dem Institut für Leichtbau der RWTH Aachen (IfL) aus. Hier danke ich Herrn Dr.-Ing. Jochen Kopp - ehemals IKV - und besonders Herrn Dipl.-Ing. Stefan Wöste - ehemals IfL - für die wissenschaftlich fundierten Diskussionen und maschinentechnologischen Unterstützungen. Gedankt sei an dieser Stelle auch den Herren Dipl.-Ing. Florian Schmidt und Dipl.-Ing. Sven Lange vom Institut für Produktionstechnologie (Frauenhofergesellschaft IPT) sowie Herrn Dipl.-Ing. Dietmar Mandt vom Werkzeugmaschinen-Laboratorium der RWTH Aachen und Herrn Dipl.-Ing. Thorsten Krumpholtz vom Institut für Kunststoffverarbeitung der RWTH Aachen für die sehr gute Zusammenarbeit in den Projekten. Großen Dank spreche ich auch den Werkstätten und Laboren am ITA aus. Ihre unterstützenden Tätigkeiten erleichterten meine Projektarbeit sehr.

Weiterhin wären ohne die Projektträger "Deutsche Forschungsgemeischaft (DFG)" und "Arbeitsgemeinschaft industrieller Forschungsvereinigungen Otto-von-Guericke e. V. (AiF)" meine wissenschaftlichen Untersuchungen nicht möglich gewesen. Dank gilt auch den Firmen Amann, Gütermann, Schmetz, Lückenhaus, Interglas-Technologies, Saertex und Zwick für die zur Verfügung gestellten Materialien, Versuche und Diskussionen. Abschließend danke ich besonders meiner Freundin Frau Dipl.-Kff. Claudia Römisch für ihre Unterstützung und ihr Verständnis bei der Anfertigung dieser Dissertation. Dieser private Rückhalt war für mich von Großer Bedeutung.

Die industrienahe, selbstständige, flexible, teamorientierte und eigenverantwortliche Projekttätigkeit am ITA bietet Dipl.-Ing. und Promotionsabsolventen eine sehr gute Vorbereitung auf die spätere Industrietätigkeit. Ich hoffe, dass diese hervorragende Ausbildungsstrategie langfristig Fortbestand haben wird.

Dezember 2002, Kai Klopp

## Inhaltsverzeichnis

# 1 Einleitung

Im Bereich der Bekleidung, Technischen Textilien und Faserverbundwerkstoffe (FVW) werden textile Materialien gefügt [ebe93, dra93, mol95, rup96, wul98]. Zu den Fügeverfahren zählen das Schweißen, das Kleben, das Nähen, das Nieten und das Klammern. Der Begriff "Fügen" wird definiert als [wul98]:

> "Fügen ist das Zusammenbringen von zwei oder mehreren Werkstücken unter Zuhilfenahme von Verbindungselementen oder formlosen Stoffen."

Für das Fügen von Faserverbundwerkstoffen sind das Kleben von konsolidierten Materialien und das Nähen von textilen Halbzeugen von großer Bedeutung.

| Sportartikel | Transport | Luft- und Raumfahrt |
|---|---|---|
| • Rahmen des Tennisschlägers<br>• Ski<br>• Segelboot | • Außenhaut des Eisenbahnwaggons<br>• Stauraum | • Stauraum<br>• Bremsklappen<br>• Seitenleitwerk |

*Abb. 1-1: Beispielanwendungen von Faserverbundwerkstoffen*
*Fig. 1-1: Examples of Application for Composite Materials*

Faserverbundwerkstoffe werden in Sportartikeln, im Transportwesen und in der Luft- und Raumfahrt eingesetzt (Abb. 1-1). Ihre besonderen Fähigkeiten sind das niedrige Gewicht und die durch die Konstruktion der Verstärkungstextilien einstellbaren mechanischen Eigenschaften.

Das Fügen mittels Klebstoffen basiert auf der Bindefähigkeit des Klebers. Die Basis dieser Bindefähigkeit ist die Adhäsion zwischen dem Klebstoff und den zu fügenden Faserverbundbauteilen. Bei Faserverbundwerkstoffanwendungen erfolgt die Klebung der Bauteile nach dem Imprägnieren und Konsolidieren.
Das Vernähen von Verstärkungstextilien erfolgt vor dem Imprägnieren und Konsolidieren. Durch die Verschlingung bzw. Verkreuzung eines oder mehrerer Fadensysteme ineinander oder miteinander schmiegen sich die Textilien gegenseitig an bzw.

werden untereinander fixiert und erhalten ihre Verbindung durch eine zusätzliche Verstärkung in Richtung der Nähnadelbewegung beim Nadeleinstich durch die Fadensysteme. Die Vernähbarkeit von Verstärkungstextilien für Faserverbundwerkstoffe ist in den letzten Jahren immer häufiger wissenschaftlich untersucht worden [dra93, itaNN, mol95, mol96, mol97, mol97a, mol98, oda97, rup96]. Es wurden neue Nähverfahren entwickelt oder die Einflüsse der Nähparameter auf die Nahtqualität im Faserverbundbauteil untersucht. Diese Untersuchungen sind jedoch nicht ausreichend zur Vorhersage von Festigkeitseigenschaften vernähter Faserverbundkunststoffe. Zur Verbesserung der Nahtqualität und zur Optimierung der Einsatzmöglichkeiten ist daher die weitere Erforschung des Nahtbildungsprozesses durch messtechnische Analysen notwendig.

Ziel dieser wissenschaftlichen Untersuchungen ist die Bestimmung der Einflussparameter des Nahtbildungsprozesses für Nähte in Faserverbundkunststoffbauteilen unter Zuhilfenahme theoretischer und messtechnischer Analysen. Die Vorgehensweise zur Lösung dieser Aufgabe liegt in der Erarbeitung der hauptsächlichen Einflussfaktoren der Nähte und der genauen Beschreibung des Nahtbildungsprozesses. Die erarbeiteten Einflussfaktoren und die Prozessbeschreibung liefern die Ansätze zur messtechnischen Analyse der Nahtbildung. Die Auswertung der messtechnologischen Untersuchungen bildet die Ausgangsbasis für die Grundlagen einer ganzheitlichen Prozessbeherrschung des Nahtbildungsprozesses für die Gegenwart und Zukunft. Weiterhin wird als Grundlage für strukturmechanische Berechnung ein Modell zur Bestimmung der Zugfestigkeiten vernähter Faserverbundkunststoffbauteile auf Basis mikromechanischer Betrachtungsweisen erarbeitet.
Zum leichteren Verständnis der Einflussfaktoren des Vernähens von Textilien erfolgt im Folgenden Kapitel ein kurzer Überblick über die geschichtliche Entwicklung des Nahtbildungsprozesses und eine Vorstellung der diversen Nahtbildungsprinzipien.

# 2 Entwicklungsstand der Nahtbildungsverfahren

## 2.1 Geschichtlicher Überblick der Nahtbildungsmechanismen

Vor der Entwicklung mechanischer Nähmaschinen erfolgte das Vernähen von Textilien durch Pinzette bzw. Nadel und Nähfaden von Hand. Im Rahmen der Erfindung der Dampfmaschine und ihres Einsatzes zur mechanisierten Produktion textiler Erzeugnisse wurden die Produktionsleistungen erhöht. Hieraus resultierte der Zwang zur Erhöhung der Nähgeschwindigkeit, denn die Schnelligkeit der Bewegungen der menschlichen Gliedmaßen beim Nähen war nicht hoch genug. In England erfolgten erste Patentanmeldungen für mechanische Nähmaschinen um 1790 [ebe93, oda97, pmo97, pmo99]. Zu Beginn der maschinellen nähtechnologischen Entwicklungen wurde der Nähfaden in die Nadel geklemmt.

Der nachfolgende historische Überblick zur Entwicklung der Nähmaschinentechnologie (Abb. 2-1) beinhaltet nur einige Highlights. Er zeigt deutlich, dass in der Vergangenheit viele Entwicklungen parallel auf unterschiedlichen Weltkontinenten erfolgten. Im Laufe des 20. Jahrhunderts lag der Schwerpunkt der Forschungstätigkeiten bei Nähmaschinen in der Verbesserung des Nähprozesses und der Entwicklung von speziellen Nähautomaten beispielsweise für Stoffapplikationen und Knopflochnähte. Im Anschluss stand die Automatisierung bei gleichzeitiger Qualitätsverbesserung und Produktionserhöhung im Vordergrund. Gegen Ende des 20. Jahrhunderts ist eindeutig ein Trend zu einseitig arbeitenden Nähtechnologien zu verzeichnen.

| | |
|---|---|
| 1755 | Wiesenthal entwickelt in Deutschland eine Nähnadel mit jeweils einer Spitze an beiden Enden mit einem Nadelöhr in der Nähe einer Nadelspitze. |
| 1790 | Thomas Saint erhält das erste bekannte Patent für eine Nähmaschine in England. Die Stichart ist ein Einfachkettenstich. |
| ca. 1800 | Balthasar Krems setzt erstmals in Deutschland eine Nähnadel mit Nadelöhr an einer selbst entwickelten Kettstichnähmaschine ein. |
| 1830 | Barthelemy Thimmonier erbaut eine eigens konstruierte Kettenstichnähmaschine serienmäßig und richtet einen Vertrieb ein. Sie wird in Frankreich patentiert. |

| | |
|---|---|
| 1833 | Walter Hunt entwickelt eine Nähmaschine und setzt eine Nähnadel mit Nadelöhr ein. Das Prinzip liefert die Basis für die Stichart Steppstich. |
| 1845 | Elias Howe meldet in den USA ein Patent für seine Nähmaschine mit Nadelöhr in der Nähnadel und Doppelsteppstichprinzip an. Es ist das erste Patent weltweit für eine Steppstichnähmaschine. |
| 1850 | Barthelemy Thimmonier meldet sein französisches Patent in den USA an. |
| 1851 | Isaac M. Singer entwickelt die Nähmaschine von Elias Howe (1845) weiter und avanciert später zum weltweit größten Hersteller von Nähmaschinen. |
| 1852 | A. B. Wilson erbaut die erste Umlaufgreifernähmaschine und entwickelt den Hüpfertransport. Der Einsatz des Umlaufgreifers bewirkt die Fadenverkreuzung durch die gleichsinnige Bewegung des Unterfadengreifers. |
| 1877 | Matasaburo Imai erbaut die erste japanische Nähmaschine. |
| 1905 | Die ersten elektrische angetriebenen Industrie-Nähmaschinen werden angeboten. |
| 1920 | Der Nähmaschinenhersteller Singer verkauft die ersten elektrischen Nähmaschinen für Privat-Haushalte. |
| 1955 | Einführung der Nähmechanisierungs-Einrichtungen bei deutschen Nähmaschinenherstellern. |
| 1979 | Erstmaliger Einsatz von Mikro-Elektronik und Messsensoren in Nähmaschinen. |
| ca. 1980 | Erster Einsatz von Nähroboter-Anlagen. |
| 1989 | Philipp Moll und die Firma Pfaff entwickeln eine Nähmaschine für chirurgische Nähte. |
| 1995 | Erfindung der Roboternähmaschine "Robosew" von Philipp Moll in Deutschland. Sie vernäht die Textilien auf einem Formkörper. |
| 1998 | Einseitige Nähmaschine von Rattay mit einer Nähnadel und einer Greifernadel |
| 1998 | Nähmaschine mit einseitigem Nähgutzugriff und zwei Nähnadeln von Klaus-Uwe Moll in Aachen |
| 2000 | Einseitiger Nähkopf der Fa. KSL mit Bogennadel |

*Abb. 2-1: Entwicklung der Nähmaschinentechnologie [bae94, kei02, mol98, pmo00, pmo97, pmo99]*

*Fig.2-1: Historical Development of Sewing Technology [bae94, kei02, mol98, pmo00, pmo97, pmo99]*

Die folgenden Unterkapitel beinhalten eine Beschreibung der eingesetzten Nahtbildungsverfahren in der Bekleidungsindustrie, in Technischen Textilien und Verstärkungstextilien für Faserverbundkunststoffe (FVK).

## 2.2 Nahtbildungsverfahren in der Bekleidungsindustrie bzw. Konfektion

Die Nähmaschinen fügen die Zuschnitte der Textilien für Damen-, Herren- und Kindermoden. Die Ober- als auch Unterbekleidung wird vernäht. Aus flächigen bzw. ebenen Textilien werden 3D-Bekleidungstextilien gefügt. Bevor Textilien durch die Nähtechnologie gefügt werden können, werden sie in den folgenden Stufen der textilen Herstellungskette erzeugt:

- Garnbildung
- Herstellung des flächigen Textils (Gewebe, Maschenwaren, Vliese)
- Färbung
- Ausrüstung
- Zuschnitt.

Bekannte Nähverfahren der Konfektion sind der Kettenstich und der Steppstich.
Das Prinzip des Einfach-Kettenstich (Abb. 2-2) besteht im Eintauchen der neuen Fadenschlaufe in die vorher gebildete Fadenschlaufe des Nähgarns.

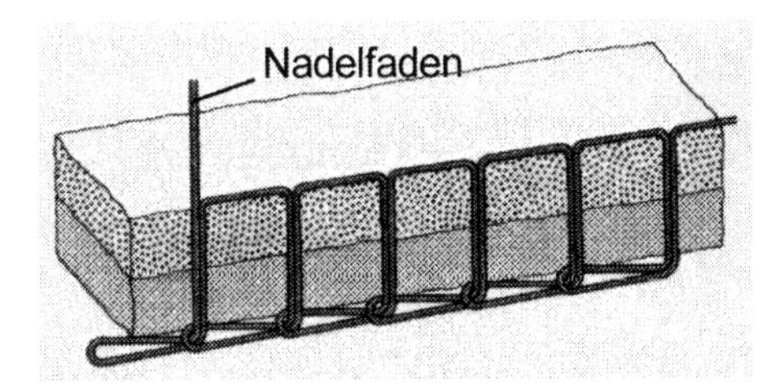


*Abb. 2-2: Stichprinzip des Einfach-Kettenstichs [ebe93]*
*Fig. 2-2: Principle Chain Stitch [ebe93]*

Im Vergleich zum Einfach-Kettenstich werden beim Doppelkettenstich zwei Nähfäden, der Nadelfaden und der Greiferfaden, eingesetzt. Der Greiferfaden taucht abwechselnd in die Fadenschlaufe des Nadelfadens ein und umschlingt anschließend im späteren Stich den Nadelfaden. Der zugehörige Stichbildungsprozess (Abb. 2-3) des Doppelkettenstich besteht aus 3 Phasen:

1. Die Nadel dringt in das Textil während ihrer Abwärtsbewegung ein. Bei der Aufwärtsbewegung der Nadel bildet sich im Nadelfaden eine Fadenschlaufe.
2. Der Greifer taucht unterhalb des Textil in diese Fadenschlaufe ein und die Nadel verläßt das Textil.
3. Durch den Weitertransport des Textil vergrößert sich die Fadenschlaufe des Nadelfadens, die Nadel penetriert anschließend das Textil und taucht in das Fadendreieck aus Nadelfadenschlaufe, Greiferfaden und Greifer ein. Dabei verläßt der Greifer die Fadenschlaufe des Oberfadens.

Schritt 4 in Abb. 2-3 beschreibt das Schließen der Naht am Nahtende. Der Greifer beschreibt eine vertikal zur Nadeleinstichrichtung oszillierende Bewegung.

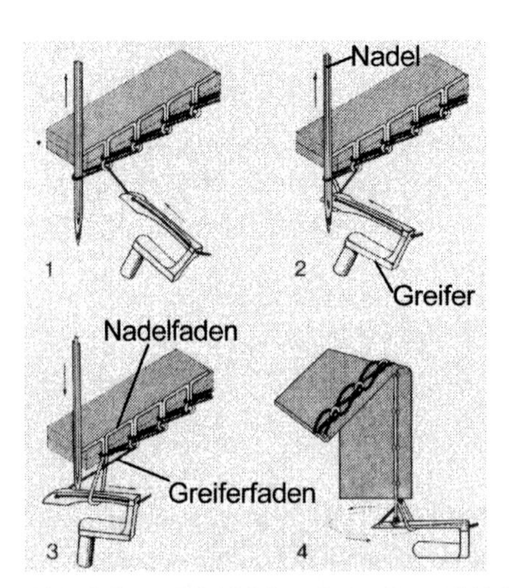


*Abb. 2-3:* *Stichbildung beim Doppel-Kettenstich [gueNN]*
*Fig. 2-3:* *Stitch Formation Double Chain Stitch [gueNN]*

Aufgrund der elastischen Nahteigenschaften werden die Kettenstichtypen häufig zum Fügen von Textilien aus Maschenwaren eingesetzt. Ein zusätzliches Stichbildungsprinzip ist der Überwendlichstich. Er arbeitet mit zwei Greifern und wird häufig zum Säumen der Stoffkanten eingesetzt.

Im Vergleich zum Doppel-Kettenstich überkreuzen sich beim Doppelsteppstich Ober- und Unterfaden (Abb. 2-4).Die nahtbildenden Maschinenelemente bei der Herstellung des Doppelsteppstichs sind ebenfalls die Nadel und ein Greifer. Es existieren horizontal oder vertikal angeordnete Greifersysteme.

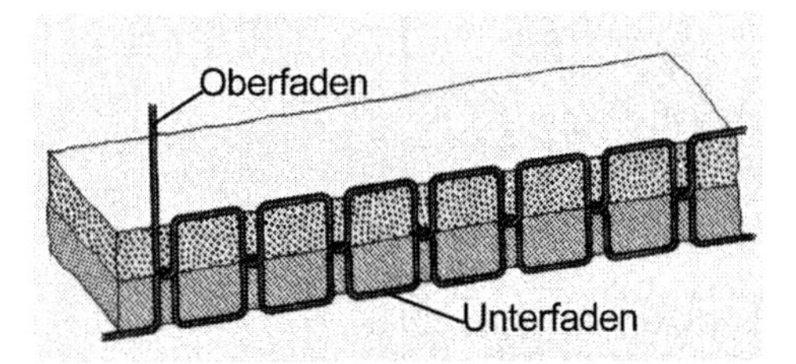


*Abb. 2-4: Stichprinzip des Doppel-Steppstich [ebe93]*
*Fig. 2-4: Principle Double Lockstitch [ebe93]*

Der Stichbildungsprozess beim Doppelsteppstich mit vertikal angeordneten Greifer (Abb. 2-5) untergliedert sich in 6 Phasen:

1. Die Nadel dringt während ihrer Abwärtsbewegung in das Textil ein.
2. Bei der Aufwärtsbewegung der Nadel bildet sich eine Fadenschlaufe im Oberfaden aus. Die Greiferspitze erfasst unterhalb des Textils die Fadenschlaufe.
3. Die Fadenschlaufe wird vom Greifer um die Spule gezogen (Winkelposition 90°). Die Fadenschlaufe des Oberfadens weitet sich auf.
4. Der Greifer zieht die Fadenschlaufe des Oberfadens weiter im Uhrzeigersinn um die Spule (Winkelposition 180°). Die Fadenschlaufe des Oberfadens erfährt an dieser Position ihre maximale Ausdehnung.
5. Der Greifer zieht die Fadenschlaufe fast gänzlich um die Spule herum (Winkelposition >270°). Ab einer Winkelposition oberhalb von 180° wird der Oberfaden durch den Fadenhebel der Nähmaschine zurückgezogen. Die Abmessungen der Fadenschlaufe verringern sich.
6. Der Oberfaden wird weiter zurückgezogen. Dadurch wird der Überkreuzungspunkt von Ober- und Unterfaden in das Textil hineingezogen.

Eine Sonderform des Doppelsteppstich ist der Zickzack-Stich. Hierbei überkreuzen sich Ober- und Unterfaden analog zum Doppelsteppstich, aber der Nahtverlauf in

Nährichtung ist zickzack-förmig. Dieser Nahtverlauf wird durch einen oszillierenden seitlichen Versatz der zu fügenden Textilien oder der Nadel erreicht.

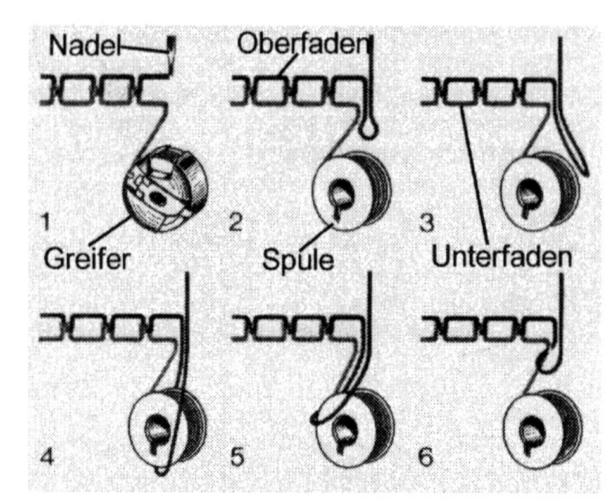


*Abb. 2-5: Stichbildung des Doppelsteppstich [gueNN]*
*Fig. 2-5: Stitch Formation Double Lockstitch [gueNN]*

Neben den vorgestellten Nähprinzipien existieren noch einige Sonderformen. Sie sind mit besonderen Zuführmechanismen ausgerüstet oder nähen spezielle Formen (z. B. Säummaschinen oder Knopflochnähapparate).

## 2.3 Nahtbildungsverfahren in Technischen Textilien insbesondere in Faserverbundkunststoffen

Die Stichbildungsprinzipien Doppel-Kettenstich, Überwendlichstich, Doppelsteppstich, Blindstich, Sticktechnologien und einseitige Nähtechnologien werden in Technischen Textilien eingesetzt bzw. deren möglicher Einsatz erforscht [bae94, dra93, hec99, ipfNN, klp00, klp00a, mol98, mol99, nn95, pyp99]. Blindstich- und Überwendlichsticharten basieren auf dem Steppstich- oder Kettenstichprinzip [mosNN]. Für Technische Textilien wird folgende Definition gegeben [wul98]:

> "Unter Technischen Textilien sind solche Produkte zu verstehen, die mehrheitlich unter dem Gesichtspunkt der Funktionalität konstruiert werden."

Beispiele konfektionierter Technischer Textilien sind LKW-Planen, Zeltplanen, Sonnensegel, Schiffssegel, Abgasschläuche, Transportsäcke, Filtermedien, Schutzbekleidung, Fallschirme, Geotextilien, Automobilinneneinrichtung und Verstärkungstextilien für Faserverbundwerkstoffe (FVW).

Technische Textilien unterteilen sich in eine Vielzahl von Produktgruppen: Mobiltex, Indutex, Medtex, Hometex, Clothtex, Agrotex, Buildtex, Packtex, Sporttex, Geotex, Protex, Oekotex. Das Spektrum gliedert sich in [wul98, hil00]:

- Mobilitätstextilien/Mobiltex:
  Luftfahrt, Raumfahrt, Automobil, ...
- Industrietextilien/Indutex:
  Filtermedien, Isolation, Dichtungen, ...
- Medizintextilien/Medtex:
  Hygiene, Verbandmaterial, Prothesen, ...
- Haus- und Heimtextilien/Hometex:
  Polster, Möbel, Teppiche, ...
- Bekleidungstextilien mit Funktionen/Clothtex:
  Schuhe, Funktionsbekleidung, ...
- Agrartextilien/Agrotex:
  Garten-, Landschaftsbau, Forstwirtschaft, ...
- Bautextilien/Buildtex:
  Fassaden, Betonbewehrung, Isolierung, ...
- Verpackungstextilien/Packtex:
  Verpackungen, Bigpacks, Abdeckplanen, ...
- Sporttextilien/Sporttex:
  Segel, Surfbretter, Skier, ...
- Geotextilien/Geotex:
  Uferbefestigungen, Hochwasserschutz, Straßenbau, ...
- Schutztextilien/Protex:
  Hitze- und Kälteschutz, Strahlenschutz, Warnkleidung, ...
- Oekotextilien/Oekotex:
  Umweltschutz, Recycling, Entsorgung, ... .

Faserverbundwerkstoffe (FVW) setzen sich aus zwei Komponenten, dem Matrix- und dem Fasermaterial, zusammen. Das Matrixmaterial kann aus Keramiken, Metallen, Feinbetonen und Kunststoffen bestehen. Beim Einsatz von Beton als Matrix wird der Faserverbundwerkstoff als "Textilbewehrter Beton" bezeichnet. In Faserverbundkunststoffen (FVK) oder Faserkunststoffverbunden (FKV) kommen thermoplastische oder duroplastische Matrixmaterialien zum Einsatz. Aufgabe der Matrix ist die Einleitung bzw. Überleitung der Kräfte von der Matrix auf die Faser, Kräfte von Faser zu Faser zu übertragen, die Faserlage und Bauteilabmessungen zu fixieren und das Fasermaterial vor Umgebungseinflüssen zu schützen [ehr92]. Das Fasermaterial hat eine höhere mechanische Belastbarkeit in Faserrichtung als das Matrixsystem. Daher besitzt es einen höheren Anteil an der gesamten Festigkeit des FVK-Bauteils. Spezielle Eigenschaften von FVK sind die Gewichtseinsparungen im Vergleich zu metallischen Werkstoffen, die hohe Korrosionsbeständigkeit, das gute Dämpfungsverhalten durch die Steifigkeitserhöhung, ein orientierter Kraftfluss in den Endlosfasern und einstellbare mechanische Eigenschaften durch Faserauswahl und Faserorientierungen. Durch die Kombination von Faser und Matrix besitzen FVK anisotrope Materialeigenschaften [car89, ehr92, fvwNN]. Die Fasermaterialien liegen geschnitten oder in Form von Filamentgarnen oder Verstärkungstextilien vor [fvwNN, niu96, puc96, wul98]. Beispiele für Verstärkungstextilien bzw. Textilhalbzeuge sind Vliesstoffe, Gewebe, multiaxiale Gelege, Geflechte und Maschenwaren (vgl. Kapitel 12.1).

Diese Arbeit legt den Fokus im Wesentlichen auf duroplastische FVK, welche mit Textilhalbzeugen aus Filamentgarnen verstärkt werden. Es wird häufig auch von „Endlosfasern“ gesprochen. Das Fasermaterial besteht hierbei aus Glas-, Aramid- oder Carbonfasern.

Das Vernähen bzw. die Konfektion von Verstärkungstextilien erfolgt aus folgenden Gründen [her00, klp01, mit00, mol98, wei00]. Durch das eingebrachte Nähfadensystem wird ein Kraftfluss in der Fügezone erzielt. Die durch Harzklebung gefügten Verstärkungstextilien werden dadurch senkrecht zur Fügezone verstärkt. Durch die Nähtechnologien können Verstärkungen lokal appliziert werden. Unterschiedliche Textilstrukturen lassen sich durch Nähtechnologien fügen. Dadurch können verschiedene Eigenschaften unterschiedlicher Verstärkungstextilarten miteinander kombiniert werden. Zusätzlich können endkonturgenaue Textilpreforms hergestellt werden. Weiterhin können aus flächigen Verstärkungstextilien 3D-Textilpreforms erzeugt werden. Bevor jedoch Verstärkungstextilien durch die Nähtechnologie gefügt werden können, durchlaufen die Fasern folgende Prozesskette vom Fasermaterial zum Verstärkungstextil:

- Garnbildung
- Herstellung des Verstärkungstextils
  (2D- und 3D-Gewebe, Maschenwaren, multiaxiale
  Gelegestrukturen, 2D- und 3D-Geflechte, Vliese)
- Zuschnitt.

Zur Konfektionierung von Verstärkungstextilien werden konventionelle Steppstich-Nähprinzipien, einseitige Nähverfahren (Fa. Altin, Fa. KSL, ITA) und einseitige Tuftingverfahren (DLR/KSL) eingesetzt. Der Einsatz konventioneller Nähtechnologien in FVK wird in den USA [www97, www98] wie auch in Deutschland [her00, mit00, mol98, sfb01, sfb98, wei00] erforscht. Weiterhin existieren Versuche, ausgehärtete FVK-Bauteile von Hand zu vernähen [rei01]. Die Firma Altin aus Deutschland hat ein einseitiges Nähverfahren entwickelt, das mit einer Nähnadel und Greifernadel arbeitet [nn00, pmo00]. Mit einer Bogennadel und nach dem Blindstichprinzip arbeitet das einseitige Nähverfahren der Fa. KSL [kei02]. Die DLR besitzt ein einseitiges Tuftingverfahren der Firma KSL, welches durch die Einbringung von Fadenschlaufen in die Kontaktzonen der Textilien eine Verstärkung in z-Richtung bewirkt [kei02, sic01]. Unabhängig von diesen Firmen wurde am Institut für Textiltechnik der RWTH Aachen durch Klaus-Uwe Moll das "ITA-Nähverfahren mit einseitigem Nähgutzugriff" oder auch "einseitiges ITA-Nähverfahren" entwickelt [klp00, klp01, mol00, mol98, mol99] (Abb. 2-6).

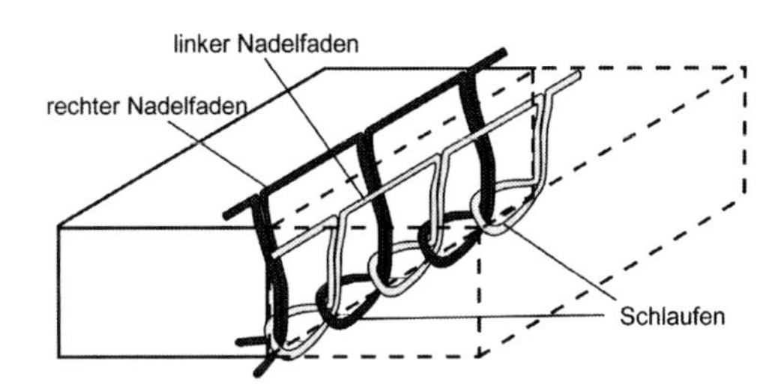


*Abb. 2-6: Stichprinzip ITA-Nähverfahren [klp00]*
*Fig. 2-6: Principle ITA-Stitching-Process [klp00]*

Das Funktionsprinzip dieses einseitig arbeitenden Nähverfahrens basiert auf zwei winklig zueinander angeordneten Nähnadeln, die von der Warenoberseite die zu fügenden Textilien penetrieren. Die Fadenschlaufe der linken Nadel wird durch die Nadelschlaufe der rechten Nadel geführt.

Die Entstehung der Naht ist aus Abb. 2-7 ersichtlich. Position A zeigt die Ansicht auf die linke und rechte Nadel in Richtung des Nähvorschubs, der in diesem Fall in die Papierebene der Abb. 2-7 hinein weist. Die restlichen dargestellten Phasen 1 bis 5 beschreiben die nacheinander folgenden Prozessschritte im Nähprozess. Die Richtung des Nähvorschub ist im letzten beschrieben Fall parallel zur Papierebene der Abb. 2-7 angeordnet. Der Vorschub des Nähkopfes erfolgt nur in Phase 3.

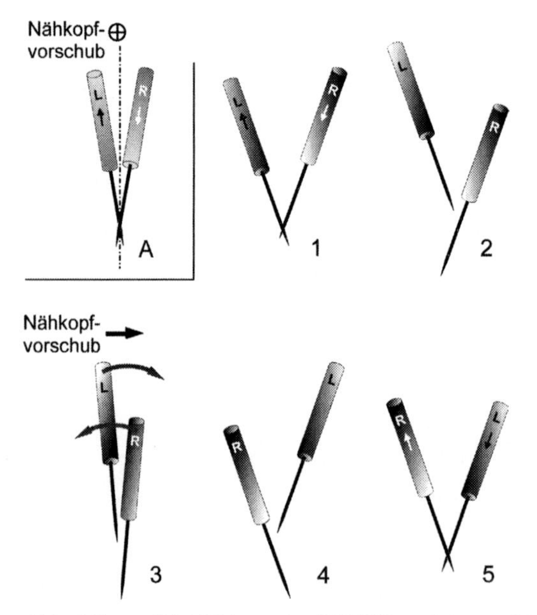


*Abb. 2-7: Stichbildung des ITA-Nähverfahrens [klp00]*
*Fig. 2 -7: Stitch Formation ITA-Stitching-Process [klp00]*

Der Stichbildungsprozess des "ITA-Nähverfahrens mit einseitigem Nähgutzugriff" untergliedert sich in 5 Phasen:

1. Die linke Nadel (L) gleitet aus den zu fügenden Textilien heraus und bildet unterhalb der Textilien im Nadelbett die linke Nadelfadenschlaufe aus. Die rechte Nadel (R) penetriert die Textilien und taucht in die linke Nadelfadenschlaufe ein.
2. Die linke Nadel bewegt sich bis zur höchsten Position bei gleichzeitiger Verringerung der Abmessungen der linken Nadelfadenschlaufe. Die rechte Nadel beendet ihre Abwärtsbewegung in der tiefsten Position.
3. Die Nadeln beginnen in diesen Endpositionen zu kippen, d. h. die linke Nadel kippt in Richtung des Nähvorschubs und die rechte Nadel in die entgegengesetzte Richtung. Der Nähkopf führt während der Kippbewegung der Nadeln seine Vorschubbewegung nur innerhalb dieser Phase aus.
4. Das Kippen der Nadeln ist beendet. Die linke Nadel befindet sich noch in der höchsten und die rechte Nadel in tiefsten Position.
5. Die rechte Nadel steigt aus der tiefsten Position auf und bildet die rechte Nadelfadenschlaufe. Die linke Nadel durchdringt von oben die zu fügenden Textilien und taucht unterhalb der Textilien in die rechte Nadelfadenschlaufe ein.

Die einseitigen Nähverfahren wurden entwickelt, um großflächige Verstärkungstextilien für FVK ohne Beschädigung der kraftleitenden Fasern fügen zu können. Bei den herkömmlichen Nähverfahren wie z. B. Doppel-Kettenstich, Überwendlichstich und Doppelsteppstich müssen die Textilien vor dem Nähprozess geklappt werden. Dadurch entstehen Faserschädigungen und ein Verrutschen oder Abrutschen der Fasern in der textilen Verstärkungsstruktur (Faserondulierungen). Eine optimale Kraftleitung im FVK-Bauteil kann dann nicht mehr garantiert werden.

Nach der Konfektionierung der Verstärkungstextilien erfolgt die Harzimprägnierung und Aushärtung. Bei duroplastischen FVK werden häufig Reaktionsharzsysteme auf Basis von Epoxid, Vinylester oder ungesättigtem Polyester zur Erzielung hoher mechanischer Matrixfestigkeiten eingesetzt [ehr92, gna91, sae92]. Bekannte Harzimprägnierverfahren sind das Handlaminieren, das Resin Transfer Moulding (RTM), das SCRIMP-Verfahren oder das Vakuumsackverfahren [ehr92, mic92, niu96, sae92]. Die Aushärtung erfolgt teilweise im gleichen Werkzeug oder getrennt von der Harzimprägnierung. Bei Epoxidharzsystemen erfolgt die Aushärtung unter Druck und Temperatur in Autoklaven, Nasspressen oder im Vakuumsackverfahren [car89, ehr92, mic92, niu96, sae92]. Ebenso sind Verfahren bekannt, bei denen die Harzim-

prägnierung vor der Aushärtung im Autoklaven vollzogen werden. Bei den Harzinjektionsverfahren, z. B. RTM, erfolgt die Einbringung des Harzes durch einen Überdruck (Injektion) und die Aushärtung im geschlossenen Werkzeug. Gleiches gilt für die Harzinfusionsverfahren. Hierbei bewirkt ein niedriger Atmosphärendruck das „Ansaugen" des Harzes in das geschlossene Werkzeug mit dem eingelegten Verstärkungstextil. Die Aushärtung erfolgt im selben Werkzeug.
Die aus vernähten Textilpreforms hergestellten duroplastischen FVK werden anschließend mechanischen Festigkeitsuntersuchungen unterzogen.

## 2.4 Mechanische Festigkeiten von Nähten in Faserverbundkunststoffen

An FVK-Probematerialien aus vernähten Textilpreforms wurden national und international diverse Festigkeitsuntersuchungen durchgeführt. Wichtige Festigkeitsuntersuchungen sind die Bestimmung der Zugfestigkeit, Biegefestigkeit, Interlaminare Scherfestigkeit, Interlaminare Energiefreisetzungsrate bzw. Winkelschälversuche, Impactverhalten, Versagen beim Crash und die Ermittlung von Wöhlerkennlinien. Anhand dieser Versuche kann auf das Versagensverhalten der FVK-Bauteile geschlossen werden. Diese aufgelisteten Prüfmethoden dienen der Bestimmung und Beurteilung der Steifigkeit, Festigkeit und Ermüdung vernähter FVK-Materialien [klp00, klp01, mol97, mol99, mou00].
Für die Vorhersage bzw. Berechnung der zu erwartenden Festigkeiten werden mikromechanische und makromechanische Eigenschaften der FVK-Bauteile benötigt [fvwNN]. Dieses beinhaltet die Beschreibung des Faserverlaufes anhand von Einheitszellen und die Versagenskriterien. Daraus wird anschließend das Belastungsmodell (makromechanisches Modell) entwickelt. Das makromechanische Modell ist die Grundlage zur Berechnung der Verformungen und inneren Kräfte auf analytischem Wege oder anhand von Finite-Elemente-Methode-Berechnungen (FEM). Hieraus werden dann die lokalen Spannungen in den einzelnen Verstärkungsschichten ermittelt. Der Versagensnachweis erfolgt anhand von Versagenshypothesen. Zur Zeit existieren mehrere Versagenshypothesen für FVK. Bei Festigkeitsanalysen und analytischen Berechnungsmodellen für FVK kommen zur Zeit allerdings nur zwei Versagenshypothesen zum Einsatz. Für unidirektional verstärkte Laminate (UD-Laminat) existiert das Versagenskriterium nach Puck [puc96]. Zusätzlich wird dort ein

Verfahren vorgestellt, welches auch Verstärkungen senkrecht zur Hauptfaserorientierung berücksichtigt. Weiterhin ist noch das Tsai-Wu-Kriterium bekannt [puc96]. Hier ist gerade für FVK mit vernähten Textilpreforms aufgrund der Verstärkung durch die Bauteildicke hindurch noch Bedarf an neuen Versagenshypothesen 3D-verstärkter FVK-Bauteile vorhanden.

Weiterhin existieren weltweit nur einige Festigkeitsuntersuchungen von vernähten FVK (Abb. 2-8) [ada95, bat97, jai98, kha96, klp01a, mol99, mou00, mou97, mou97a, mou99, mou99a, pan99, san00].

| **Festigkeit** | **Eigenschaftsänderung durch vernähte Textilpreforms** | | |
|---|---|---|---|
| Zug | ➚ | ➔ | ➘ |
| Druck | | ➔ | ➘ |
| Biegung | ➚ | ➔ | ➘ |
| Kerbwirkung Zug | | ➔ | ➘ |
| Kerbwirkung Druck | ➚ | ➔ | |
| Kriechen | ➚ | | |
| ILS | ➚ | ➔ | ➘ |
| Mode I, II | ➚ | ➔ | ➘ |
| Ermüdung Zug | ➚ | | ➘ |
| Ermüdung Druck | ➚ | | ➘ |
| Ermüdung Rißfortpflanzung | ➚ | | |
| Impact | ➚ | ➔ | ➘ |

Legende:

➚: Verbesserung ➔: keine Änderung ➘: Verschlechterung

ILS: Interlaminare Scherfestigkeit

Mode I,II: Rissinitiierungsmodus der Interlaminaren Energiefreisetzungsrate

*Abb. 2-8: Festigkeitsänderungen durch den Einsatz vernähte Textilpreforms in FVK*

*Fig. 2-8: Strength Variation of FRP by using stitched textile Preforms*

Deutlich ist aus Abb. 2-8 zu erkennen, dass die Festigkeiten durch den Einsatz von konventioneller Nähtechnologie positiv als auch negativ beeinflusst werden können. Zur Zeit kann nicht eindeutig bestimmt werden, welche Parameter im Nähprozess und welche Eigenschaften der eingesetzten Materialien die mechanischen Eigenschaften des fertigen FVK-Bauteils quantitativ beeinflussen. Dazu sind noch aufwändige Versuchsreihen notwendig. Diverse Untersuchungen bestätigen einige Einflüsse von Nähfaden, Nähnadel, Stichabstand und Stichdichte [klp01, mol99, mou99a].

In den Untersuchungen wurden nur Textilpreforms in Form von mehrlagigen Geweben aus Glas und Carbon sowie multiaxiale Gelege aus Glas eingesetzt. Die Faserorientierungen in den multiaxialen Gelegen und der Lagenaufbau wurden nicht angegeben. Eindeutige Aussagen über das statische und dynamische Festigkeitsverhalten vernähter FVK können noch nicht gegeben werden. Hierzu müssen weitere Untersuchungen insbesondere zum Ermüdungsverhalten erfolgen.

Modellvorstellungen zur Bruchentstehung bzw. Rissfortpflanzung oder zum Versagen vernähter FVK sind teilweise vorhanden. Sie beziehen sich allerdings nur auf spezielle Schädigungsformen (Risswachstum, Delaminationen, Faserbruch, Zwischenfaserbruch) [cox96, jai95, jai98]. Es existieren analytische Berechnungsansätze sowohl für vernähte FVK [jai95, jai98, cox96a, san00] als auch für 3D-verstärkte FVK [puc96]. Zur genauen analytischen Berechnung vernähter FVK ist jedoch ein mikromechanisches Modell für vernähte FVK notwendig. Dieses Modell bildet die Basis für das makromechanische Belastungsmodell. Dieses stellt dann wiederum die Basis für analytische Berechnungen oder FEM-Berechnungen [fvwNN] dar. Ein solches Modell existiert zur Zeit in Ansätzen noch nicht aus textiltechnologischer Anschauungsweise. In Roth [rot02] wird auf Basis der klassischen Laminattheorie ein Modell vorgestellt, welches mikromechanisch noch nicht den Nähfadendurchmesser sowie die anteilige Faser- oder Matrixschädigung mit berücksichtigt.

## 2.5 Wirtschaftliche Bedeutung der Nahtbildung

Die Bekleidungskonfektionsindustrie ist stark ins Ausland abgewandert. Eine bedeutende Menge von Bekleidungsstücken wird in Asien aufgrund geringerer Lohnkosten und eines größer werdenden Marktes basierend auf dem dortigen Bevölkerungszuwachs vernäht (Abb. 2-9) [the98]. Im Vergleich dazu entfällt auf Westeuropa nur ca. ein Fünftel der Konfektion.

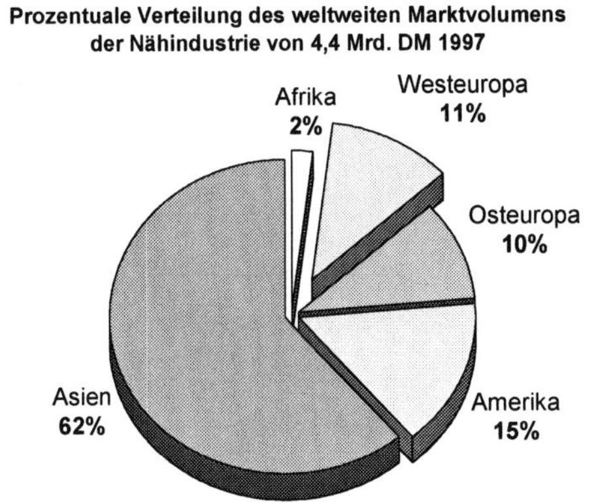


*Abb. 2-9: Verteilung des weltweiten Markts der Nähindustrie [the98]*
*Fig. 2-9: Sharing of the worldwide Stitching/Sewing Market [the98]*

Die Konfektion Technischer Textilien liegt unter 10 % der weltweiten Gesamtkonfektion (Abb. 2-10).

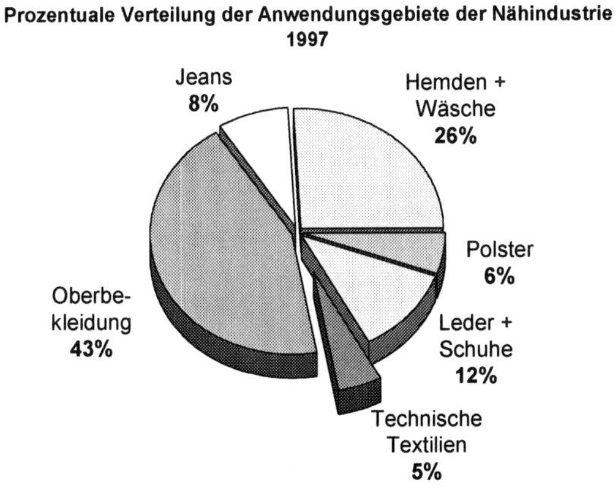


*Abb. 2-10: Weltweite Verteilung der nähtechnischen Anwendungsgebiete [the98]*
*Fig. 2-10: Worldwide Sharing of Stitching Application Areas[the98]*

Die Konfektion vieler Technischer Textilien, z. B. Automobilabgasschläuche oder Autogelenkbusbälge, erfordert modifizierte Nähmaschinen und ein hohes Knowhow im Zuschnitt und Vernähen der Textilien. Dies gilt ebenso für das Fügen von Verstärkungstextilien in FVW bzw. FVK. Hierbei müssen zusätzlich Kenntnisse über die Weiterverarbeitung der Verstärkungstextilien zu FVK vorhanden sein. Allerdings hat die Fügetechnologie Nähen im Bereich der Textilpreformfertigung noch keinen großen Einzug gehalten.

Das wirtschaftliche Potential für die Konfektion Technischer Textilien, insbesondere der Verstärkungstextilien für FVK, ist in Westeuropa im Vergleich zur Konfektion von Bekleidung aufgrund des benötigten Knowhows und vorhandener technischer Konfektionsbetriebe größer. Die deutschlandweit abgeschlossenen und laufenden Forschungsvorhaben zur Konfektionierung von Verstärkungstextilien in FVW [her00, ita01, lao02, mit00, mol98, sfb01, sfb98, wei00] beweisen, dass in naher Zukunft gute Chancen für den Textilmaschinenbau von Sondernähmaschinen, Automatisierungstechnologien und für die Konfektionierung der Verstärkungstextilien in Deutschland und Europa vorhanden sein werden.

Der Markt der Technischen Textilien hat sich in den letzten Jahren stabil entwickelt. Das belegen durchschnittliche Umsatzrenditen einiger Unternehmen der deutschen Textilindustrie. Die Umsatzrendite - also der jährliche Gesamtertrag des Kapitals aus der Summe der verkauften und mit ihren jeweiligen Verkaufspreisen bewerteten Leistungen (Erlös) in Prozent [gab97] - von Unternehmen aus dem Bereich der Technischen Textilien ist in den Jahren von 1996 bis 1999 größer als bei der übrigen Textilindustrie (Abb. 2-11) [hil00].

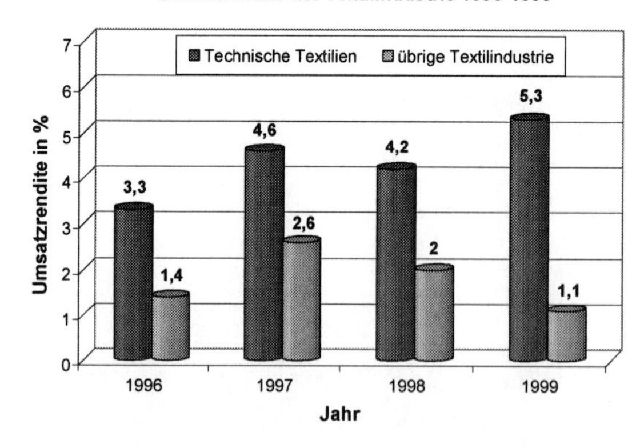


*Abb. 2-11: Umsatzrendite der Textilindustrie [hil00]*
*Fig. 2-11: Turnover Profitability of textile Industry [hil00]*

Weiterhin ist der Anteil der Technischen Textilien im Vergleich zur Bekleidungsindustrie und zu Haus- und Heimtextilien größer (Abb. 2-12) [hil00].

Die Prognosen für ein wertmäßiges durchschnittliches jährliches Wachstum in der Herstellung Technischer Textilien bis zum Jahr 2005 liegen bei 3,8 % [hil00]. Für diverse Anwendungsgebiete von Technischen Textilien werden unterschiedliche Wachstumsraten prognostiziert (Abb. 2-13). Für Mobiltextilien werden etwas geringere Wachstumsraten angenommen. Dafür wird der Marktanteil höher geschätzt. Diese Prognosen dürfen nicht überbewertet werden, denn weltweite politische Instabilitäten, kleinere wirtschaftliche Einbrüche und politische Entscheidungen bewirken schnelle Änderungen des Marktes. Allerdings zeigen die Prognosen ein großes Potenzial der Technische Textilien. Verstärkungstextilien werden stark im Bereich der Mobiltextilien eingesetzt, insbesondere in der Luft- und Raumfahrttechnik als auch im Schiffbau. Vorkonfektionierte Textilpreforms finden allerdings dort noch keine Anwendung, werden aber erforscht. Im Hinblick auf spezielle Eigenschaften und 3D-Verstärkungsstrukturen wird hier die Nähtechnologie für Verstärkungstextilien zukünftig eingesetzt werden. Das belegt die hohe Anzahl von Forschungsaktivitäten in diesem Bereich [her00, lao02, ita01, mit00, wei00].

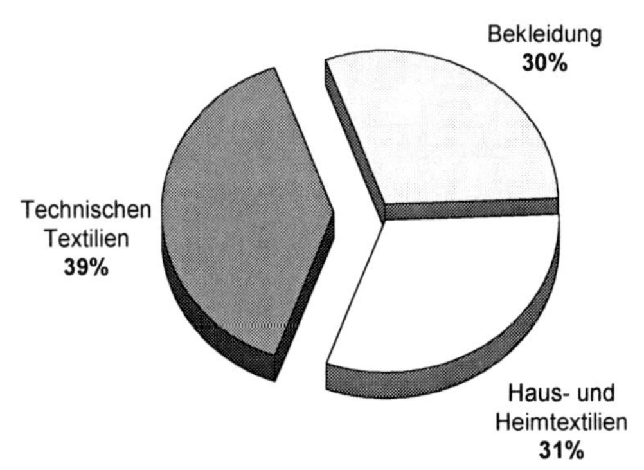


*Abb. 2-12: Verteilung der Produktgruppen der Textilindustrie in Deutschland 1999 [hil00]*

*Fig. 2-12: Sharing of the Application Areas of the textile Industry in Germany 1999 [hil00]*

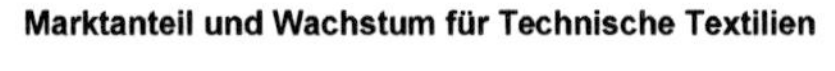


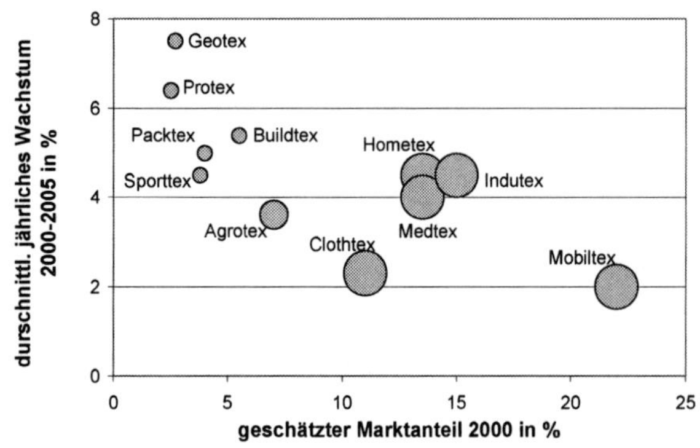


*Abb. 2-13: Wachstum für Technische Textilien bis 2005 [hil00]*
*Fig. 2-13: Growth of Technical Textiles till 2005 [hil00]*

Erfahrungen zur Konfektion von Verstärkungstextilien für FVK mit konventionellen Nähtechnologien sind bereits vorhanden. Die Beschaffungskosten konventioneller Nähanlagen sind niedriger als die einseitiger Nähtechnologien. Bei letzteren sind erst wenige Anlagen als Vorserienmodelle vorhanden. Konventionelle Nähtechnologien, wie z. B. Stepp- oder Kettenstich, sind durch Zuführmechanismen an die Nähaufgabe anpassbar. Sie sind als Serienmodelle verfügbar.

## 2.6 Aufgabenstellung

Zur Zeit liegen noch keine genauen Vorhersagemöglichkeiten zur Festigkeit von Nähten in FVK-Bauteilen vor. Die Einflussfaktoren durch die gewählten Materialien im Herstellungsprozess und des Nähprozesses an sich sind noch nicht ausreichend erforscht. Gerade zu den Auswirkungen der Naht auf die dynamische Festigkeit von FVK-Bauteilen ist nicht sehr viel bekannt. Deshalb werden im Rahmen dieser wissenschaftlichen Arbeit neben den statischen auch die dynamischen Eigenschaften vernähter FVK-Bauteile untersucht (*Analyse Nahtbildung*) (Abb. 2-14). Zuvor sollen die Einflussfaktoren des Nähprozesses auf die Nahtfestigkeit erarbeitet werden. Dies erfolgt mit Hilfe von Prozessstrukturierungen (*Strukturierung Nahtbildungsprozess*) und Festigkeitsuntersuchungen (*Analyse Nahtbildung*).

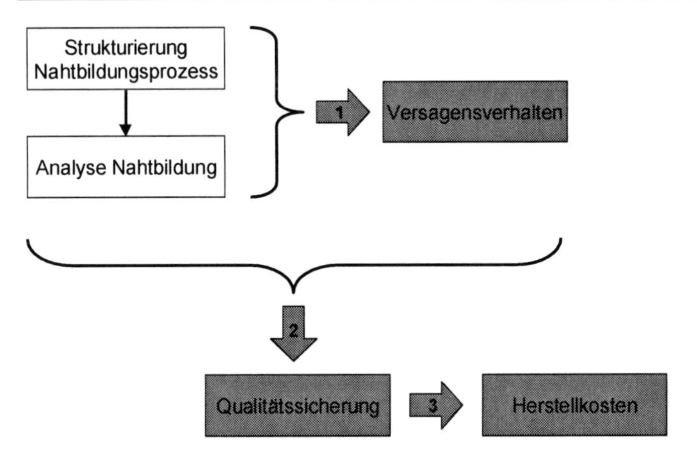


*Abb. 2-14: Aufgabenstellung und Zusammenhänge*
*Fig. 2-14: Problem Definition and Interrelationship*

Zur Vorhersage der Festigkeiten sind eindeutige mechanische Festigkeitsmodelle bis hin zu Versagenskriterien vernähter FVK-Bauteile notwendig. Es sollen die mechanische Festigkeitsgrundlage als Basis für die Strukturmechanik und deren analytische bzw. FEM-Berechnung erarbeitet werden. Ziel ist die Schaffung eines mikromechanischen Modellansatzes zur Beschreibung der Zugfestigkeiten vernähter FVK-Bauteile (*Versagensverhalten*). Dieser Ansatz ist die Basis für die zukünftige Ermittlung von Nähvorgaben für die Konfektionierung von Verstärkungstextilien. Weiterhin sind Empfehlungen zur prozessübergreifenden Qualitätssicherung bei der Herstellung von Nähten in Textilhalbzeugen für FVK-Bauteile zu erarbeiten (*Qualitätssicherung*). Zur Abschätzung der Kosten beim Einsatz konventioneller Nähtechnologien soll eine Abschätzung der Herstellkosten durchgeführt werden (*Herstellkosten*). Zum Abschluss erfolgt ein Ausblick auf zukünftige notwendige Forschungsinhalte.

# 3 Strukturierung der Nahtbildungsprozesse für Faserverbundkunststoffe

Ziel der Strukturierung ist die Erarbeitung der Eigenschaften und Zusammenhänge im Nähprozess der Zwischenprodukte und Endprodukte. Durch die Untergliederung/Strukturierung können viele Eigenschaften ermittelt werden. Diese Eigenschaften beeinflussen wesentlich den Prozessablauf und die Qualität vernähter FVK-Bauteile. Die Vorstellung und Auswahl geeigneter Strukturierungshilfsmittel ist im Anhang, in Kap. 12.2, ersichtlich. Im Folgenden werden der Nahtbildungsprozess des Doppelsteppstich-Nähverfahrens und des "ITA-Nähverfahren mit einseitigem Nähgutzugriff" mit Hilfe des "Phasenmodells der Produktion" strukturiert und Zusammenhänge mit dem "Ishikawa-Diagramm" erläutert. Ziel der Strukturierungen ist es, die Zusammenhänge und Einflussgrößen bei der Konfektion von Verstärkungstextilien für FVK herauszustellen.

Nähprozesse wurden bereits in der Vergangenheit systematisch gegliedert [roe96]. Dies erfolgte zumeist für Nähprozesse in der Bekleidung. Die Konfektionierung von Verstärkungstextilien unterscheidet sich von Bekleidungsfügeprozessen durch spezielle Anforderungen an den Nähprozess, durch andere Nähparameter und durch das zu verarbeitende Material. Das Phasenmodell der Produktion wurde noch nicht zur Strukturierung von Nähprozessen angewendet. Zunächst erfolgt in der ersten **Detaillierungsebene (DE0)** die Darstellung des gesamten Prozesses der Herstellung **vernähter FVK** (Abb. 3-1) mit Hilfe des Phasenmodells der Produktion.

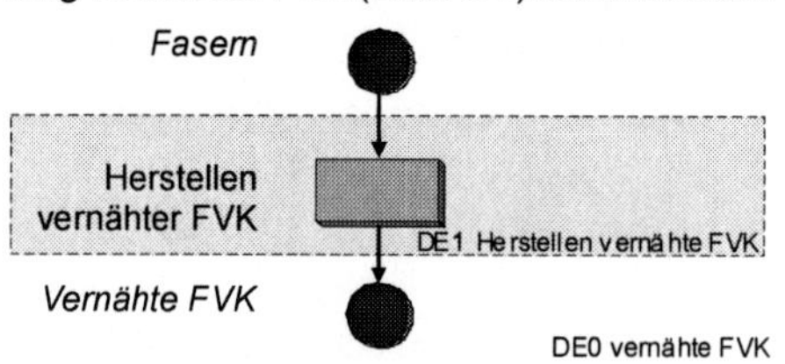


*Abb. 3-1: Detaillierungsebene 0 "Vernähte FVK"*
*Fig. 3-1: Structure Level 0 "Stitched FRP"*

Aus dem Produkt "**Fasern**" wird durch einen noch unbekannten Produktionsprozess "**Herstellen vernähter FVK**" das Endprodukt "**vernähte FVK**" erzeugt. Bei der Strukturierung bleiben Energiezufuhr, Wärmeabfuhr, Umgebungsbedingungen und Schmiermittel zur Vereinfachung unberücksichtigt. Eingangs- und Ausgangsprodukte in den Zwischenprozessstufen finden erst in späteren Detaillierungsebenen Beachtung.

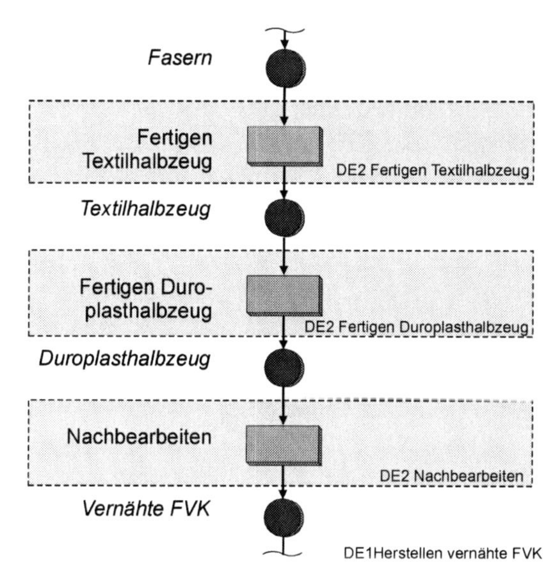


*Abb. 3-2: Detaillierungsebene 1 "Herstellen vernähte FVK"*
*Fig. 3-2: Structure Level 1 "Manufacturing of stitched FRP"*

Die weitere Unterteilung in die Detaillierungsebene 1 (DE1) liefert die Untergliederung das "**Herstellen vernähter FVK**" (Abb. 3-2) in die Prozessschritte "**Fertigen des Textilhalbzeugs**", "**Fertigen des Duroplasthalbzeugs**" und "**Nachbearbeitung**". Das Textilhalbzeug bzw. Textilpreform wird nach der Herstellung mit einer Matrix aus Kunststoff versehen. In diesem Fall werden nur duroplastische Matrices für hochfeste FVK-Bauteile berücksichtigt. Für den Einbau des FVK-Bauteils muss dieses beispielsweise spanend nachbearbeitet werden.

Die einzelnen Prozessschritte der Detaillierungsebene 1 (DE1) werden in der Detaillierungsebene 2 (DE2) weiter untergliedert. Zunächst erfolgt eine Strukturierung der Fertigung von Textilhalbzeugen.

Das "**Fertigen der Textilhalbzeuge**" (Abb. 3-3) unterteilt sich in die Prozessschritte "**Erzeugen des Textil**" mit dem Zwischenprodukt "**Verstärkungstextil**". Im Anschluss erfolgt der Prozess "**Konfektionieren des Textil**" mit dem Ausgangsprodukt

"**Textilhalbzeug**". Im Rahmen dieser Arbeit wird für den Begriff *Konfektionierung* folgende Definition erstellt:

> Die Konfektionierung von Verstärkungstextilien umfaßt alle Tätigkeiten zur Formgebung, Formänderung oder Fügung von Verstärkungstextilien.

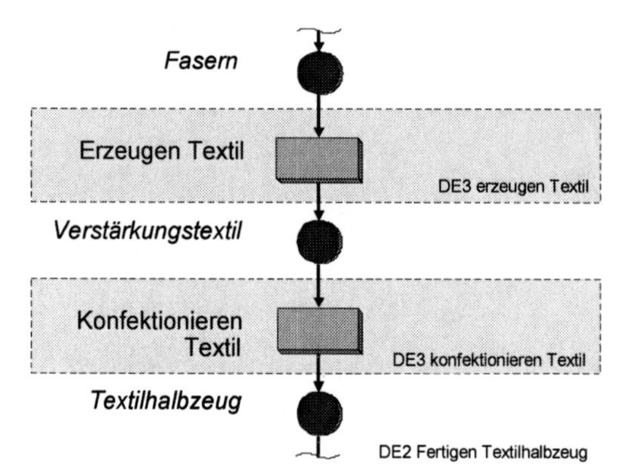


*Abb. 3-3: Detaillierungsebene 2 "Fertigen Textilhalbzeug"*
*Fig. 3-3: Structure Level 2 "Manufaturing of Reinforcing Textile"*

Das "**Erzeugen des Textil**" (DE3) unterteilt sich in mehrere textile Herstellverfahren (Abb. 3-4).

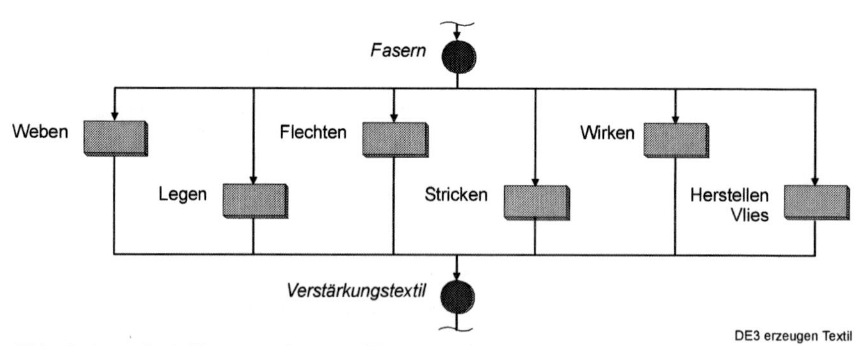


*Abb. 3-4: Detaillierungsebene 3 "Erzeugen Textil"*
*Fig. 3-4: Structure Level 3 "Produce Textile"*

Als Verstärkungstextilien für FVK werden Gewebe ("**Weben**"), multiaxiale Gelege ("**Legen**"), Geflechte ("**Flechten**"), Strickwaren ("**Stricken**"), Wirkwaren ("**Wirken**") und Vliese ("**Herstellen Vliese**") eingesetzt. Nun erfolgt die Angabe von Eigenschaften der Verstärkungstextilien. Der Einsatz von Verstärkungstextilien für FVW wird seit einigen Jahren am ITA erforscht [hoe93, klp01, lao01, mey97, wul91], so dass ein Erfahrungspotential vorhanden ist.

Ein Gewebe entsteht durch die Verkreuzung zweier Fadensysteme: Kette und Schuss (vgl. Kapitel 12.1). Die Verkreuzungspunkte zweier Fadensysteme werden als Bindung bezeichnet [hae55, kru51, wul98]. In FVK werden die Grundbindungen Leinwand, Atlas und Köper eingesetzt. Teilweise sind für FVK-Anwendungen auch Doppelgewebe bzw. Abstandsgewebe im Einsatz. Die wesentlichen Produkteigenschaften von Fasern hinsichtlich FVK-Anwendungen in allen Verstärkungstextilarten sind das Fasermaterial, die Faserfeinheit der Einzelfilamente, die Faserlänge, die Fadenfeinheit, die Fadenkonstruktion, die Faserschlichte, die mechanischen Eigenschaften, die chemische und die thermische Beständigkeit des Fasermaterials (Abb. 3-5).

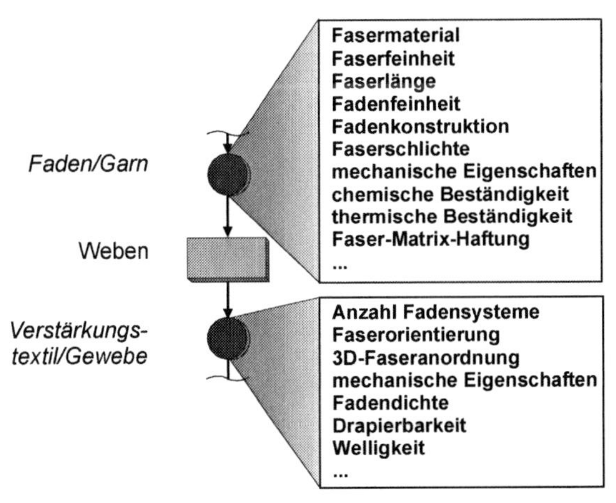


*Abb. 3-5: Produkteigenschaften "Weben"*
*Fig. 3-5: Product Properties "Weaving"*

Die wichtigen Produkteigenschaften nach dem Prozessschritt "**Weben**" sind die Anzahl der Fadensysteme, die Faserorientierung, die 3D-Anordnung der Fasern, die mechanischen Eigenschaften des Gewebes, die Fadendichte, die Drapierbarkeit und die Welligkeit der Verstärkungsfäden im Gewebe (Abb. 3-5). Im Bereich der Faserverbundkunststoffe wird beim Fadenmaterial vom Fasermaterial gesprochen. Im Folgenden wird daher der Begriff „Faser“ als „Faden“ angenommen. Somit entspricht das Kettgarn im Bekleidungsgewebe einer Kettfaser im Gewebe für FVK-Anwendungen.

Das Fasermaterial kann in FVK-Anwendungen beispielsweise aus Aramid, Glas oder Carbon bestehen. Die Feinheit in tex gibt das Gewicht der Faser in Gramm auf einer Faserlänge von 1000 m an. Die Faserlänge ist bei Verstärkungsfasern für Hochleistungs-FVK-Strukturen in der Luft-, Raumfahrt und im Verkehrswesen endlos. Die Faserschlichte in FVK dient im textilen Verarbeitungsprozess zum Schutz der Faser vor Schädigungen in Fadenführungen und Kontaktbereichen zu bewegenden Maschinenaggregaten, zur Verbesserung des Faserzusammenhaltes, zur Verringerung der Reibungskoeffizienten zwischen Faser und Maschinenelementen und als Haftvermittler zwischen Matrix und Faser. Die mechanischen Eigenschaften der Fasern sind Zugfestigkeit in Einzelfilamentrichtung, die Biegesteifigkeit und die Sprödigkeit. Fasern besitzen im nicht imprägnierten oder nicht eingebetteten Zustand keine Druckfestigkeit, weil sie nur in Faserrichtung hohe Kräfte aufnehmen können. Die Einzelfilamente der Aramid-, Glas- oder Carbonfasern sind biegeschlaff. Aufgrund der chemischen Zusammensetzung besitzen Fasern ein unterschiedliches Haftungsvermögen zwischen Faser und duroplastischer Matrix. Im Leichtbau spricht man in diesem Falle auch von Grenzflächenhaftung zwischen Faser und Matrix. Weiterhin besitzen Carbonfasern eine geringe Wärmeausdehnung (thermische Beständigkeit) und sind chemikalienbeständig.

Die Eigenschaften des Ausgangsprodukts unterscheiden sich von den Eingangsprodukten im Prozessschritt „**Weben**“ (Abb. 3-5) . Durch die Art des Gewebes wird die Anzahl der Fadensysteme vorgegeben. Die häufig eingesetzten Gewebe mit Leinwandbindung besitzen ein Kettfaden- und ein Schussfadensystem. Die Faserorientierung im Gewebe ist in Kettrichtung 0° und in Schussrichtung 90°. Bei Standardgeweben liegen die Fasermaterialien flächig in einer Ebene vor. Bei Abstands- bzw. Doppelgeweben ist ein 3D-Faserverlauf der Polkette vorhanden. Die mechanische Festigkeit beschreibt z. B. die Zugfestigkeit als auch die Faser-/Fadeneinbindung der Gewebe. Die Fadendichte beschreibt die Anzahl der Fasern bzw. Fäden in Kett- oder Schussrichtung pro Längeneinheit. Die Drapierbarkeit des Gewebes bezeichnet das

Vermögen eines Textil, sich dreidimensional ohne Faltenwurf zu verformen. Unter Welligkeit des Fasermaterials versteht man die Verformung von Kett- und Schussfaden. Prinzipbedingt ist beim Weben mit gleichem Fasermaterial und gleicher Faserfeinheit ein Wechsel der Höhenlagen der Fasern im Querschnitt des Gewebes bei Kett- und Schussfaden zu erkennen. Die Fasern verlaufen abwechselnd über die Ober- und Unterseite des Gewebes. Zur Übertragung von Kräften in FVK-Bauteilen müssen die Fasern gestreckt vorliegen [puc96]. Dies wird zum Teil dadurch erreicht, dass bei der Herstellung von Uniweave-Geweben (kettstarke Gewebe) der Schussfaden eine wesentliche geringere Feinheit und auch Faserspannung (Fadenspannung) als die Verstärkungsfaser in Kettrichtung besitzt. Dadurch wird die Welligkeit der Kette verringert. Im harzimprägnierten Zustand ähnelt das Uniweave-Gewebe sehr stark den UD-Laminaten.

Neben dem "**Weben**" werden Verstärkungstextilien durch "**Legen**" hergestellt (vergl. Abb. 3-4). Durch das Legeverfahren entstehen multiaxiale Gelegestrukturen. Die Faserlagen werden endlos und gestreckt in unterschiedlicher Orientierung in bis zu 8 Lagen übereinander abgelegt. Durch einen Wirkprozess werden über die gesamte Warenbreite gleichzeitig mit Hilfe der Maschen des Fixierfadensystems die gelegten Faserlagen miteinander verbunden [wul98]. Weiterhin können biaxiale Gelege durch die Nähwirktechnik und multiaxiale Gelege durch das Kettenwirken mit multiaxialem Schusseintrag erzeugt werden. Bei biaxialen Gelegen werden Kett- und Schussfäden im Kreuzungswinkel von 90° vorgelegt. Bei multiaxialen Gelegen (MAG) sind diverse Orientierungen möglich. Die beschrieben Anlagen zur Herstellung von MAG besitzen ein flaches Nadelbett. Die in Abb. 3-5 für das "Weben" aufgeführten Produkteigenschaften für Verstärkungstextilien gelten sowohl für biaxiale und multiaxiale Gelege als auch für andere noch vorzustellende Verstärkungstextilarten. Im weiteren Verlauf werden die restlichen Herstellungsprozesse für Verstärkungstextilien erläutert.

Ein weiterer Prozess zur Herstellung von Verstärkungstextilien ist das "**Flechten**". Die einzelnen Flechtfäden überkreuzen sich durch die Anordnung und vorgegebenen Bewegungsbahnen der Klöppel. Durch Übergabepositionen zwischen den rotierenden Flügelrädern werden die Klöppel von einem auf das andere Flügelrad übergeben. Beim Rund- oder Litzenflechten [wul98] bewegen sich die Klöppel in einer geschlossenen oder geöffneten Kreisbahn. Durch die gegenläufigen Bahnen der Klöppel entstehen die Überkreuzungen der Flechtfäden im Geflecht. Weiterhin existieren sogenannte Umflechter. Dabei wird ein Kern durch einen vertikal angeordneten Flechttisch geführt. Die Klöppel bewegen sich auf einer Kreisbahn ähnlich dem Rundflechten. Zur Herstellung von 3D-Geflechten ist am ITA das 4-Step-Braiding und das 3D-Rotationsflechten entwickelt worden. Beim 4-Step-Braiding werden die Klöppel in einem kartesischen Bahnsystem hin- und her bewegt. Dadurch können komplexe Geflechte mit unterschiedlichen Querschnittsformen und Querschnittsübergängen produziert werden. Im Geflecht liegen die Flechtfäden nicht gestreckt vor. Jedoch können beim 3D-Rotationsflechten durch den Einsatz von Stehfäden gestreckte Fasern in Produktionsrichtung der Maschine erzeugt werden. Dabei müssen die Klöppelfäden die Stehfäden im Geflecht fixieren.

Durch das Stricken und Wirken werden Maschenwaren produziert. Es werden eine oder mehrere Maschen durch ein oder mehrere Fäden oder Fadensysteme auf der Nadel gebildet. Das "**Wirken**" muss vom "**Stricken**" unterschieden werden. Beim Stricken bildet nur eine Nadel eine Masche. Im Wirkprozess dagegen bilden alle vorhandenen Nadeln gleichzeitig Maschen [web 92, wul98]. Beim Stricken wie auch beim Wirken werden die neuen Maschen durch das Hindurchziehen des Fadens mit der Nadel durch die alte Masche erzeugt. Dabei wird die Nadel durch die Fadenschlaufe ausgefahren und ergreift den neuen Faden. Die Nadel wird mit dem Faden gänzlich durch die alte Masche zurückgezogen. Beim „**Stricken**“ existieren Flach- und Rundstrickmaschinen. Diese Einteilung wurde nach der Form der Nadelbetten vorgenommen. Bei den Maschinen für das „**Wirken**“ wird zunächst in Kulierwirkmaschinen mit einer Fadenvorlage und in Kettenwirkmaschinen mit mehreren parallelen Fäden als Vorlage unterschieden. Es existieren zur Zeit nur Anlagen mit flachen Nadelbetten. Die Maschen sind Fadenschlaufen und überkreuzen sich an den Bindungsstellen mit anderen Maschen. Mit diesen herkömmlichen Strick- und Wirkmaschinen liegt das Faser- bzw. Fadenmaterial schlaufenförmig im Textil vor. Zusätzlich existieren Wirkmaschinen mit Teil- oder Vollschusseinrichtung oder spezielle multiaxiale Kettwirkmaschinen, um Verstärkungsfasern gestreckt einbringen zu können. Bei diesen Anlagen führen spezielle Aggregate die Fasern mittels Schuss- oder Kettenlegern die Faser gestreckt dem maschenbildenden Fixierfadensystemen vor.

Das "**Herstellen des Vlies**" bewirkt im Vliesstoff eine wirre oder in bestimmten Richtungen angeordnete Faserorientierung von Kurzfasern. Die Fasermaterialien werden mechanisch, aerodynamisch, nass oder durch Spinnbalken zu einem Faserflor ausgelegt. Der Faserflor wird anschließend mechanisch, chemisch oder thermisch verfestigt. Die Verbindung der Fasern erfolgt formschlüssig durch Verschlingungen (mechanisch) oder kraftschlüssig durch Verklebung (chemisch bzw. thermisch) [wul98]. Formschluss kann beispielsweise durch Wasserstrahlverfestigung oder Nadelverfestigung erzielt werden. Eine Verklebung geschieht entweder chemisch durch Klebstoffe oder durch den Einsatz von thermoplastischem Fasermaterial. Die Vliesherstellung wurde nur der Vollständigkeit halber mit aufgeführt. Vliesstoffe werden zu Verstärkungszwecken in Hochleistungs-FVK-Bauteilen kaum eingesetzt.
Nach der Strukturierung des Prozesses "**Erzeugen des Textil**" (vgl. Abb. 3-3 DE2) folgt nun die Untergliederung des Prozesses "**Konfektionieren des Textils**" (DE3). Dabei werden die Verstärkungstextilien geteilt ("**Teilen**") und dem Fügeprozess ("**Fügen**") zugeführt ( Abb. 3-6) [wul98].

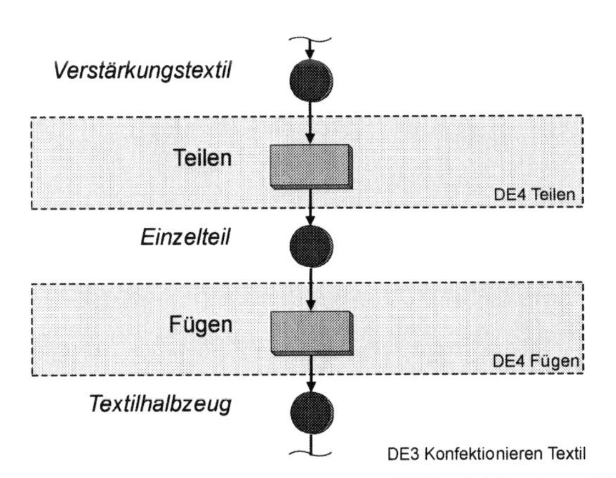


*Abb. 3-6: Detaillierungsebene 3 "Konfektionieren Textil"*
*Fig. 3-6: Structurte Level 3 "Tailoring Textile"*

Das "**Teilen**" wird weiter in "**Schnittbild erstellen**", "**Zuschneiden**", "**Markieren**" und "**Vorbereiten**" untergliedert (Abb. 3-7). Die Wahl der Bezeichnungen ist eng an die Namensgebung aus der Bekleidungsindustrie angelehnt (vgl. [wul98]). Für das Teilen von Verstärkungstextilien existieren zur Zeit keine eindeutigen Namenszuweisungen der Unterschritte.

Der Prozess "**Schnittbild erstellen**" (Abb. 3-7) umfasst die Tätigkeiten der Bestimmung der später zu schneidenden Abmessungen im Verstärkungstextil. Dabei muss die spätere gewünschte Faserorientierung im Textilpreform bzw. im FVK-Bauteil berücksichtigt werden (Abb. 3-8). Zusätzlich beeinflusst die Drapierbarkeit eine 3D-Gestaltung durch Verformung und spezielle Formgebungsnähte. Bei steiferen Verstärkungstextilien kann die 3D-Form teilweise nur durch Zuschnitt und Nähen erzielt werden. Biegeschlaffe Verstärkungstextilien können flexibler ohne Zuschnitt und Nähen in 3D-Form gebracht werden. Somit beeinflussen die mechanischen Eigenschaften des Verstärkungstextils die Gestaltung des Schnittbildes.

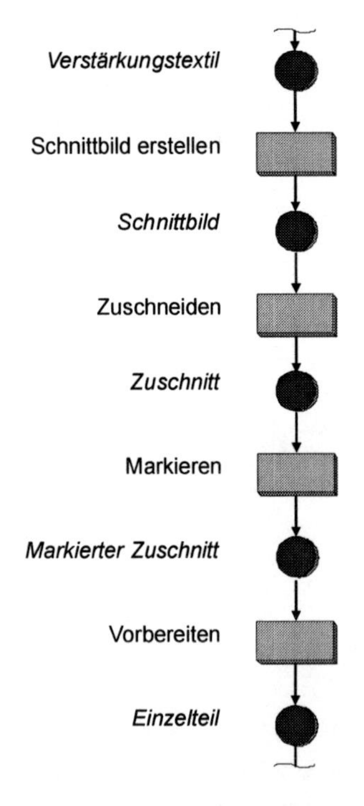


*Abb. 3-7: Detaillierungsebene 4 "Teilen"*
*Fig. 3-7: Structure Level 4 "Separating"*

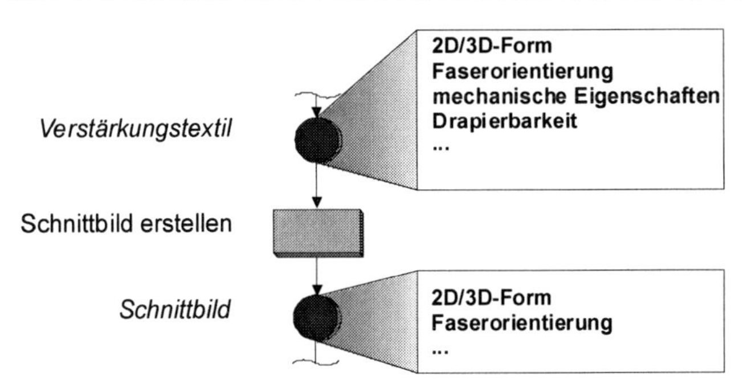


*Abb. 3-8: Produkteigenschaften "Schnittbild erstellen"*
*Fig. 3-8: Product Properties "Pattern Design"*

Durch den Prozess "Schnittbild erstellen" wird die Form des Zuschnittes und dadurch die 2D- oder 3D-Form der später gefügten Verstärkungstextilien mitbestimmt. Die Faserorientierung des Zuschnitts wird durch Form und Lage der Kontur beeinflußt. Die Aufgabe der Zuschnitterstellung ist das Abwickeln eines 3D-Körpers auf 2D-Flächen. In der Bekleidung sind dafür CAD-Programme vorhanden. Für die Zuschnitterstellung von Verstärkungstextilien können diese Programme nicht ohne weiteres übernommen werden. Hier müssen neben der abzubildenden 3D-Form zusätzlich die mechanischen Eigenschaften, Faserorientierungen und die Drapierbarkeit beachtet werden. Dazu sind bereits Ansätze vorhanden [roe01]. Allerdings werden zunächst nur flächige Textilstrukturen berücksichtigt. Zur Schnittbilderstellung von 3D-Geweben oder 3D-Geflechten existiert z. Zt. noch keine befriedigende Lösung.

Mit dem vorhandenen Schnittbild ist nun der Prozess "**Zuschneiden**" von Verstärkungstextilien möglich (Abb. 3-9).

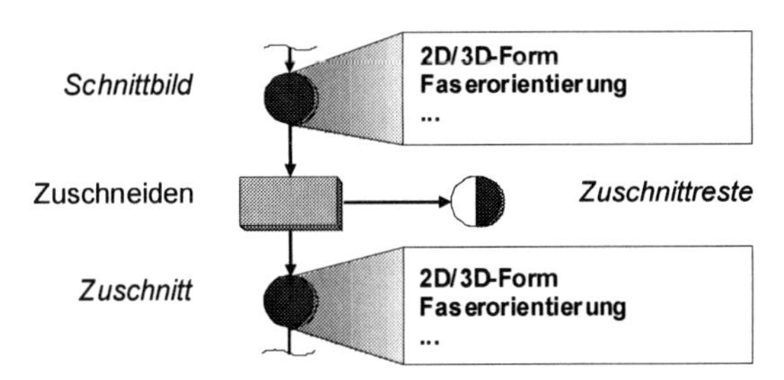


*Abb. 3-9: Produkteigenschaften "Zuschneiden"*
*Fig. 3-9: Product Properties "Cutting"*

Das Zuschneiden erfolgt im Einzellagenzuschnitt. Aufgrund der eingesetzten Fasermaterialien Glas, Aramid und Carbon kann kein Mehrlagenzuschnitt erfolgen. Die Schnittfestigkeiten der Materialien sind zu hoch. Das führt gerade bei Carbon zu einer hohen Abnutzung der Metallschneiden. Neben dem Schneidmedium Metall werden teilweise auch Wasserstrahlverfahren eingesetzt. Für den Zuschnitt von Bekleidungstextilien sind zusätzlich noch Laserstrahl- und Ultraschallschneiden bekannt. Der Mehraufwand zur Trocknung der Zuschnitte nach dem Wasserstrahlschneiden und die damit verbundenen höheren Kosten lassen dieses Schneidverfahren unrentabel erscheinen. Zuschnittreste entstehen durch eine nicht komplette Ausnutzung der vorgelegten Fläche des Verstärkungstextil im Schneidprozess. Generell muss beim Zuschnitt von Verstärkungstextilien im Vergleich zum Bekleidungszuschnitt berücksichtigt werden, dass die Stückzahlen sehr gering sind. Dies gilt besonders für Zuschnitte von Verstärkungstextilien für Hochleistungs-FVK für Strukturbauteile in der Luft- und Raumfahrt.

Beim "**Markieren**" der Zuschnitte werden die Einzelzuschnitte mit einer Kodierung versehen (Abb. 3-10). Diese Kodierung kennzeichnet die spätere Anordnung des Einzelzuschnitts im Fügeprozess Nähen. Die Eigenschaften des Verstärkungstextil werden dadurch nicht verändert.

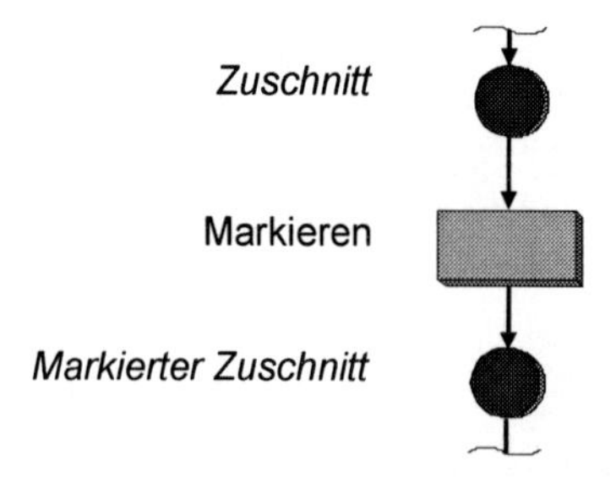


*Abb. 3-10: Produkteigenschaften "Markieren"*
*Fig. 3-10: Product Properties "Marking"*

Der Prozessschritt "**Vorbereiten**" beinhaltet alle Aktivitäten für den späteren Fügeprozess (Abb. 3-11). Im Gegensatz zur Bekleidungsindustrie soll hierunter auch der Transport nach dem Zuschneiden und Markieren zur Nähanlage verstanden werden.

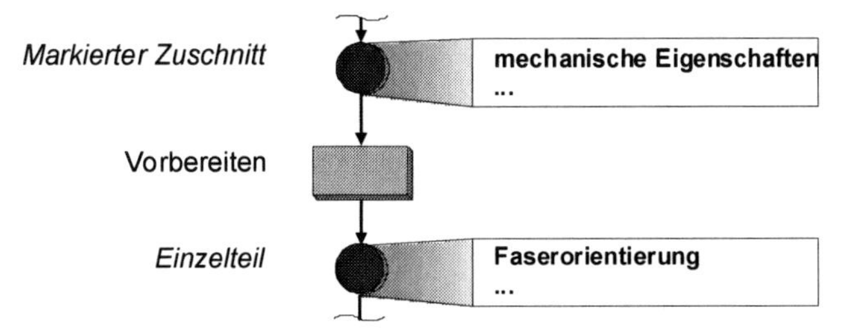


*Abb. 3-11: Produkt Eigenschaften "Vorbereiten"*
*Fig. 3-11: Produkt Properties "Preparation"*

Der Transport kann Faserdesorientierungen im markierten Zuschnitt hervorrufen. Diese werden durch Reibung mit anderen Materialien oder Verstärkungstextilien erzeugt, bedingt durch eine geringere Einbindung des Fasermaterials in das Textil. Diese bewirkt eine kleinere Verschiebefestigkeit der Verstärkungsfasern untereinander. Durch auftretende Reibung und Haftung des markierten Zuschnitts (mechanische Eigenschaften) werden Fasern verschoben oder aus dem textilen Verbund herausgezogen. Abhilfe könnten ein- oder zweiseitig auf das Einzelteil aufgebrachte Schutzfolien schaffen.

Im weiteren Verlauf wird das textile "**Fügen**" (DE3) untergliedert (vgl. Abb. 3-6). Unter Fügen wird Nieten, Kleben und Nähen verstanden [wul98]. Verstärkungstextilien werden durch den Matrixeinsatz bei duroplastischen FVK geklebt. Als textile Fügeverfahren existieren konventionelle und einseitige Nähverfahren (DE5) (Abb. 3-12). Die konventionellen Nähverfahren werden in das Kettenstich- und das Steppstichprinzip untergliedert. Alle anderen Näh- und Stickverfahren, wie Zickzack-Stich oder Überwendlichstich lassen sich aus diesen zwei Grundstichtypen ableiten. Bei den einseitigen Nähverfahren existieren Stichbildungsprinzipien mit einer Nadel und einer Hilfsnadel (Fa. Altin), einer Bogennadel (Fa. KSL) und mit zwei Nähnadeln von einer Seite (ITA) (vgl. Kapitel 2).

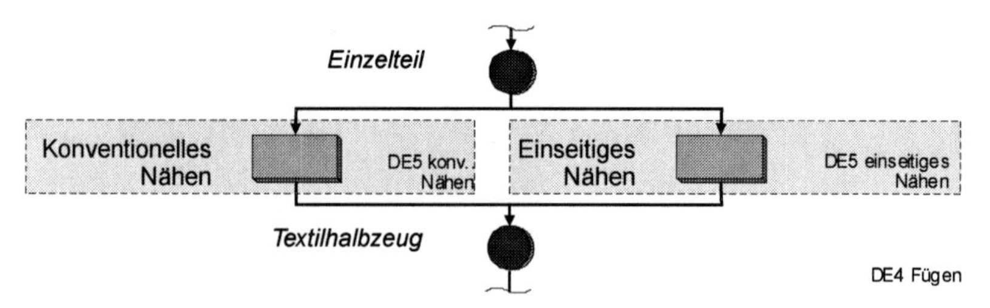


*Abb. 3-12: Detaillierungsebene 4 "Fügen"*
*Fig. 3-12: Structure Level 4 "Joining"*

Im weiteren Verlauf dieser Arbeit werden exemplarisch der Doppelsteppstich für die konventionellen und das "ITA-Verfahren mit einseitigem Nähgutzugriff" für die einseitigen Nähverfahren untersucht. Auf eine weitere Strukturierung der vorher aufgezählten Nähverfahren wird verzichtet. Eine Beschränkung auf die ausgewählten Nähverfahren liegt darin begründet, dass mit Hilfe des Phasenmodells der Produktion die Zusammenhänge und Einflussgrößen der am ITA vorhandenen Nähtechniken ermittelt werden sollen.

## 3.1 Untergliederung des Doppelsteppstichprozesses

Die Detaillierungsebene DE5 des gesamten Doppelsteppstichprozesses (Abb. 3-13) beinhaltet die Eingangsprodukte "**Oberfaden"**, "**Einzelteil**"/Nähgut/Verstärkungstextil und "**Unterfaden"**.

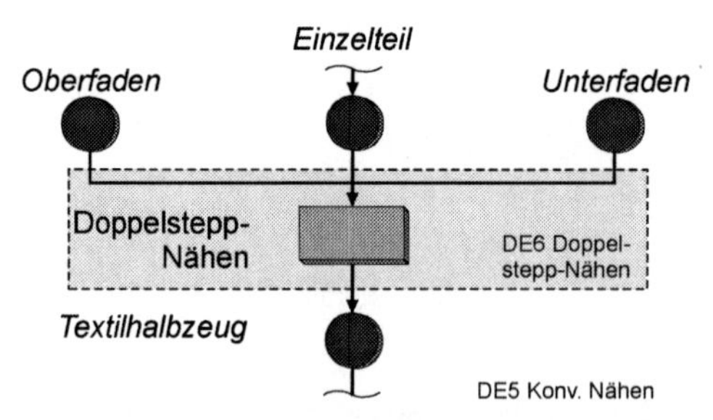


*Abb. 3-13: Detaillierungsebene 5 "konventionelles Nähen"*
*Fig. 3-13: Structure Level 5 "Conventional Sewing"*

Durch das Vernähen mittels Doppelsteppstichprinzip ("**Doppelstepp-Nähen**") entsteht ein "**Textilhalbzeug**"/Textilpreform.

Der "**Oberfaden**" wird der Nahtbildungseinheit zugeführt ("**O-Faden Zuführen**") (Abb. 3-14).

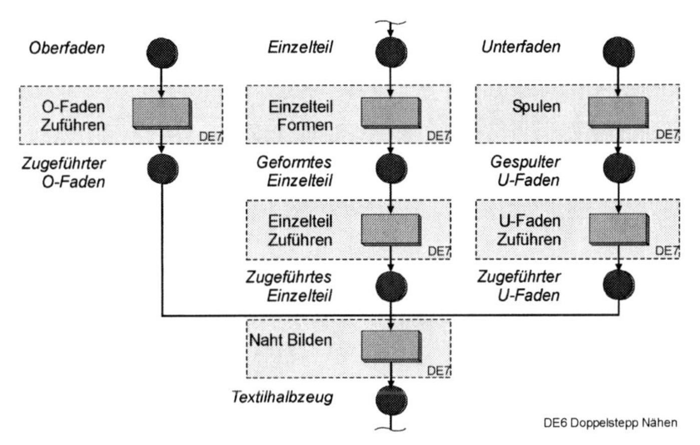


*Abb. 3-14: Detaillierungsebene 6 "Doppelstepp Nähen"*
*Fig. 3-14: Structure Level 6 "Lockstitch Sewing"*

Das "**Einzelteil**" wird zur Herstellung von 3D-Textilpreform vorgeformt ("**Einzelteil Formen**"). Danach wird es der Nahtbildungseinheit zugeführt ("**Einzelteil Zuführen**"). Der Unterfaden muss vor der Verarbeitung auf eine Spule aufgespult werden ("**Spulen**"). Anschließend wird er der Nahtbildungseinheit zugeführt ("**U-Faden Zuführen**"). Die Produkte "**Zugeführter O-Faden**" (Oberfaden), "**Zugeführtes Einzelteil**" und "**Zugeführter U-Faden**" (Unterfaden) werden der Nahtbildungseinheit zugeführt. Nach dem Prozessschritt "**Naht Bilden**" liegt das vernähte Textilhalbzeug vor und kann anderen textilen und nicht textilen Weiterverarbeitungsprozessen vorgelegt werden.

Zunächst wird der Fadenverlauf in der Nähmaschine weiter unterteilt. Zum Verständnis der weiteren Untergliederungen hilft die Prinzipskizze einer Doppelsteppstichnähmaschine Typ 1250 der Firma G. M. Pfaff AG in Kaiserslautern, die am ITA vorhanden ist (*Abb. 3-15*). Der Verlauf des Oberfadens (gestrichelte Linie) wird eingehender betrachtet.

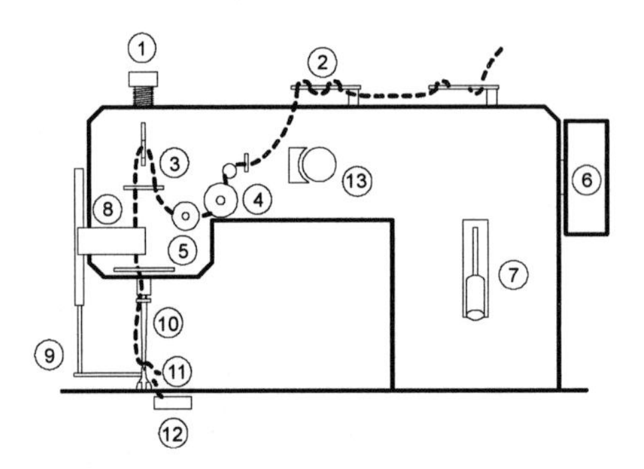

① Presserfußkraftfederschraube
② Fadenführer (2)
③ Fadenhebel
④ Tellerfadenbremse
⑤ Fadenanzugsfeder
⑥ Handrad
⑦ Stichweitenregler
⑧ Fadenzugkraftsensor
⑨ induktive Wegaufnehmer (2)
⑩ Nähnadel
⑪ Presserfüße & Stichplatte
⑫ Fadengreifer & Unterfadenspule
⑬ Aufwindung Unterfadenspule

*Abb. 3-15: Seitenansicht Doppelsteppstichnähmaschine*
*Fig. 3-15: Side-View of Lockstitch Sewing Machine*

Der Oberfaden wird durch eine Fadenführung über Kopf von der Oberfadenspule abgezogen. Dabei reibt der Oberfaden an der Garnspule und in der Keramiköse des Garnleit-Elements. Er erfährt gleichzeitig in der Öse eine Reibbeanspruchung. Weiterhin wird der Faden zu den Fadenleitorganen bzw. Fadenführern geleitet (2). Der Oberfaden wird dort auf Reibung in den Ösen und wiederum auf Biegung in den Umlenkungen der Fadenleitorgane beansprucht. Über ein weiteres kleines Leit-Element mit Biegung und Reibung gelangt der Oberfaden zur Tellerfadenbremse (4). Die Tellerfadenbremse des Fadenreglers wird mechanisch durch eine Anpressfeder mit Einstellschraube justiert (4). Die Wirkung der Tellerfadenbremse wird beim Abheben der Nähfüße vom Nähgut durch einen Stift ausgelöst. Dadurch kann das Nähgut leichter durch den Operateur entfernt werden, weil der Oberfaden ohne Abbremsung durch die Tellerfadenbremse mitgezogen wird. In der Tellerfadenbremse liegt Reibung vor. Weiterhin erfährt der Faden eine Umschlingung durch die Fadenführung und somit eine Biegebeanspruchung. Anschließend durchläuft der Oberfaden den Fadenregulator/Fadenanzugsfeder (5). Er beaufschlagt intermittierend den Oberfaden mit einer Zugspannung. Darüber hinaus wird der Oberfaden auch hier auf Biegung und Reibung belastet. Der Oberfaden wandert durch den Fadenhebel (3). Letzterer liefert und zieht das Garn zurück. Hier sind Biegebeanspruchung und Reibungseinflüsse in unterschiedlichen Richtungen des Oberfadens gleichzeitig vorhanden.

Zwischen Fadengeber und Fadenregulator und der Nähnadel sind Fadenleitorgane angeordnet. Sie beanspruchen den Oberfaden nur auf Reibung. Der Oberfaden wandert in die Langrille der Nähnadel. Hier existiert ebenfalls Reibung in beiden Richtungen des Oberfadens durch das Rückziehen des Fadenhebels. Im Nadelöhr sind eine hohe Reib- und eine Biegebeanspruchung, fast ein Knicken, durch die Nadel und das Öhr (10) vorhanden. Durch die kurze Rille gelangt der Faden wieder aus der Nadel heraus. Hier liegen nur Reibungseinflüsse vor. Die Stichbildung wird später untersucht. Die Funktionen der aufgelisteten Nähmaschinenorgane Fadenleit-Element, Tellerfadenbremse, Fadenregulator, Fadengeber/Fadenhebel und Nähnadel sind aus Abb. 3-16 ersichtlich.

| Nähmaschinenorgan | Funktion |
|---|---|
| Fadenleit-Element | • Konstante Oberfadenvorspannung<br>• Gleichmäßiger Über-Kopf-Abzug |
| Tellerfadenbremse | • Konstante Oberfadenspannung |
| Fadenregulator/Fadenanzugsfeder | • Oberfadenanzug bei Fadenlieferung bis Nadeleinstich |
| Fadengeber/Fadenhebel | • Fadenzufuhr<br>• Anziehen des Stichs |
| Nähnadel | • Fadendurchstoß im Nähgut |

*Abb. 3-16: Funktionen der Nähmaschinenorgane des Oberfadens*
*Fig. 3-16: Function of the Sewing Machine Elements of the Upper Thread*

Die wesentlichen Prozessschritte sind daher "**Über-Kopf-Abziehen**", "**Faden Leiten**", "**Faden Spannen**", "**Faden Regulieren**" und "**Faden Liefern**". Das zugehörige Phasenmodell der Produktion, inklusive der wichtigsten Prozess- und Produkteigenschaften, ist in Abb. 3-17 dargestellt. Dabei sind die Funktionen der Nähmaschinenorgane generalisiert worden. Der Oberfaden wird abgezogen, geleitet, gespannt, reguliert und geliefert. Die Fadenleit-Elemente und die Tellerfadenbremse leiten und spannen den Oberfaden. Der Fadenregulator und der Fadenhebel leiten, spannen, regulieren und liefern den Oberfaden. Die Nähnadel liefert nur den Oberfaden bis zur Nahtbildung. Weitere Funktionen der Nähnadel werden später untersucht.

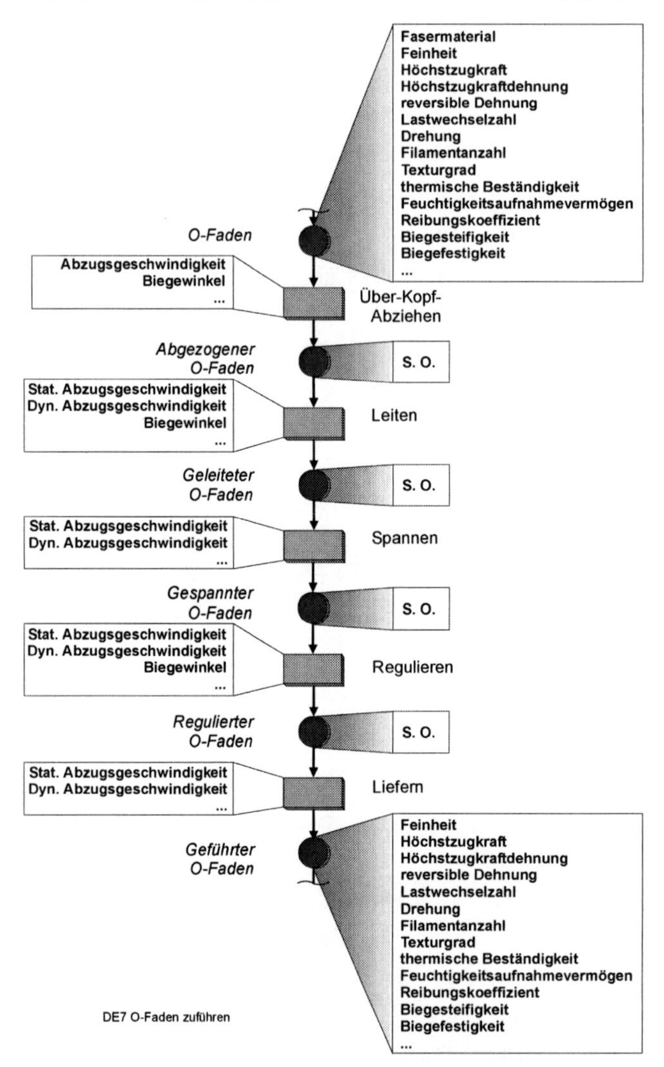


*Abb. 3-17: Detaillierungsebene 7 "O-Faden Zuführen"*
*Fig. 3-17: Structure Level 7 "upper Thread Feeding"*

Die Produkteingangseigenschaften des Oberfadens sind das Fasermaterial, die Fadenfeinheit, Höchstzugkraft und Höchstzugkraftdehnung bei statischer Belastung, reversible Dehnungen unter zyklischer Fadenbelastung, die max. Lastwechselzahl unter dynamischer Fadenbelastung, die Garndrehung bei Spinnfasergarnen, die Filamentanzahl beim Einsatz von Filamentgarnen, der Texturgrad bei Filamentgarnen, eine thermische Materialbeständigkeit, das Feuchtigkeitsaufnahmevermögen, diverse Reibungskoeffizienten mit unterschiedlichen Reibpaarungen (Garn/Garn, Garn/Metall, Garn/Keramik) und die Biegesteifigkeit. Diese Eigenschaften werden teilweise durch die weiteren Prozesse während der Zufuhr des Oberfadens verändert.

Beim "**Über-Kopf-Abziehen**" werden durch die Prozesseigenschaften Abzugsgeschwindigkeit und Biegewinkel der Umlenköse im wesentlichen die Eigenschaften Höchstzugkraft, Höchstzugkraftdehnung, Lastwechselzahl, reversible Dehnung und Biegesteifigkeit des Zwischenproduktes "**Abgezogener O-Faden**" verändert. Durch große Geschwindigkeitsdifferenzen kann der Oberfaden starke Zugbelastungen erfahren. Der Faden wird geschädigt. Dadurch verringern sich die statischen, zyklischen und dynamischen Zugeigenschaften des Oberfadens. Bei hohen Nähgeschwindigkeiten besteht die Gefahr hoher Reibungskräfte zwischen den Reibpaarungen Faden/Faden und Faden/Öse. Ein Oberfaden mit geringeren thermischen Festigkeiten wird geschädigt. Es können Faserverschmelzungen verursacht werden. Weiterhin werden auch die mechanischen Festigkeiten herabgesetzt. Durch zu kleine Biegewinkel wird der Oberfaden ebenfalls geschädigt. Bei sehr engen Radien kann ein Knicken entstehen. Neben der Verringerung der Zugfestigkeiten und Dehnungen verschlechtert sich auch die Biegesteifigkeit des Oberfadens. Dieser Effekt kann aber auch durch große Zugbelastungen verursacht werden.

Der Prozess "**Leiten**" erfolgt in den Maschinenaggregaten Fadenleit-Element, Tellerfadenbremse, Fadenregulator, Fadenhebel und Nähnadel. Das Leiten entspricht einem Lenken des Oberfadens. Der Faden wird beim Leiten weder durch zusätzliche Aggregate stark vorgespannt noch wird Faden geliefert. Der Faden durchläuft das Aggregat und wird umgelenkt. Durch Reibungseffekte (Faden/Metall, Faden/Öse) wird eine geringe Fadenspannung aufgebracht. Für den Fall starker Zugbelastungen und starker Reibungseffekte werden die Eigenschaften Höchstzugkraft, Höchstzugkraftdehnung, Lastwechselzahl, reversible Dehnung, Biegesteifigkeit und Biegefestigkeit des Zwischenproduktes "**Geleiteter O-Faden**" verändert. Das Fadenmaterial wird oberhalb des linear-elastischen Punktes belastet, irreversible Schäden treten im Oberfaden auf und setzen die Gesamtfestigkeit herab. Die entscheidenden Prozesseigenschaften beim "**Leiten**" sind die statische Abzugsgeschwindigkeit, die dynamische Abzugsgeschwindigkeit und der Biegewinkel. Bei dynamischem Abzug wird der Oberfaden einer Zugspannung ausgesetzt und anschließend bei einer umgekehrten Fadenbewegung wieder entlastet.

Der Prozess "**Spannen**" beaufschlagt den Oberfadenquerschnitt mit einer Zugspannung. Sie wird durch die Prozesseigenschaften statische Abzugsgeschwindigkeit und dynamische Abzugsgeschwindigkeit ausgelöst. Für den Fall starker Zugbelastungen werden die Eigenschaften Höchstzugkraft, Höchstzugkraftdehnung, Lastwechselzahl, reversible Dehnung, Biegesteifigkeit und Biegefestigkeit des Zwischenproduktes "**Gespannter O-Faden**" verändert. Reibung wird nicht berücksichtigt. Das "**Spannen**" erfolgt in den Maschinenaggregaten Fadenleit-Element und Tellerfadenbremse.

Der Prozess "**Regulieren**" stellt die benötigte Oberfadenspannung für den Stichbildungsprozess ein. Diese Oberfadenspannung ist notwendig, damit die Nähnadel nicht in den Oberfaden einsticht. Das Regulieren erfolgt durch die Aggregate Fadenregulator und Fadengeber. Die bedeutenden Prozesseigenschaften hierfür sind die statische Abzugsgeschwindigkeit, die dynamische Abzugsgeschwindigkeit und der Biegewinkel. Die dynamische Abzugsgeschwindigkeit beinhaltet einen komplexen Wechsel der Abzugsgeschwindigkeiten. Er kann auch in Intervallen erfolgen. Das Regulieren erfolgt nur im Fadenregulator. Für den Fall starker Zugbelastungen werden die Eigenschaften Höchstzugkraft, Höchstzugkraftdehnung, Lastwechselzahl, reversible Dehnung, Biegesteifigkeit und Biegefestigkeit des Zwischenproduktes "**Regulierter O-Faden**" verändert.

Der Prozess "**Liefern**" stellt die für die Stichbildung benötigte Oberfadenmenge zur Verfügung. Der Oberfaden wird bis zum Erreichen und dem Durchlaufen der Nähnadel statisch und dynamisch mit einer Abzugsgeschwindigkeit bzw. Liefergeschwindigkeit beaufschlagt. Geringe statische Abzugsgeschwindigkeiten können eintreten. Durch das Liefern und Zurückziehen des Fadenhebels kann ohne statische Grundzugspannung des Fadens eine reine dynamische Zugspannung mit absoluter Entlastung und anschließender Fadenspannung bei der Aufwärtsbewegung des Fadenhebels auftreten. Der Prozess "**Liefern**" erfolgt nur in den Aggregaten Fadenhebel und Nähnadel. Für den Fall starker Zugbelastungen werden die Eigenschaften Höchstzugkraft, Höchstzugkraftdehnung, Lastwechselzahl, reversible Dehnung, Biegesteifigkeit und Biegefestigkeit des Zwischenproduktes "**Geführter O-Faden**" beeinflusst. Zusammenfassend kann festgehalten werden, dass die Prozessparameter statische und dynamische Abzugsgeschwindigkeit und Biegewinkel die mechanischen Eigenschaften des Oberfadens im Wesentlichen beeinflussen. Dieser Einfluss in den Prozessen "Über-Kopf-Abziehen", "Leiten", "Spannen", "Regulieren" und "Liefern". Der Biegewinkel beeinflusst in den Prozessen "Über-Kopf-Abziehen", "Leiten" und "Regulieren" die mechanische Festigkeit des Oberfadens.

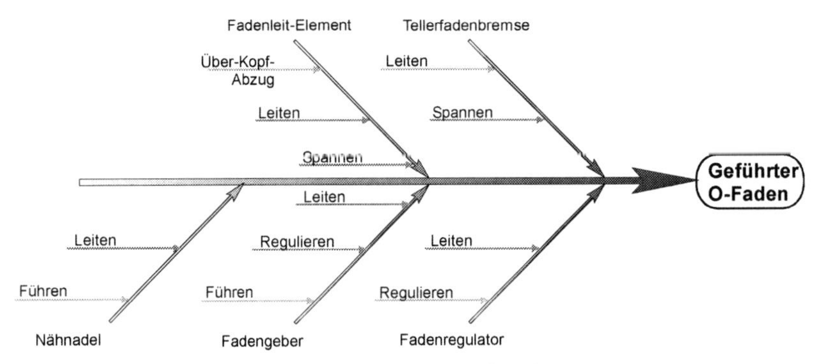


*Abb. 3-18: Einzelprozesse der Zuführung des Oberfadens*
*Fig. 3-18: Single Processes during the upper Thread Feeding*

Abb. 3-18 präsentiert mit Hilfe des Ishikawa-Diagramms die Einzelprozesse der am Nähprozess beteiligten Nähmaschinenorgane in der Zuführung des Oberfadens. Die veränderten Ausgangseigenschaften des "**geführten Oberfadens**" nach dem Prozessschritt "**Liefern**" sind die Fadenfeinheit, die Höchstzugkraft, die Höchstzugkraftdehnung bei statischer Belastung, die reversible Dehnung unter zyklischer Fadenbelastung, die max. Lastwechselzahl unter dynamischer Fadenbelastung, die Garndrehung bei Spinnfasergarnen, die Filamentanzahl beim Einsatz von Filamentgarnen, der Texturgrad bei Filamentgarnen, die thermische Materialbeständigkeit, das Feuchtigkeitsaufnahmevermögen, diverse Reibungskoeffizienten bei unterschiedlichen Reibpaarungen (Garn/Garn, Garn/Metall, Garn/Keramik), die Biegesteifigkeit und die Biegefestigkeit.

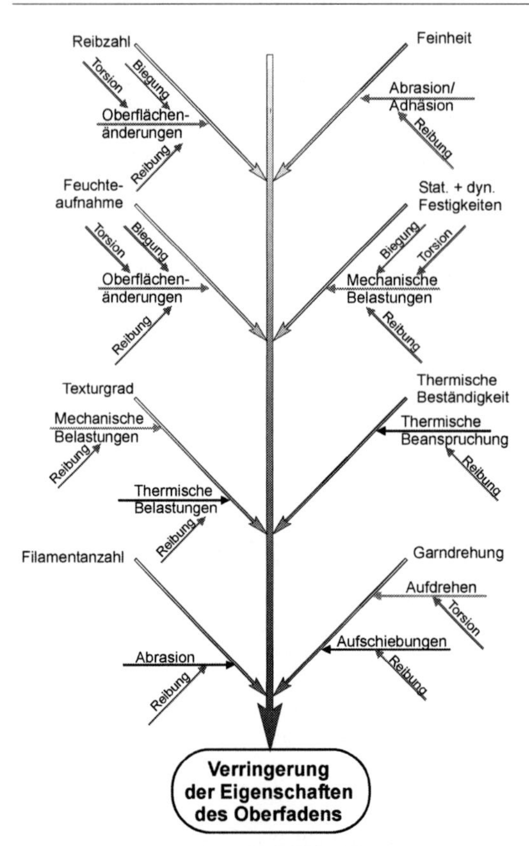


*Abb. 3-19: Ishikawa-Diagramm Oberfaden*
*Fig. 3-19: Ishikawa-Diagram Upper Thread*

Die Ursachen der Änderung der Zwischenproduktеigenschaften werden in Abb. 3-19 visualisiert. Nach Dubbel [dub97] und Hütte [hue96] wird der Verschleißmechanismus "Abrasion" definiert als ein Materialabtrag durch ritzende Beanspruchung. Bei einer "Adhäsion" bilden sich Grenzflächen aus und ermöglichen Haftverbindungen. Weitere tribologische Verschleißmechanismen sind Oberflächenzerrüttungen und tribochemische Reaktionen. Die Ursache für Abrasionen oder Adhäsionen ist die Reibung zwischen den Reibpartnern Garn/Keramik oder Garn/Metall. Bei Grenzreibung können der Faden wie auch das Textilmaschinen-Element geschädigt werden [cal00]. Eine Verringerung der Fadenfeinheit durch Reibung ist dadurch theoretisch möglich.

Die statischen und dynamischen mechanischen Eigenschaften des Oberfadens, wie Höchstzugkraft und Höchstzugkraftdehnung, reversible Dehnung und eine max. Lastwechselzahl, werden durch Reibung, Biegung und Torsion beeinflusst. Die Reibungskräfte wirken bei Gleitreibung entgegengesetzt zur Durchzugsrichtung des Oberfadens durch die Aggregate. Hier kann es bei falschen Nähparametern zu starken Zugbelastungen kommen. Diese schädigen den Oberfaden und setzen die statischen und dynamischen Festigkeiten herab. Bei zu kleinen Biegeradien werden die Fasern stark umgelenkt oder geknickt. Dieses kann ebenfalls zusammen mit der Reibung zu Fadenschädigungen führen. Gleiches gilt für zu starke Torsionsbelastungen. Dabei werden die Einzelfasern zu stark verdrillt und geschädigt. Die thermische Beständigkeit wird ebenfalls durch Reibung herabgesetzt. Teile des Fadens werden geschädigt und bei thermoplastischen Materialien ändert sich die Anordnung der Molekülketten.

Die Oberfadensubstanz wird modifiziert. Durch kompaktere angeschmolzene Oberfadenzonen verändert sich der Austausch der vom Faden aufgenommenen Wärme mit der Umgebungsluft. Die Garndrehung erfährt ebenfalls lokal im Oberfaden eine Änderung. Ursache sind Aufschiebungen des Oberfadens durch Reibungskräfte bei zu geringen Garndrehungen. Weiterhin kann sich der Oberfaden bei zu starker Torsion zu- oder aufdrehen. Die Ursache für Abrasionen sind ebenfalls Reibungskräfte. Das Fasermaterial oder das Maschinenaggregat wird geschädigt. Der Texturgrad des eingesetzten Oberfadens wird durch thermische Belastungen in Folge von Reibungen geändert. Es kann zu einer Auflösung der Kräuselung durch höhere Temperaturen kommen. Weiterhin kann die Kräuselung sich durch starke mechanische Belastungen, wie beispielsweise Reibungskräfte, auflösen. Die Reibungskräfte bewirken hohe Zugbelastungen oberhalb der reversiblen Dehngrenze. Die Feuchteaufnahme der Fadenmaterialien kann durch Oberflächenänderungen variiert werden. Durch Reibung, Biegung und Torsion wird der Faserzusammenhalt geändert. Dadurch kann Feuchtigkeit leichter in den Faden eindringen. Aufgrund von Reibung besteht die Möglichkeit, dass Avivagen bzw. Fadenschlichten auf dem Nähfaden verringert werden. Hierbei muss allerdings ein sehr geringer Schlichteanteil im Vergleich zur Fadenmasse berücksichtigt werden. Die Reibungskoeffizient ändert sich ebenso durch

Veränderungen der Oberflächenbeschaffenheit der Reibpartner. Wegen der Verringerung der Fadenschlichte können andere Reibungsverhältnisse entstehen. Dadurch verändert sich die Reibungskoeffizient. Dies kann ebenfalls durch starke Biegung oder Torsion verursacht werden. Die Eigenschaften des Oberfaden beeinflussen in der Zuführung zum Nahtbildungsprozess Reibung, Biegung und Torsion.

Als Oberfaden kommen teilweise noch Spinnfasergarne aus Baumwolle und hauptsächlich Polyesterspinnfasergarne bzw. Zwirne und Umspinnzwirne in der Bekleidung zum Einsatz. In Technischen Textilien werden ebenso Polyesterspinnfasergarne als auch Zwirne aus Polyesterfilamenten eingesetzt. Für Faserverbundkunststoffe werden zum Teil Zwirne aus Aramidfasern, Filamentzwirne aus Quarzglasfilament und teilweise aus Carbon genutzt. Auch gerissene Carbonfasern mit umflochtenen oder umdrehten Hilfsfäden im Außenmantel finden Anwendung.

Im Folgenden wird der Lauf des Unterfadens bis zum Nahtbildungsprozess strukturiert (vgl. Abb. 3-14). Der Unterfaden ("**U-Faden**") wird gespult ("**Spulen**") und dem Nahtbildungsprozess zugeführt ("**U-Faden Zuführen**"). Die Funktionen der am Aufspulprozess des Unterfadens beteiligten Nähmaschinenaggregate ist in Abb. 3-20 dargestellt. Die Untergliederung des Prozesses "**Spulen**" ist aus Abb. 3-21 ersichtlich. Die wesentlichen Prozesse sind hier das "**Über-Kopf-Abziehen**", "**Leiten**", "**Spannen**" und "**Aufwinden**".

| **Nähmaschinenorgan** | **Funktion** |
|---|---|
| Fadenleit-Element | • Konstante Unterfadenspannung<br>• Gleichmäßiger Über-Kopf-Abzug |
| Aufwindung Unterfaden | • Aufwindung des Unterfadenvorrats für die spätere Nahtbildung<br>• Konstante Unterfadenspannung |

*Abb. 3-20: Funktionen der Nähmaschinenorgane des Unterfadenspulens*
*Fig. 3-20: Function of the Sewing Machine Elements of the Winding of the Lower Thread*

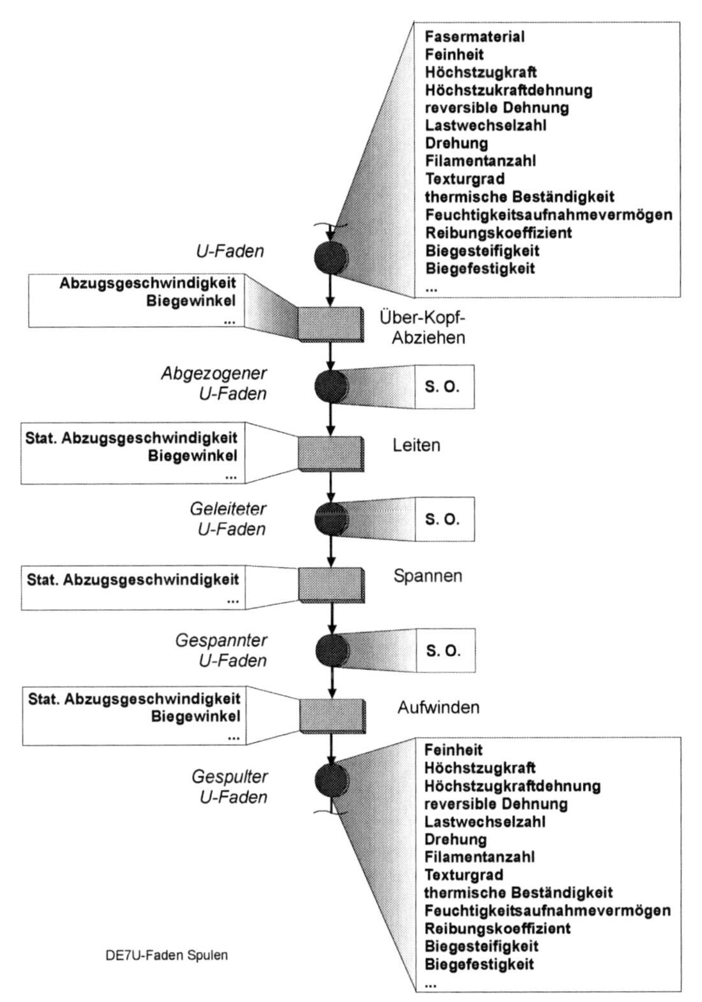


*Abb. 3-21: Detaillierungsebene 7 "U-Faden Spulen"*
*Fig. 3-21: Structure Level 7 "Lower Thread Winding"*

Die Eingangseigenschaften des Unterfadens sind Fasermaterial, Fadenfeinheit, Höchstzugkraft und Höchstzugkraftdehnung bei statischer Belastung, reversible Dehnungen unter zyklischer Fadenbelastung, eine max. Lastwechselzahl unter dynamischer Fadenbelastung, eine Garndrehung bei Spinnfasergarnen, eine Filamentanzahl beim Einsatz von Filamentgarnen, ein Texturgrad bei Filamentgarnen, eine

thermische Materialbeständigkeit, ein Feuchtigkeitsaufnahmevermögen, diverse Reibungskoeffizienten bei unterschiedlichen Reibpaarungen (Garn/Garn, Garn/Metall, Garn/Keramik), Biegesteifigkeit und Biegefestigkeit.
Beim Spulen des Unterfadens wird ähnlich wie beim Oberfaden (vgl. *Abb. 3-15*) der Fadenvorrat über Kopf abgezogen. Dabei reibt der Unterfaden an der Garnspule und in der Keramiköse des Garnleit-Elements. Er erfährt gleichzeitig in der Öse eine Biege- und Reibungsbeanspruchung. Weiterhin wird der Faden zu den Fadenleitorganen bzw. Fadenführern geleitet (2). Der Unterfaden wird dort auf Reibung in den Ösen und wiederum auf Biegung in der Umlenkung der Fadenleitorgane beansprucht. Weiterhin erfolgt in den Fadenleit-Elementen die Aufbringung einer Vorspannung (2). Sie entsteht durch Reibung bzw. durch eine in das Fadenleit-Element integrierte kleine Tellerfadenbremse. Anschließend wird der Unterfaden aufgewunden (13). Bei der Aufwindung herrscht Reibung zwischen Faden/Faden und Faden/Metall vor. Der Unterfaden wird auf Biegung durch den engen Aufwinde-Radius beansprucht.
Beim "**Über-Kopf-Abziehen**" des Unterfadens werden durch die Prozesseigenschaften Abzugsgeschwindigkeit und Biegewinkel der Umlenköse im Wesentlichen die Eigenschaften Höchstzugkraft, Höchstzugkraftdehnung, Lastwechselzahl, reversible Dehnung, Biegesteifigkeit und Biegefestigkeit des Zwischenproduktes "**Abgezogener U-Faden**" verändert. Der Faden kann durch hohe Reibungseffekte geschädigt werden. Dadurch verringern sich die statischen, zyklischen und dynamischen Zugeigenschaften des Unterfadens. Bei hohen Nähgeschwindigkeiten besteht die Gefahr hoher Reibungskräfte zwischen den Reibpaarungen Faden/Faden und Faden/Öse. Ein Unterfaden mit geringeren thermischen Festigkeiten wird geschädigt. Es können Faserverschmelzungen verursacht werden. Daneben werden auch die mechanischen Festigkeiten herabgesetzt. Durch zu kleine Biegewinkel wird der Unterfaden ebenfalls geschädigt. Bei sehr engen Radien kann ein Knicken entstehen. Neben der Verringerung der Zugfestigkeiten und Dehnungen verschlechtert sich auch die Biegesteifigkeit und Biegefestigkeit des Unterfadens. Dieser Effekt kann aber auch durch große Zugbelastungen verursacht werden.
Der Prozess "**Leiten**" des Unterfadens erfolgt in dem Maschinenaggregat Fadenleit-Element. Das Leiten entspricht einem Lenken des Unterfadens. Er wird weder stark vorgespannt noch wird der Unterfaden geliefert. Er durchläuft das Aggregat und wird

umgelenkt. Durch Reibungseffekte (Faden/Metall, Faden/Öse) wird eine geringe Fadenspannung aufgebracht. Für den Fall starker Zugbelastungen und starker Reibungseffekte werden die Eigenschaften Höchstzugkraft, Höchstzugkraftdehnung, Lastwechselzahl, reversible Dehnung, Biegesteifigkeit und Biegefestigkeit des Zwischenproduktes "**Geleiteter U-Faden**" verändert. Das Unterfadenmaterial wird oberhalb des linear-elastischen Punktes belastet, irreversible Schäden treten im Unterfaden auf und setzen die Gesamtfestigkeit herab. Die entscheidenden Prozesseigenschaften beim "**Leiten**" sind die statische Abzugsgeschwindigkeit und der Biegewinkel. Es treten keine großen Geschwindigkeitsdifferenzen beim Spulen des Unterfadens auf. Die Spullängen sind sehr klein und daher wird bei füllender Spule die Umfangsgeschwindigkeit der Unterfadenaufwindung nicht stark vergrößert.
Der Prozess "**Spannen**" beaufschlagt den Unterfadenquerschnitt mit einer Zugspannung. Sie wird durch die Prozesseigenschaft statische Abzugsgeschwindigkeit ausgelöst. Für den Fall starker Zugbelastungen werden die Eigenschaften Höchstzugkraft, Höchstzugkraftdehnung, Lastwechselzahl, reversible Dehnung, Biegesteifigkeit und Biegefestigkeit des Zwischenproduktes "**Gespannter U-Faden**" modifiziert. Reibung wird nicht berücksichtigt. Sie wurde bereits im Prozesschritt „Leiten“ einbezogen. Das "**Spannen**" erfolgt in dem Maschinenaggregat Fadenleit-Element.
Der Prozess "**Aufwinden**" erfolgt im Maschinenaggregat Aufwindung Unterfaden. Durch die Aufwindegeschwindigkeit geschieht die Aufbringung einer Fadenzugkraft. Höchstzugkraft, Höchstzugkraftdehnung, Lastwechselzahl, reversible Dehnung, Biegesteifigkeit und Biegefestigkeit des Zwischenprodukts "**Gespulter U-Faden**" werden somit durch die beschriebenen Prozesse verändert. Das Fadenmaterial kann oberhalb des linear-elastischen Punktes belastet werden und verursacht irreversible Schäden im Unterfaden. Die Gesamtfestigkeit kann herab gesetzt werden. Weiterhin wird der Faden auf Biegung durch den Aufwinde-Radius und den Fadenversatz im Spulprozess (wilde Wicklung) beansprucht. Die entscheidenden Prozesseigenschaften beim "**Unterfaden Spulen**" sind die statische Abzugsgeschwindigkeit und der Biegewinkel.

Zusammenfassend kann für das Spulen des Unterfadens festgehalten werden, dass die Prozessparameter statische Abzugsgeschwindigkeit und der Biegewinkel die mechanischen Eigenschaften des Unterfadens beeinflussen. Dieses erfolgt für die Abzugsgeschwindigkeit in den Prozessen "Über-Kopf-Abziehen", "Leiten", "Spannen" und "Aufwinden". Der Biegewinkel beeinflusst in den Prozessen "Über-Kopf-Abziehen", "Leiten" und "Aufwinden" die mechanische Festigkeit des Unterfadens. Abb. 3-22 visualisiert mit Hilfe eines Ishikawa-Diagramms die an dem Prozess "**Unterfaden Spulen**" beteiligten Aggregate.

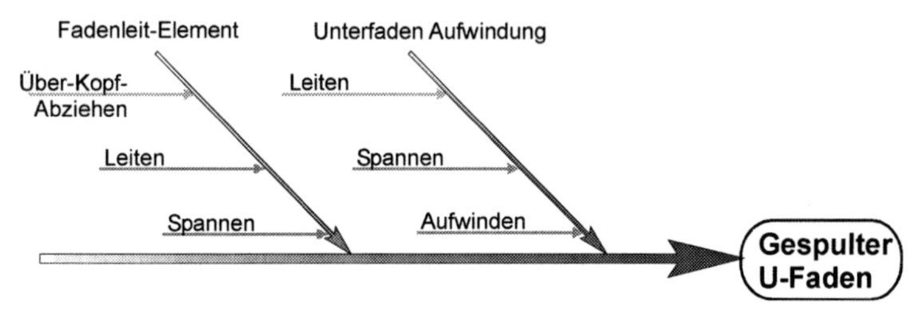


*Abb. 3-22: Einzelprozesse des Unterfadenspulens*
*Fig 3-22: Single Processes during the Lower Thread Winding*

Die statischen und dynamischen mechanischen Eigenschaften des Unterfadens im Spulprozess, wie Höchstzugkraft und Höchstzugkraftdehnung, reversible Dehnung und eine max. Lastwechselzahl, werden analog zum Oberfaden (vgl. Abb. 3-19) durch Reibung, Biegung und Torsion beeinflusst. Ebenso nimmt die Reibung Einfluss auf die thermische Beständigkeit, die Filamentanzahl und den Texturgrad. Die Garndrehung kann durch Reibung und Torsion verändert werden. Die Feuchtigkeitsaufnahme und der Reibungskoeffizient sind abhängig von Reibung, Biegung und Torsion. Anschließend wird der gespulte Unterfaden in die Spulenkapsel des Horizontal- oder Vertikalgreifers eingelegt. Die Funktionen der Nähmaschinenaggregate während der Zuführung des Unterfadens sind in Abb. 3-23 dargestellt. Die Unterfadenspule speichert eine bestimmte Menge des Unterfadens zwischen. Systembedingt kann beim Doppelsteppstich der Unterfaden nicht direkt von großen Spulen abgezogen werden. Eine Aufwindung auf die Spule im Greifer ist immer notwendig. Weiterhin wird die Vorspannung des Unterfadens durch einen Reibungswiderstand der Spule im Greifer erzeugt. Durch die Fadenleitöffnung bzw. das Fadenleit-Element wird der Unterfaden der Spannungsfeder/Blattfeder zugeführt. Sie erzeugt eine konstante Fadenspannung. Ein weiteres Fadenleit-Element leitet den Unterfaden dem Stichbildungsprozess zu. Die Zuführung des Unterfadens erfolgt diskontinuierlich.

| Nähmaschinenorgan | Funktion |
|---|---|
| Unterfadenspule | • Vorrat Unterfaden<br>• Erzeugung Unterfadenspannung |
| Spannungsfeder/Blattfederbremse | • Konstante Unterspannung |
| Fadenleit-Element | • Leiten des Unterfadens<br>• Zuführung Unterfaden zur Stichbildung |

*Abb. 3-23: Funktionen der Nähmaschinenorgane während der Unterfadenzuführung*
*Fig. 3-23: Function of the Sewing Machine Elements during Feeding of the Lower Thread*

Die Untergliederung des Prozesses "**Unterfaden Zuführen**" ist in Abb. 3-24 dargestellt. Der Unterfaden wird von der Unterfadenspule im Prozess "**Abziehen**" abgezogen. Durch die bestehende Abzugsgeschwindigkeit erfährt der Unterfaden eine Zugbelastung. Die Metallspule mit dem aufgewundenen Faden reibt dabei auf einer weiteren Metallfläche in der Unterfadenkapsel. Durch diese Reibpaarung Metall/Metall wird die Differenz der Abzugsgeschwindigkeit erzeugt. Darüber hinaus liegt die Reibpaarung Faden/Faden auf der Spule und die Reibpaarung Faden/Metall sporadisch bei Erreichen der Spulenkanten vor (Abb. 3-25). Weiterhin wird der Unterfaden auf Biegung beansprucht. Die Biegung erfolgt im aufgewundenen Zustand auf der Unterfadenspule. Teilweise werden Spulen auf Vorrat gespult. Diese werden dann längere Zeit statisch auf Biegung während der Lagerung beansprucht. Wesentliche Einflussfaktoren sind der Biegewinkel wie auch die Belastungsdauer der Biegung.

Der "**abgezogene U-Faden**" wird anschließend im Prozess "**Leiten**" der Blattfederbremse vorgelegt. Dabei wird der Faden in der Öffnung bzw. im Schlitz des Fadenleit-Elementes stark auf Biegung beansprucht. Außerdem herrscht hier Reibung zwischen dem Metall des Spulengehäuse-Oberteils (Abb. 3-25). Wesentliche Einflussfaktoren beim Prozess "**Leiten**" sind der Biegewinkel und die Abzugsgeschwindigkeit. Im Prozess "**Spannen**" wird der Faden durch die Reibpaarung Metall/Faden in der Blattfederbremse gespannt. Die Prozesseigenschaft Abzugsgeschwindigkeit beeinflusst die Reibwirkung.

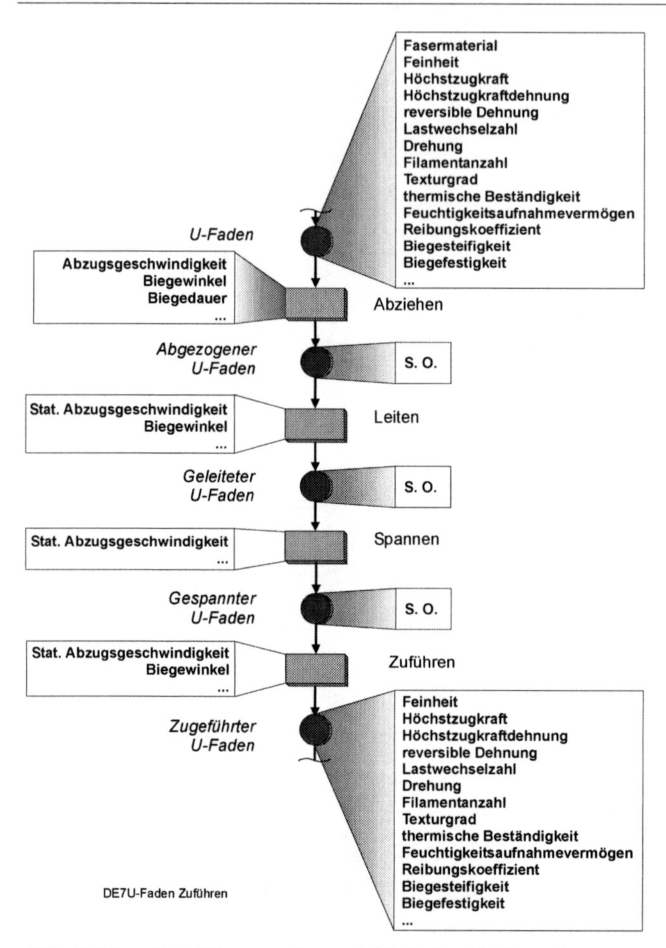


*Abb. 3-24: Detaillierungsebene 7 "U-Faden Zuführen"*
*Fig. 3-24: Structure Level 7 "Lower Thread Feeding"*

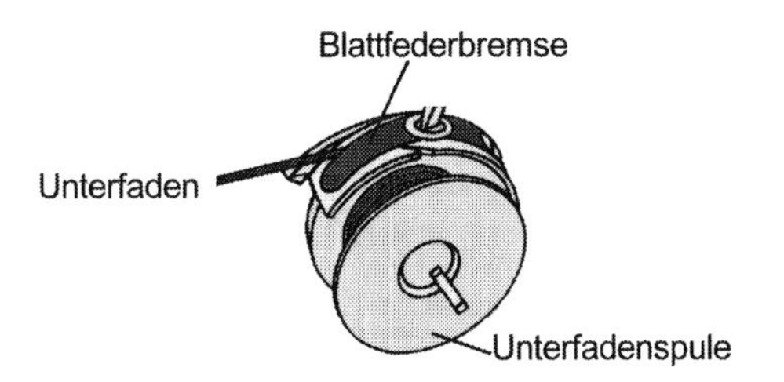


*Abb. 3-25: Unterfadenverlauf in der Spulenkapsel*
*Fig. 3-25: Thread Flow in the Sewing Bobbin*

Zum Abschluss läuft der Unterfaden durch ein weiteres Fadenleit-Element im Prozess "**Zuführen**" dem Nahtbildungsprozess zu. Hierbei liegt wieder eine Reibbelastung durch die Reibpaarung Metall/Faden und eine Umlenkung bzw. Biegung des Unterfadens vor. Die beeinflussenden Prozesseigenschaften sind die Abzugsgeschwindigkeit und der Biegewinkel.

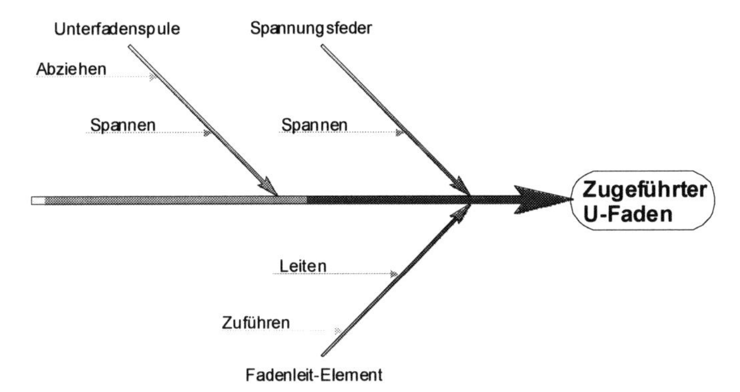


*Abb. 3-26: Einzelprozesse der Unterfadenzuführung*
*Fig. 3-26: Single Processes during the Lower Thread Feeding*

Abb. 3-26 visualisiert mit Hilfe eines Ishikawa-Diagramms die an dem Prozess "Unterfaden zuführen" beteiligten Aggregate.

Nach dem Prozessschritt "**Zuführen**" liegen die Eigenschaften Fadenfeinheit, Höchstzugkraft und Höchstzugkraftdehnung bei statischer Belastung, reversible Dehnungen unter zyklischer Fadenbelastung, max. Lastwechselzahl unter dynamischer Fadenbelastung, Garndrehung bei Spinnfasergarnen, Filamentanzahl beim Einsatz von Filamentgarnen, Texturgrad bei Filamentgarnen, thermische Materialbeständigkeit, Feuchtigkeitsaufnahmevermögen, diverse Reibungskoeffizienten bei unterschiedlichen Reibpaarungen (Garn/Garn, Garn/Metall, Garn/Keramik), Biegesteifigkeit und Biegefestigkeit des Produktes "**Zugeführter U-Faden**" modifiziert worden. Die Ursachen der Änderung der Zwischenprodukteigenschaften sind dieselben wie bei der Oberfadenzuführung. Sie wurden bereits in Abb. 3-19 visualisiert und auf Seite 42ff. für den Oberfaden beschrieben. Die statischen und dynamischen mechanischen Eigenschaften des Unterfadens im Zuführprozess, wie Höchstzugkraft und Höchstzugkraftdehnung, reversible Dehnung und eine max. Lastwechselzahl, werden durch Reibung, Biegung und Torsion beeinflusst. Ebenso nimmt die Reibung Einfluss auf die thermische Beständigkeit, die Filamentanzahl und den Texturiergrad. Die Garndrehung kann durch Reibung und Torsion verändert werden. Die Feuchteaufnahme und die Reibungskoeffizient sind abhängig von Reibung, Biegung und Torsion.

Neben dem Oberfaden und dem Unterfaden wird das Nähgut bzw. Einzelteil im Doppelsteppstich-Nähprozess vorgeformt und zugeführt (vgl. Abb. 3-14). Dabei durchläuft das Einzelteil im Prozess "Einzelteil Formen" die Unterprozessschritte "**Leiten**", "**Positionieren**" und "**Formen**" (Abb. 3-27). Einzelne Funktionen von Aggregaten der Nähmaschine bzw. der Formapparatur werden hier nicht aufgelistet. Die Ursachen liegen in den diversen Möglichkeiten zur Formgebung der Einzelteile. Beispielsweise können durch Klapp-Apparaturen Stringer-Profile erzeugt werden [mol99], oder es werden Rotoren vorgeformt und vernäht [roe01]. Daher können auch keine speziellen Prozesseigenschaften in der Strukturierung angegeben werden. Das Einzelteil wird im Prozessschritt "**Leiten**" zum Formapparat geleitet. Im Prozessschritt "**Positionieren**" werden ein oder mehrere Einzelteile ortsgenau übereinander gelegt bzw. sie nehmen die erforderliche Lage für den Folgeprozess ein. Im Prozessschritt "**Formen**" erfolgt die 2D- oder 3D-Formung, z. B. zu Stringer-Profilen oder Rotoren. Dieses kann in mehreren Arbeitsschritten inkl. Nähprozess erfolgen.

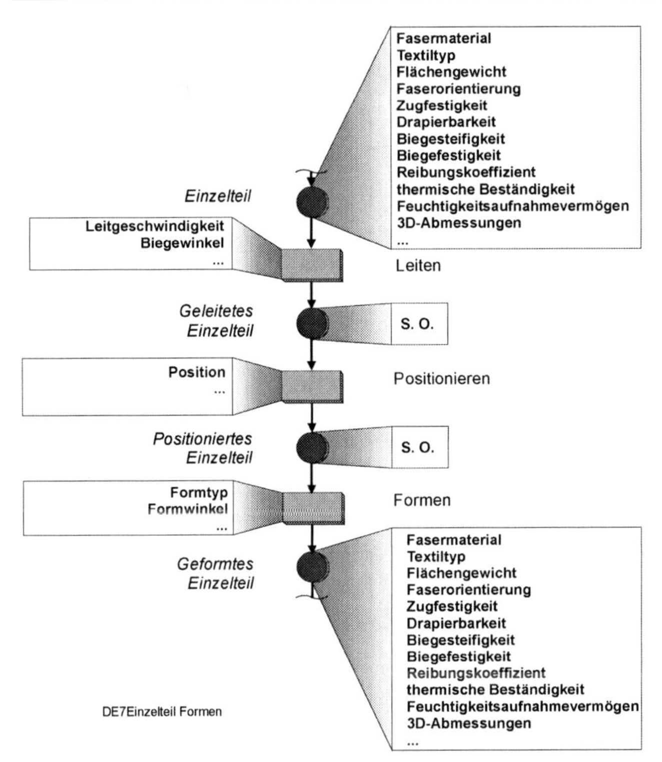


*Abb. 3-27: Detaillierungsebene 7 "Einzelteil Formen"*
*Fig. 3-27: Structure Level 7 "Component Part Shaping"*

Die Produkteigenschaften des Einzelteils sind das eingesetzte Fasermaterial im Textil (Glas, Aramid, Carbon), der Textiltyp (Gewebe, Gelege, Geflecht oder Kombinationen), das Flächengewicht, die Faserorientierung im Verstärkungstextil, die Zugfestigkeit in unterschiedlichen Faserrichtungen, die Drapierbarkeit, die Biegesteifigkeit und Biegefestigkeit, die Reibungskoeffizient in unterschiedlichen Reibpaarungen, die thermische Beständigkeit, resultierend aus den beteiligten Fasermaterialien, das Feuchteaufnahmevermögen und die 3D-Abmessungen. Die Verschiebefestigkeit der Textilfäden resultiert aus dem Fasermaterial, dem Textiltyp, dem Flächengewicht und der Faserorientierung. Offenmaschige biaxiale Gelege besitzen im Vergleich zu offenen Standardgewebestrukturen aufgrund ihrer maschengenauen Abbindung eine höhere Verschiebefestigkeit der einzelnen Fäden. Offene Drehergewebe wiederum

besitzen im Vergleich zu diesen offenen Standardgeweben eine höhere Verschiebefestigkeit.
Im Prozessschritt "**Leiten**" wird das Einzelteil durch Einzelteil-Leitelemente auf Biegung beansprucht. Weiterhin existiert Reibung zwischen der Reibpaarung Textil/Leitelement. Die beeinflussenden Prozesseigenschaften sind daher die Leitgeschwindigkeit und der Biegewinkel. Durch die Biegung und die Reibung können Faserdesorientierungen lokal verursacht werden.
Im Prozess "**Positionieren**" ist die Position bzw. Lage der Einzelteile übereinander wesentliche Prozesseigenschaft. Durch die Position der Einzelteile übereinander wird die Faserorientierung des Einzelteils für den Nähprozess mitbestimmt. Dadurch werden die mechanischen Eigenschaften des späteren FVK-Bauteils mitbeeinflusst.
Dieses gilt ebenfalls für den Prozessschritt "**Formen**". Durch einen Formwinkel, z. B. bei Klappungen, und den Formtyp (Abmessung, Tiefe, Querschnitt) werden die 3D-Abmessung und Faserorientierungen des FVK-Bauteils wesentlich mitbestimmt. In allen Prozessschritten können durch zu hohe Reibungsbelastungen die mechanischen Festigkeiten wie auch thermische Beständigkeit herabgesetzt werden. Da die Möglichkeiten der Formgebungsverfahren sehr unterschiedlich sind, kann kein Ishikawa-Diagramm zu den Einzelprozessen mit zugehörigen Maschinenaggregaten des Einzelteilformens erstellt werden.
Das "**Einzelteil Zuführen**" wird in die Unterprozesse "**Leiten**", "**Komprimieren**" und "**Einziehen**" untergliedert (Abb. 3-28). Die Aufgaben der einzelnen Maschinenaggregate an einer Doppelsteppstichnähmaschine (Abb. 3-29) sind in Abb. 3-30 ersichtlich. Der Einzeltisch der Nähmaschine leitet das geformte Einzelteil der Nahtbildung zu. Der Transporteur komprimiert zusammen mit den Presserfüßen das Einzelteil. Diese Komprimierung muss ähnlich der späteren Komprimierung der Verstärkungstextilien im Harzimprägnier- und Aushärtungsprozess sein. Nur dadurch können gestreckte Fäden der Naht zur Kraftleitung erzielt werden. Weiterhin ziehen Transporteur, Presserfüße und Nadel das geformte Einzelteil zur Nahtbildung ein. Anstelle von Presserfüßen sind in Analogie zur Bekleidungskonfektion Bandführungsaggregate denkbar. Die Nadel trägt nur bei einer Doppelsteppstichnähmaschine mit bewegter Nadel zum Transport bei. Parallel zur Transporteur- und Presserfußbewegung wird die Nadel beim Kontakt mit dem Textil in Nahtrichtung mit geschwenkt.

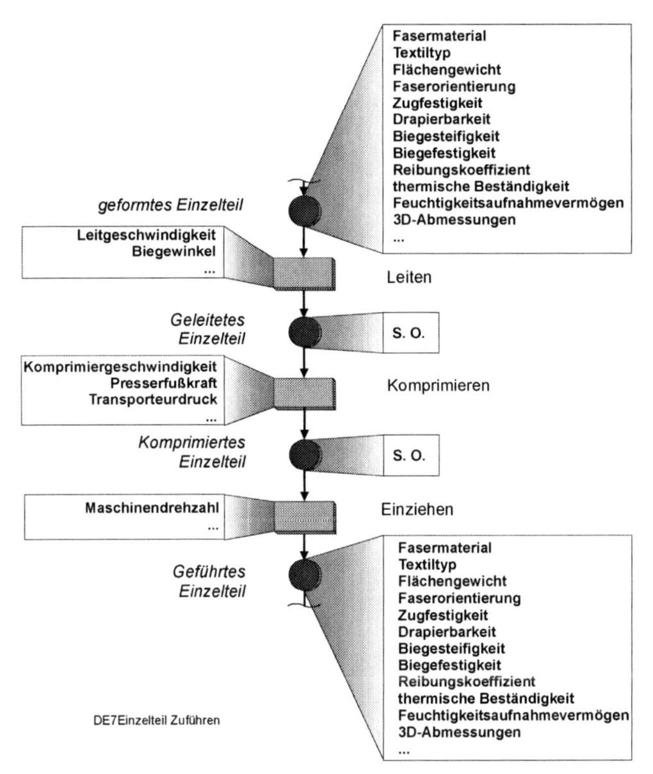


*Abb. 3-28: Detaillierungsebene 7 "Einzelteil Zuführen"*
*Fig. 3-28: Structure Level 7 "Component Part Supply"*

Die Produkteigenschaften des Eingangsproduktes „geformtes Einzelteil" sind wiederum das eingesetzte Fasermaterial im Textil (Glas, Aramid, Carbon), der Textiltyp (Gewebe, Gelege, Geflecht oder Kombinationen), das Flächengewicht, die Faserorientierung im Verstärkungstextil, die Zugfestigkeit in unterschiedlichen Faserrichtungen, die Drapierbarkeit, die Biegesteifigkeit und Biegefestigkeit, die Reibungskoeffizient in unterschiedlichen Reibpaarungen, die thermische Beständigkeit, resultierend aus den beteiligten Fasermaterialien, das Feuchteaufnahmevermögen und die 3D-Abmessungen. Auch hier resultiert die Verschiebefestigkeit der Textilfäden aus dem Fasermaterial, dem Textiltyp, dem Flächengewicht und der Faserorientierung.

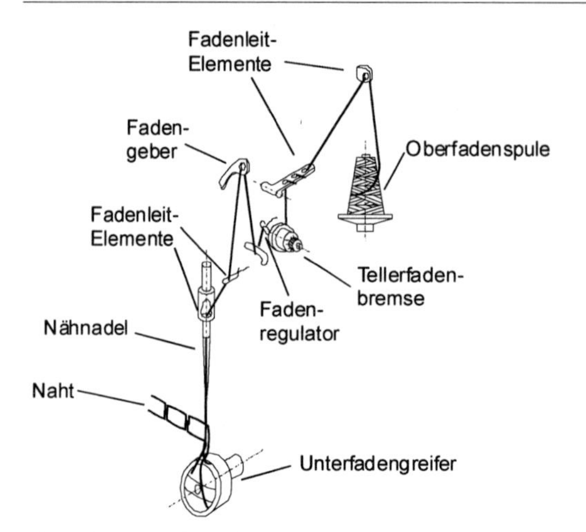


*Abb. 3-29: Maschinenelemente beim Doppelsteppstich*
*Fig. 3-29: Machine Parts in the Case of the Lockstitch Principle*

| **Nähmaschinenorgan** | **Funktion** |
|---|---|
| Einzeltisch | • Leiten des geformten Einzelteils |
| Transporteur | • Einziehen des geformten Einzelteils<br>• Komprimieren des geformten Einzelteils |
| Presserfuß | • Einziehen des geformten Einzelteils<br>• Komprimieren des geformten Einzelteils |
| Nadel | • Einziehen des geformten Einzelteils |

*Abb. 3-30: Funktionen der Nähmaschinenorgane während des Einzelteilzuführens*
*Fig. 3-30: Functions of the Sewing Machine Elements during Component Part Supply*

Im Prozessschritt "**Leiten**" wird das geformte Einzelteil durch den Einzeltisch geleitet. Durch Leitelemente kann auch hier das geformte Einzelteil auf Biegung belastet werden. Dies hängt vom Biegewinkel ab. Die Geschwindigkeit des Prozesses beeinflusst wesentlich die Reibungsentwicklung in der Reibpaarung Textil/Einzeltisch.

Der Prozess "**Komprimieren**" besitzt die Prozesseigenschaften Komprimiergeschwindigkeit, Presserfußkraft und Transporteurdruck. Die Komprimiergeschwindigkeit ist die Geschwindigkeit, die zum Zusammendrücken der Verstärkungstextilien zwischen Presserfuß und Nähmaschinenboden vorliegt. Im Zusammenhang mit der

Presserfußkraft und dem Transporteurdruck entstehen Reibungseffekte zwischen den einzelnen Aggregaten. Im schlimmsten anzunehmenden Fall kann dieses zu Schlupf, und damit zu hoher Reibung, führen. Die auftretende Reibpaarung liegt zwischen Textil und Metall vor.

Im Prozess "**Einziehen**" verursacht die Einziehgeschwindigkeit die Reibung zwischen Nähnadel, Transporteur, Presserfuß und dem Verstärkungstextil/ komprimierten Einzelteil, während das Verstärkungstextil in die Nähmaschine eingezogen wird. Auch hier kann Schlupf auftreten. Die Einziehgeschwindigkeit hängt von der Maschinendrehzahl ab.

Abb. 3-31 präsentiert die Einflussfaktoren der Verringerung der Eigenschaften des Einzelteils/Nähguts vor der Nahtbildung. Das Fasermaterial und der Textiltyp werden durch das Formen und Zuführen des Einzelteils nicht verändert. Das Flächengewicht kann durch Abrasion des spröden Fasermaterial reduziert werden. Die Ursache für die Abrasion sind Reibungseffekte.

Die Drapierbarkeit kann durch Versteifungen des Einzelteils/Nähguts eingestellt werden. Thermische Beanspruchungen eines Hilfsfadensystems, wie z. B. der Fixierfaden aus Polyester bei multiaxialen Gelegen, verändern die Oberflächen bzw. bewirken Verschmelzungen im Fixierfaden. Dadurch ändert sich die Steifigkeit der Textilstruktur. Dies gilt ebenso für die Biegesteifigkeit. Thermische Beanspruchungen entstehen durch Reibungseinflüsse. Carbon, Glas und Aramid sind im Vergleich zu thermoplastischen Fasermaterialien sehr temperaturbeständig. Die Reibungskoeffizienten können ebenfalls durch Reibungseinflüsse verändert werden. Die Zuführgeschwindigkeiten beim Nähen von Verstärkungstextilien sind zur Zeit im Vergleich zur Bekleidung so gering, dass hier noch keine Temperaturerhöhungen vorliegen. Die thermische Beständigkeit wird durch thermische und mechanische Belastungen herabgesetzt. Die Reibung bewirkt einen Temperaturanstieg und gleichzeitig durch Abrasion eine Schädigung des Materials. Dadurch kann auch zusätzlich ein Wärmestau verursacht werden. Ebenso verursachen thermische Beanspruchungen Änderungen der Textiloberfläche. Poren verschließen sich. Infolge dessen kann sich das Feuchteaufnahmevermögen verändern. Durch die höhere Temperaturbeständigkeit der Verstärkungstextilien aus Glas-, Aramid- oder Carbonfasern wirkt sich dieser Einfluss nicht aus. Die 3D-Abmessungen des Einzelteils werden durch mechanische

Belastungen beeinflusst. Abrasion durch Reibung und mechanische Querkräfte modifizieren die Abmessungen durch Materialabtrag und Kompression.

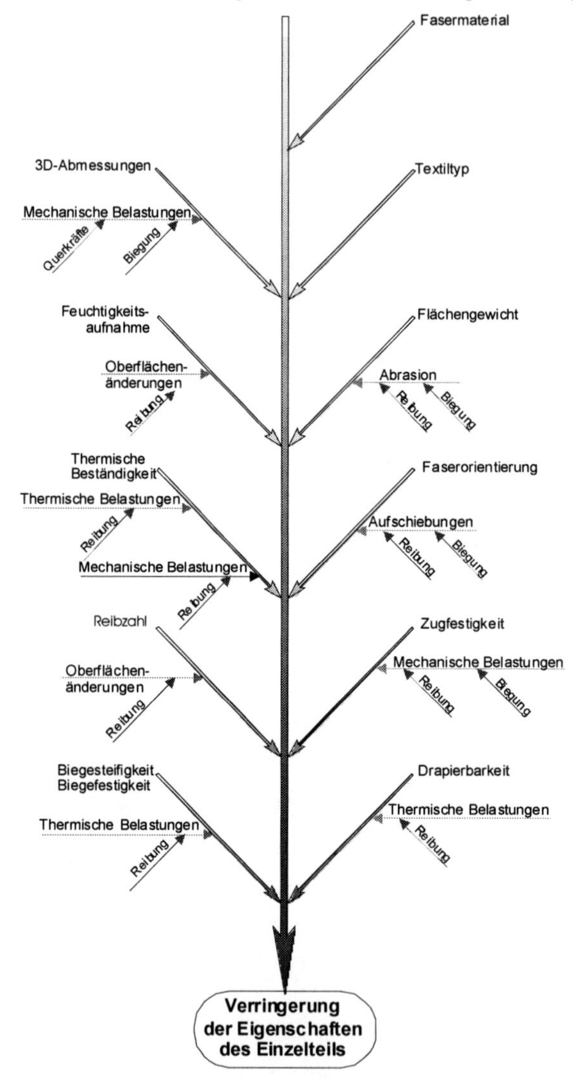


*Abb. 3-31: Ishikawa-Diagramm "Einzelteil"*
*Fig. 3-31: Ishikawa-Diagram "Textile Component Part"*

Die Aufgaben der am Nahtbildungsprozess beim Doppelsteppstich beteiligten Maschinenelemente sind in Abb. 3-32 dargestellt.

| Nähmaschinenorgan/Material | Funktion |
|---|---|
| Nähnadel | • Oberfadeneintrag<br>• Schlaufenbildung |
| Unterfadengreifer | • Vergrössern der Oberfadenschlaufe<br>• Verkreuzung von Ober- und Unterfaden |
| Unterfadenspule | • Vorrat Unterfaden<br>• Erzeugung Unterfadenspannung |
| Nähgut/Einzelteil | • Schlaufenbildung |
| Fadenhebel | • Bereitstellung Oberfadenvorrat beim Oberfadeneintrag<br>• Zurückziehen Oberfaden<br>• Ziehen Unterfaden<br>• Anziehen des Stiches |

*Abb. 3-32: Funktionen der Nähmaschinenorgane während der Nahtbildung*
*Fig. 3-32: Functions of the Sewing Machine Elements during Seam Forming*

Im Folgenden wird der Stichbildungsprozess beim Doppelsteppstich mit Hilfe des "Phasenmodells der Produktion" untergliedert. In Abb. 3-33 (Seite 60) ist die Unterteilung ersichtlich. Zur Verbesserung der Übersichtlichkeit wurden in dem Diagramm die Eigenschaften der einzelnen Prozesse und Zwischenprodukte nicht ausgewiesen. Sie werden später im Text erläutert.

Die Nähnadel trägt den Oberfaden in das zugeführte Einzelteil ein. Dabei stellt der Fadenhebel den benötigten Oberfadenvorrat mit zur Verfügung. Zusammen mit dem Einzelteil/Nähgut entsteht durch die Reibung zwischen Nähnadel und Nähgut bei der Aufwärtsbewegung der Nähnadel die Oberfadenschlaufe. Dieses erfolgt auf der zum Greifer zugewandten Nadelseite. Auf der anderen Nadelseite befindet sich die Nadelrinne (vgl. Abb. 3-35), in die der Oberfaden komplett eintaucht. Dies bewirkt eine Kontaktvermeidung zum Nähgut. Die Oberfadenschlaufe bildet sich nur an der gegenüberliegenden Nadelseite aus. Die Greiferspitze des Unterfadengreifers erfasst die Oberfadenschlaufe und vergrößert sie durch die Rotationsbewegung des Greifers.

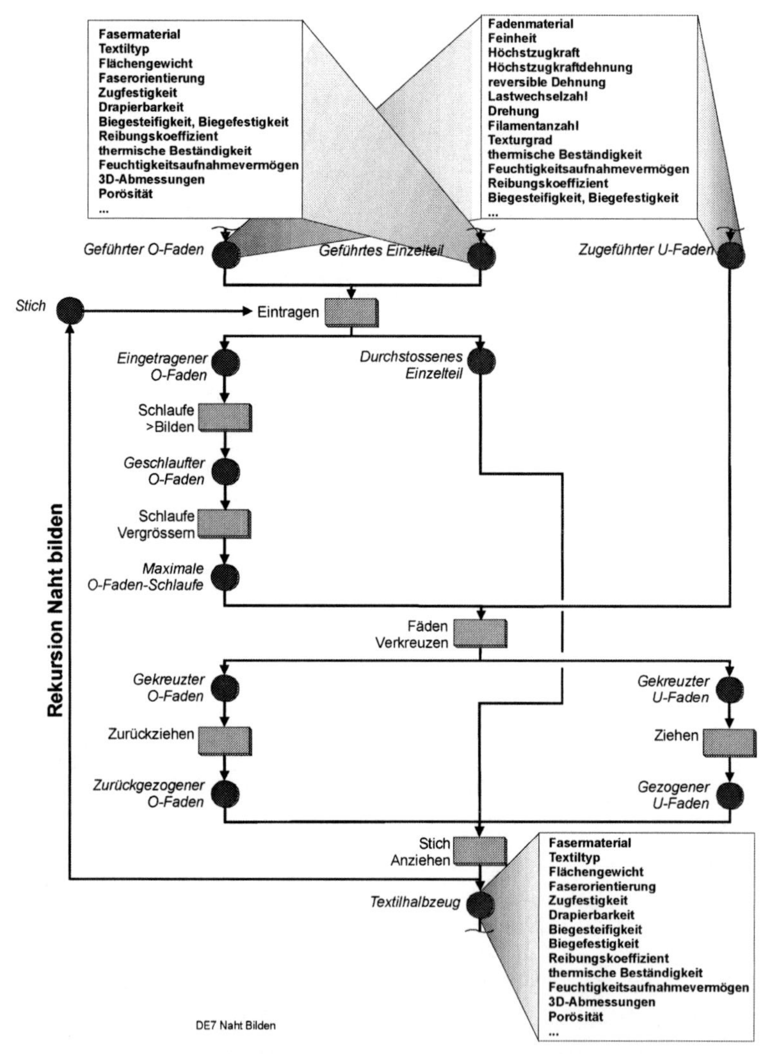


*Abb. 3-33: Detaillierungsebene 7 "Naht bilden"*
*Fig. 3-33: Structure Level 7 "Seam Forming"*

Durch das weitere Rotieren wird die Oberfadenschlaufe um die Unterfadenspule gelegt. Diese Legung bewirkt die Verkreuzung von Ober- und Unterfaden. Der Faden-

hebel beginnt schon vorher mit dem Zurückziehen des Oberfadens, um die Oberfadenschlaufe zu verkleinern. Die Unterfadenspule stellt den Unterfadenvorrat zur Verfügung und verursacht eine Zugspannung im Unterfaden. Beim Anziehen des Stiches durch den Fadenhebel wird der benötigte Unterfadenvorrat von ihr abgezogen.
Dem Nahtbildungsprozess werden ein "**geführter O-Faden**", ein "**geführtes Einzelteil**" und ein "**zugeführter U-Faden**" vorgelegt (Abb. 3-33). Im Prozessschritt "**Eintragen**" beeinflussen die Reibbeanspruchungen zwischen Nähnadel/geführter Oberfaden und Nähnadel/geführtes Einzelteil die Zugfestigkeit, Biegesteifigkeit, Biegefestigkeit und thermische Beanspruchbarkeit des Oberfadens und die Zugfestigkeit, Biegesteifigkeit, Biegefestigkeit, thermische Beanspruchbarkeit und Porösität des durchstoßenen Einzelteils (Abb. 3-34). Die Drehzahl determiniert zusammen mit den vorliegenden Reibungskoeffizienten der Reibpaarungen, der Nadelspitze und dem Nadeldurchmesser die Reibungskräfte im Nadeleinstich. Der Nadeldurchmesser bestimmt zusammen mit der Oberfadenfeinheit die Porösität des durchstoßenen Einzelteils. Die Nadel und der Oberfaden verdrängen Fasern im Verstärkungstextil. Dadurch könnte auch das Drapierbarkeitsverhalten verändert werden. Durch die Durchstichlöcher werden weitere Feuchtigkeitsleitwege in das Innere des Textils geschaffen. Infolgedessen kann sich das Feuchteaufnahmevermögen ändern.
Alle Reib- und Biegebelastungen vermindern bei zu hohen Beanspruchungen die Zugfestigkeit und Biegesteifigkeit der Fadenmaterialien und der Verstärkungstextilien.
Während der "**Schlaufenbildung**" des Oberfadens wird der Oberfaden weiter in der Nadel auf Reibung und Biegung in den Nadelrinnen und im Öhr (Abb. 3-35) belastet. Reibung liegt bei der Aufwärtsbewegung der Nadel zwischen Oberfaden und Nadel sowie dem durchstoßenen Einzelteil und der Nadel vor. Durch die Schlaufenbildung wird der Oberfaden mit Biegung beaufschlagt. Eine Torsion des Oberfadens kann dabei nicht unbedingt ausgeschlossen werden.
Während der "**Vergrößerung der Schlaufe**" wird der Oberfaden wiederum auf Zug, Biegung und Torsion belastet. Die Zugbelastungen resultieren aus der Schlaufenaufweitung und Reibung. Der Unterfadengreifer zieht den Oberfaden durch die Nadel etwas weiter auf, um später die Schlaufe um die Unterfadenspule bewegen zu können. Dadurch wird der Oberfaden auf Zug belastet. Die Reibung des Oberfadens in

der Reibpaarung Oberfaden/Metall zwischen Oberfaden und Unterfadengreiferdeckel wird ebenfalls durch die Drehzahl mit verändert. Durch die Mitnahme des Oberfadens durch den Unterfadengreifer wird der Oberfaden tordiert. Zu hohe mechanische und thermische Belastungen können die mechanischen Festigkeiten (Zugfestigkeit, Biegesteifigkeit) des Oberfadens verändern.

| **Prozessschritt** | **Produkt** | **Prozesseigenschaft/Einfluss** |
|---|---|---|
| Eintragen | Eingetragener Oberfaden | • Drehzahl ⇒ Reibung<br>• Nähnadel (Spitzentyp, Öhr, Schaftdurchmesser) ⇒ Reibung, Biegung<br>• Nadelhub ⇒ Zugbeanspruchung |
| | Durchstossenes Einzelteil | • Drehzahl ⇒ Reibung<br>• Nähnadel (Spitzentyp, Öhr, Schaftdurchmesser) ⇒ Reibung, Durchstich |
| Schlaufe bilden | Geschlaufter Oberfaden | • Drehzahl ⇒ Reibung<br>• Nähnadel ⇒ Reibung, Biegung, Torsion |
| Schlaufe vergrössern | Max. Oberfadenschlaufe | • Drehzahl ⇒ Reibung<br>• Nähnadel ⇒ Reibung, Biegung, Torsion |
| Verkreuzung der Fäden | Gekreuzter Oberfaden | • Drehzahl ⇒ Reibung<br>• Oberfadenspannung ⇒ Reibung<br>• Greiferbewegung ⇒ Torsion |
| | Gekreuzter Unterfaden | • Drehzahl ⇒ Reibung<br>• Greiferdimensionen ⇒ Biegung |
| Zurückziehen | Zurückgezogener Oberfaden | • Drehzahl ⇒ Reibung<br>• Oberfadenspannung ⇒ Reibung |
| Ziehen | Gezogener Unterfaden | • Drehzahl ⇒ Reibung<br>• Unterfadenspannung ⇒ Reibung |
| Stich anziehen | Textilhalbzeug | • Drehzahl ⇒ Reibung<br>• Fadenspannungen ⇒ Reibung, Biegung |

*Abb. 3-34: Einflüsse der Prozesseigenschaften während der Nahtbildung*
*Fig. 3-34: Influence of Process Properties during the Seam Formation*

Bei der "**Verkreuzung der Fäden**" wird der Oberfaden mit dem Unterfaden verkreuzt. Die Drehzahl und die Oberfadenspannung beeinflussen auch hier die Reibungwerte. Die Dimensionen des Unterfadengreifers nehmen Einfluss auf die Biegung im Unterfaden. Reibung liegt in den Reibpaarungen Faden/Metall und Faden/Faden vor. Weiterhin wird durch die Greiferbewegung der Oberfaden verdrillt bzw. tordiert. Hierdurch wird ebenfalls die mechanische Belastbarkeit des Ober- und Unterfadens beeinflusst.

Beim "**Zurückziehen**" des Oberfadens wird durch die Drehzahl in den Reibpaarungen Oberfaden/Unterfaden und Oberfaden/Metall (Unterfadengreiferdeckel) die Reibung beeinflusst. Zu starke Reibungswerte inkl. Oberfadenzugkraft während des Zurückziehens des Oberfadens durch den Fadengeber können die Festigkeiten des Fadens herabsetzen.

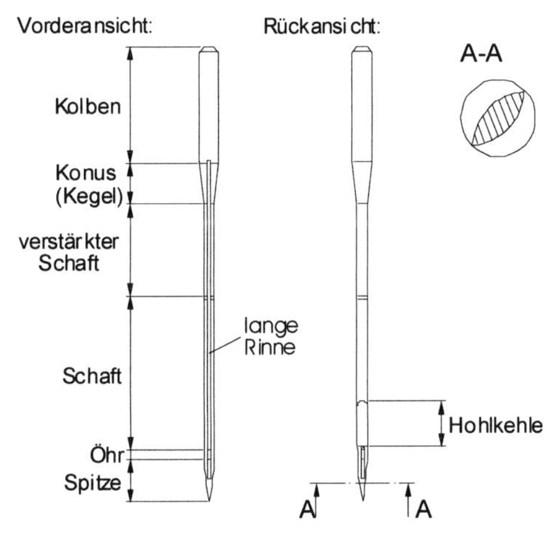


*Abb. 3-35: Prinzip einer Nähnadel*
*Fig. 3-35: Principle of a Sewing Needle*

Dies gilt analog für den Prozess "**Ziehen**" des Unterfadens.

Beim "**Stich anziehen**" bewirkt das endgültige Oberfadenanziehen des Fadenhebels die Biegung von Ober- und Unterfaden. Durch das Verhältnis der Oberfaden- und Unterfadenspannung zueinander wird die Lage der Verkreuzungspunkte im Textil festgelegt. Ober- und Unterfaden werden auf Biegung beansprucht. Bei zu großen Verkreuzungspunkten werden Fasern im Verstärkungstextil desorientiert. Dadurch kann auch die Porösität verändert werden. Weiterhin ist Reibung zwischen Nähfäden und den Nähfäden mit dem Verstärkungstextil vorhanden. Die Drehzahl beeinflusst diese Reibung. Die Naht entsteht durch die immer wiederkehrende Abfolge der "**Rekursion Naht bilden**". Dadurch wird zusätzlich das Flächengewicht des Textilpreforms verändert. Dies ist abhängig vom Stichabstand und Nahtabstand.

## 3.2 Untergliederung des einseitigen ITA-Nähverfahrens

Nach der Untergliederung des Doppelsteppstichnähverfahrens mit dem "Phasenmodell der Produktion" erfolgt nun die Untergliederung des einseitigen ITA-Nähverfahrens zur Bestimmung der wichtigsten Einflussparameter in diesem Nähprozess. In Abb. 2-6 und 2-7 des Kapitels 2 wurde dieses Nähverfahren bereits vorgestellt. In der Detaillierungsebene 5 werden die Eingangs- und Ausgangsprodukte des einseitigen Nähverfahrens des ITA dargestellt (Abb. 3-36).

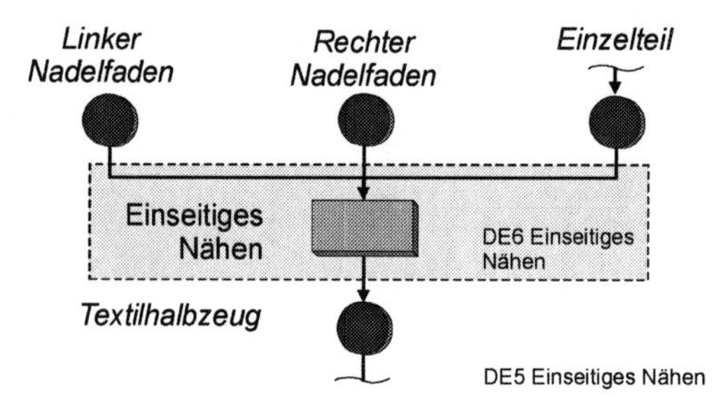


*Abb. 3-36: Detaillierungsebene 5 "Einseitiges Nähen"*
*Fig. 3-36: Structure Level 5 "One-sided Stitching"*

Der "**linke Nadelfaden**" und der "**rechte Nadelfaden**" laufen in die Nähanlage ein. Das "**Einzelteil**" wird der Anlage als Nähgut vorgelegt. Nach dem Prozessschritt "**einseitiges Nähen**" liegt das "**Textilhalbzeug**" vor.

Die Maschinenelemente des einseitigen ITA-Nähprozesses sind in Abb. 3-37 ersichtlich. Es existieren an der Nähanlage Fadenspulen, Fadenleitröhren, Fadenleit-Elemente bzw. Fadenleitorgane, 2 aktive Fadengeber, 2 Nadeln, eine Stichplatte und das Nadelbett mit Nähnut. Aktive Fadengebersysteme sind auch bei konventionellen Nähtechnologien bekannt und werden bei schwierig zur verarbeitenden Materialien eingesetzt. Die Seitenbezeichnung "links" und "rechts" werden in Nähvorschubrichtung schauend definiert. Die Funktionen der Maschinenorgane beim einseitigen ITA-Nähverfahren (Abb. 3-38) sind ähnlich denen beim Doppelsteppstich. Die Fadenleitröhren leiten die Nadelfäden, erzeugen eine konstante Fadenspannung und bewirken einen konstanten „Über-Kopf-Abzug“.

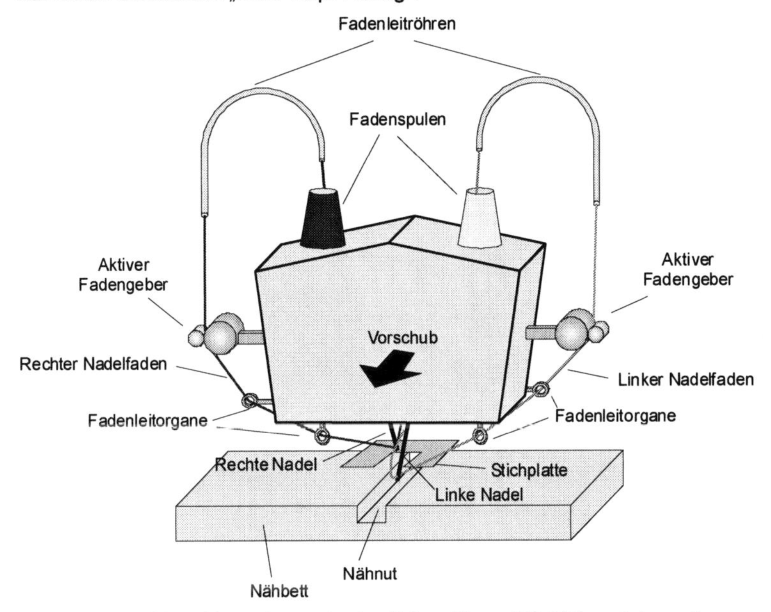


*Abb. 3-37: Maschinenelemente des "einseitigen ITA-Nähverfahrens"*
*Fig. 3-37: Machine Components of the "One-sided ITA-Stitching-Process"*

Die aktiven Fadengeber stellen den Nadelfadenvorrat für den Fadeneintrag durch die Nähnadeln bereit. Weiterhin ziehen sie den nicht benötigten Nadelfadenvorrat später zurück. Die Fadenleitorgane bzw. Fadenleit-Elemente leiten den Nadelfaden und führen ihn der Stichbildung zu. Die Stichplatte komprimiert das Nähgut/Einzelteil zur Erzielung gestreckter Fäden in der späteren Naht. Die Nähnadeln durchstoßen das Nähgut. Sie bilden zusammen mit dem Nähgut die Nadelfadenschlaufe aus. Im Weiteren bringen die Nadeln den benötigten Nadelfadenvorrat in die im vorherigen Stich erzeugte Nadelfadenschlaufe ein. Die Stichbildung des einseitigen ITA-Nähverfahrens wurde bereits in Kap. 2 erklärt. Auf dem Nähbett werden mit Hilfe von Klemmvorrichtungen (nicht abgebildet) die Einzelteile aufgespannt und fixiert.

| Nähmaschinenorgan/Material | Funktion |
| --- | --- |
| Fadenleitröhre | • Leiten des Nadelfadens<br>• Konstante Nadelfadenspannung<br>• Gleichmäßiger Über-Kopf-Abzug |
| Aktiver Fadengeber | • Bereitstellung Nadelfadenvorräte beim Nadelfadeneintrag<br>• Zurückziehen des Nadelfadens |
| Fadenleitorgan/Fadenleit-Element | • Leiten des Nadelfadens<br>• Zuführung des Nadelfadens zur Stichbildung |
| Stichplatte | • Komprimieren des Einzelteils |
| Nähnadeln | • Fadendurchstoß im Nähgut<br>• Bildung Nadelfadenschlaufe<br>• Einbringung des Fadenvorrats in die Fadenschlaufe des vorherigen Stichs |
| Nähgut/Einzelteil | • Bildung Nadelfadenschlaufe |
| Nähbett | • Aufspannung der Einzelteile<br>• Fixierung der Einzelteile |
| Klemmvorrichtung (nicht abgebildet) | • Fixierung der Einzelteile |

*Abb. 3-38: Funktionen der Nähmaschinenorgane während des einseitigen Nähens*
*Fig. 3-38: Functions of the Sewing Machine Elements during One-sided Stitching*

Der "**Linke Nadelfaden**" wird von der "**Fadenspule**" durch die zugehörige "**Fadenleitröhre**" über den "**Aktiven Fadengeber**" und die "**Fadenleitorgane**" bzw. "**Fadenleit-Elemente**" der "**Linken Nähnadel**" zugeführt (Abb. 3-39). Das Gleiche erfolgt analog zu der beschriebenen Fadenführung für den "**Rechten Nadelfaden**" mit den zugehörigen Maschinenorganen. Das Einzelteil ist zwischen "**Stichplatte**" und "**Nähbett**" angeordnet. Der rechte Nadelfaden wird ebenfalls zugeführt. Das Einzelteil wird auf dem Nähbett aufgespannt. Anschließend wird die "**Naht gebildet**". Zum Ende hin wird die "**Naht abgeschlossen**".

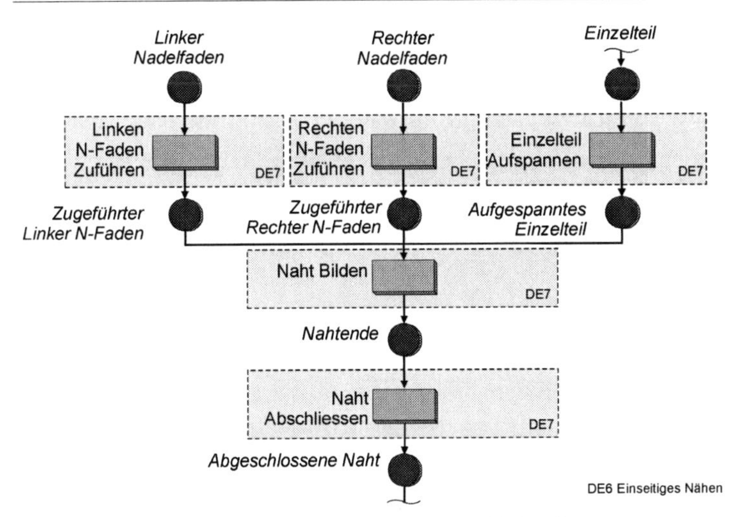


*Abb. 3-39: Detaillierungsebene 6 "Einseitiges Nähen"*
*Fig. 3-39: Structure Level 6 "One-sided Stitching"*

Die weitere Untergliederung unter Zuhilfenahme des Phasenmodells der Produktion für die Prozessschritte "**Linken Nadelfaden Zuführen**" und "**Rechten Nadelfaden Zuführen**" wird in einem Arbeitsgang erstellt. Beide Prozessschritte sind gleich und werden in Abb. 3-40 als Prozessschritt "**Nadelfaden Zuführen**" abgehandelt.

Die Eingangsprodukteigenschaften des Nadelfadens sind das Fasermaterial, die Feinheit, die max. Höchstzugkraft, die Höchstzugkraftdehnung, die reversible Dehnung unter zyklischer Beanspruchung, die Lastwechselzahl bei dynamischer Zugbeanspruchung, die Faden- bzw. Garndrehung, die Filamentanzahl des Fadens, der Texturgrad, die thermische Materialbeständigkeit, das Feuchteaufnahmevermögen, die Reibungskoeffizienten zwischen unterschiedlichen Reibpartnern und die Biegesteifigkeit sowie -festigkeit. Das Nadelfadenmaterial kann aus Spinnfaserzwirnen oder Filamentgarnen bestehen.

Im Prozessschritt "**Über-Kopf-Abziehen**" entstehen zwischen Nadelfaden und Nadelfadenspule Reibungskräfte durch den Fadenkontakt am Spulenkörper. Zusätzlich wird der Faden auf Biegung beansprucht. Weiterhin kann eine Fadentorsion auftreten. Die Prozesseigenschaften Abzugsgeschwindigkeit und Biegewinkel am Eingang zur Fadenleitröhre werden im Wesentlichen die Eigenschaften Höchstzugkraft, Höchstzugkraftdehnung, Lastwechselzahl, reversible Dehnung und Biegesteifigkeit bzw. -festigkeit des Zwischenproduktes "**Abgezogener N-Faden**" (Nadelfaden) verändern. Der Faden kann durch hohe Reibungseffekte geschädigt werden. Dadurch verringern sich die statischen, zyklischen und dynamischen Zugeigenschaften des Nadelfadens. Durch zu kleine Biegewinkel wird der Oberfaden ebenfalls geschädigt. Bei sehr engen Radien kann ein Knicken entstehen. Neben der Verringerung der Zugfestigkeiten und Dehnungen verschlechtert sich auch die Biegesteifigkeit des Nadelfadens. Dieser Effekt kann aber auch durch große Zugbelastungen verursacht werden. Bei hohen Nähgeschwindigkeiten besteht die Gefahr hoher Reibungskräfte zwischen den Reibpaarungen Faden/Faden und Faden/Fadenleitröhreneingang. Ein Nadelfaden mit geringeren thermischen Festigkeiten wird geschädigt. Es können Faserverschmelzungen verursacht werden. Weiterhin kommt es auch zu einer Herabsetzung der mechanischen Festigkeiten. Durch die mögliche Torsion wird ebenfalls die Zwirndrehung des Nadelfadens verändert. Er kann auf- oder abgedreht werden. Ungedrehte Garne können teilweise mit einer Drehung versehen werden.

Der Prozess "**Leiten**" des Nadelfadens erfolgt in dem Maschinenaggregat Fadenleit-Element/Fadenleitorgan, Fadenleitröhre und Nähnadel. Das Leiten entspricht einem Lenken des Oberfadens. Er wird weder durch zusätzliche Aggregate stark vorgespannt noch wird Faden geliefert. Der Faden durchläuft das Aggregat und wird umgelenkt. Durch Reibungseffekte (Faden/Metall, Faden/Öse, Faden/Kunststoff) wird eine geringe Fadenspannung aufgebracht. Für den Fall hoher Zugbelastungen und starker Reibungseffekte werden die Eigenschaften Höchstzugkraft, Höchstzugkraftdehnung, Lastwechselzahl, reversible Dehnung und Biegesteifigkeit bzw. -festigkeit des Zwischenproduktes "**Geleiteter N-Faden**" verändert. Das Fadenmaterial wird über den linearelastischen Bereich hinaus belastet, irreversible Schäden treten im Nadelfaden auf und setzen die Gesamtfestigkeit herab. Die entscheidenden Prozesseigenschaften beim "**Leiten**" sind die statische Abzugsgeschwindigkeit, die dynamische Abzugsgeschwindigkeit und der Biegewinkel. Bei dynamischem Abzug wird der Oberfaden einer Zugspannung ausgesetzt und anschließend bei einer umgekehrten Fadenbewegung wieder entlastet. Zusätzlich ist in der Fadenleitröhre durch die Reibungsverhältnisse eine Torsion des Nadelfadens nicht auszuschließen. Durch die Länge der Fadenleitröhre tritt im Vergleich zu den Fadenleitorganen eine größere Reibung auf. Diese verringert vermutlich den Einfluss der dynamischen Abzugsgeschwindigkeit in der Fadenleitröhre.

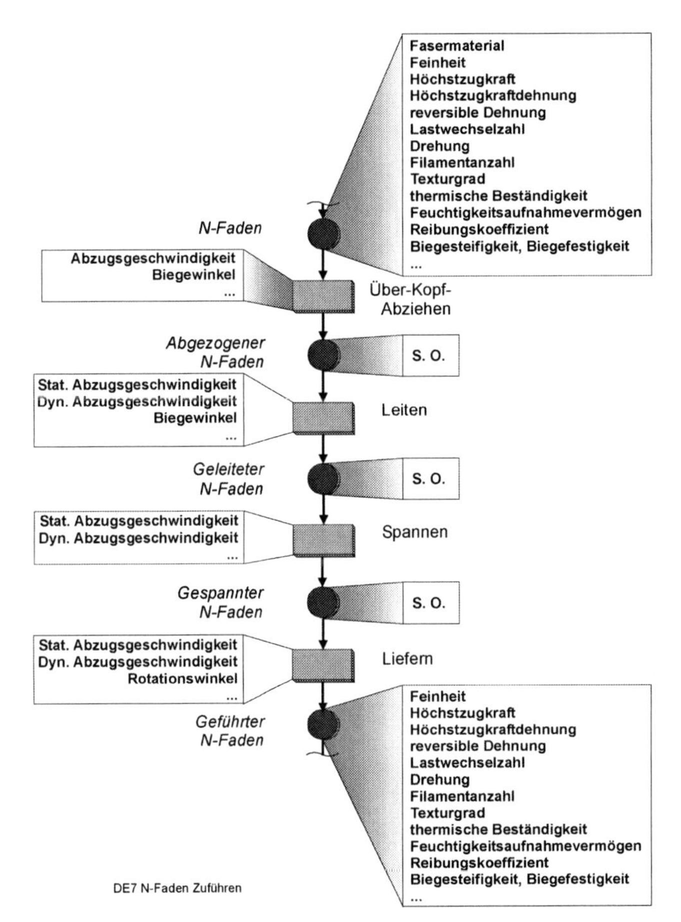


*Abb. 3-40: Detaillierungsebene 7 "Nadelfaden Zuführen"*
*Fig. 3-40: Structure Level 7 "Needle Thread Supply"*

Der Prozess "**Spannen**" versieht den Nadelfadenquerschnitt mit einer Zugspannung. Letztere wird durch die Prozesseigenschaften statische Abzugsgeschwindigkeit und dynamische Abzugsgeschwindigkeit ausgelöst. Für den Fall starker Zugbelastungen werden die Eigenschaften Höchstzugkraft, Höchstzugkraftdehnung, Lastwechselzahl, reversible Dehnung und Biegesteifigkeit bzw. -festigkeit des Zwischenproduktes

"**Gespannter N-Faden**" modifiziert. Reibung wird nicht berücksichtigt. Das "**Spannen**" erfolgt in den Maschinenaggregaten Fadenleitorgane/Fadenleit-Element und Fadenleitröhre.

Der Prozess "**Liefern**" stellt die für die Stichbildung benötigte Nadelfadenmenge zur Verfügung. Der Nadelfaden wird bis zum Erreichen und dem Durchlaufen der Nähnadel statisch und dynamisch mit einer Abzugsgeschwindigkeit bzw. Liefergeschwindigkeit und einem Rotationswinkel versehen. Geringe statische Abzugsgeschwindigkeiten können eintreten. Durch das Liefern und Zurückziehen des aktiven Fadengebers kann auch ohne statische Grundzugspannung des Fadens ein reine dynamische Zugspannung mit absoluter Entlastung und gegensinniger Fadenspannung bei der Rückwärtsbewegung des aktiven Fadengebers auftreten. Der Rotationswinkel des aktiven Fadengebers bestimmt wesentlich die zur Verfügung stehende Nadelfadenschlaufenlänge. Der Prozess "**Liefern**" erfolgt nur in den Aggregaten aktiver Fadengeber und Nähnadel. Durch einen falsch justierten Rotationswinkel des aktiven Fadengebers kann die Nadel beim Durchdringen der vorherigen Nadelfadenschlaufe geschädigt werden, es besteht die Gefahr von Nadelverbiegungen. Für den Fall großer Zugbelastungen und Fadenschädigungen werden die Eigenschaften Höchstzugkraft, Höchstzugkraftdehnung, Lastwechselzahl, reversible Dehnung und Biegesteifigkeit bzw. -festigkeit des Zwischenproduktes "**Geführter N-Faden**" beeinflusst.

Zusammenfassend kann festgehalten werden, dass die Prozessparameter statische und dynamische Abzugsgeschwindigkeit, der Biegewinkel und der Rotationswinkel die mechanischen Eigenschaften des Nadelfadens beeinflussen. Dieses erfolgt für die Abzugsgeschwindigkeit in den Prozessen "Über-Kopf-Abziehen", "Leiten", "Spannen" und "Liefern". Der Biegewinkel nimmt Einfluss auf die mechanische Festigkeit des Nadelfadens in den Prozessen "Über-Kopf-Abziehen" und "Leiten". Der Rotationswinkel modifiziert sie im Prozess "Liefern". Abb. 3-41 präsentiert mit Hilfe des Ishikawa-Diagramms die Einzelprozesse der am Nähprozess beteiligten Nähmaschinenorgane in der Zuführung der Nadelfäden.

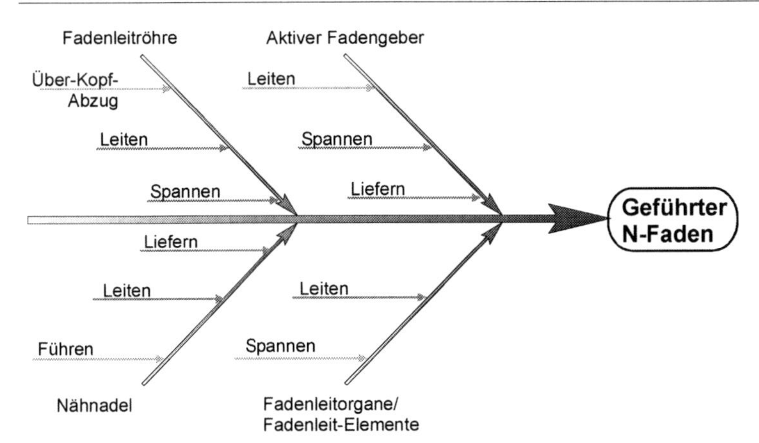


*Abb. 3-41: Einzelprozesse der Zuführung der Nadelfäden*
*Fig. 3-41: Single Processes during the Needle Thread Feeding*

Die zuvor geschilderten Änderungen der Zwischenprodukteigenschaften bis zum geführten Nadelfaden entsprechen den bereits in Kap. 3.1 im Ishikawa-Diagramm für den Oberfaden in Abb. 3-19 visualisierten Zusammenhängen auf Seite 42.

Im Weiteren wird mit dem Prozessschritt "**Einzelteil Aufspannen**" strukturiert (Abb. 3-42). Das Einzelteil wird auf das Nähbett aufgelegt. Es können mehrere Lagen übereinander gelegt werden. Dabei muss das Einzelteil falten- und knitterfrei aufgespannt werden, um beim Fixieren mit der Klemmvorrichtung gut geklemmt werden zu können. Durch die Absenkung des Nähkopfes werden die Einzelteile komprimiert. Anschließend liegt das aufgespannte Einzelteil vor.

Die Eingangsprodukteigenschaften des Einzelteils sind dieselben wie beim Doppelsteppstichnähverfahren. Das Einzelteil besteht aus einem oder mehreren Fasermaterialien. Der Textiltyp kann eine Variation aus mehreren geschichteten Textillagen unterschiedlichen Typs sein. Das Einzelteil besitzt ein bestimmtes Flächengewicht und hat diverse mögliche Faserorientierungen. Weiterhin verfügt es über eine Zugfestigkeit, Drapierbarkeit und Biegesteifigkeit bzw. -festigkeit. Mit anderen Reibpartnern hat es unterschiedliche Reibungskoeffizienten inne. Neben der thermischen Beständigkeit besitzt das Einzelteil noch ein Feuchteaufnahmevermögen und 3D-Abmessungen.

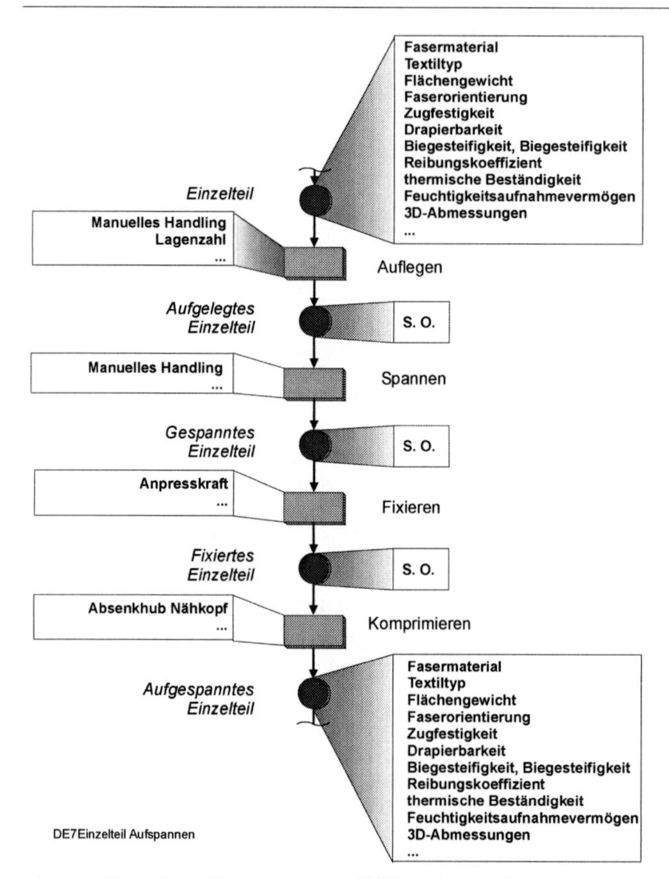


*Abb. 3-42: Detaillierungsebene 7 "Einzelteil Aufspannen"*
*Fig. 3-42: Structure Level 7 "Component Part Clamping"*

Im Prozessschritt "**Auflegen**" beeinflusst das manuelle Handling des Einzelteils durch die Bedienperson und die Anzahl der übereinander angeordneten Lagen inkl. der Orientierung der Lagen den kombinierten Textiltyp, das Flächengewicht, die Faserorientierungen, die Drapierbarkeit, die Biegesteifigkeit bzw. -festigkeit und die 3D-Abmessungen des "**Aufgelegten Einzelteils**". Zusätzlich kann durch die Kombination von Einzelteilen mit unterschiedlichem Textiltyp und auch Fasertyp die Reibungskoeffizient zu diversen Reibpartnern verändert werden.

Das "**Spannen**" des ausgelegten Einzelteils beinhaltet ein Glätten. Dabei können wiederum durch das manuelle Handling die Faserorientierungen durch Desorientierungen der Fasern beeinflusst werden. Auch die 3D-Abmessungen und das Flächengewicht ändern sich.

Beim "**Fixieren**" durch die Klemmvorrichtung sind ebenfalls Faserdesorientierungen durch die Reibungseffekte mit den Klemmen möglich. Wesentliche Prozesseigenschaft ist hier die Klemmkraft. Sie muss hoch genug sein, um eine Durchbiegung des Einzelteils im Nähprozess beim Nadeleintritt zu verhindern.

Im Prozessschritt "**Komprimieren**" bestimmt der Absenkhub des Nähkopfes die Verdichtung des Einzelteils und somit auch die 3D-Abmessungen. Aufgrund der nicht vorhandenen Möglichkeit die Prozesseinflussparameter präziser formulieren zu können, wird kein Ishikawa-Diagramm erstellt.

Der Prozess "**Naht Bilden**" (vgl. Abb. 3-39) des einseitigen ITA-Nähverfahrens wird in Abb. 3-43a und Abb. 3-43b dargestellt. Die Komplexität beider zusammengehörender Abbildungen zeigt die Grenzen des Phasenmodells der Produktion auf. Für weitere Untergliederungen müsste auf andere Strukturierungshilfsmittel zugegriffen werden. Dargestellt ist die Bildung des linken Stichs inkl. Nahtanfang (Abb. 3-43a) und des rechten Stichs inkl. Nahtende (Abb. 3-43b). Die "**Rekursion Naht Bilden**" wird solange wiederholt, bis die Naht beendet ist.

In dem Prozess "**Naht Bilden**" liegen als Eingangsprodukte der "**Zugeführte Linke Nadelfaden**" (N-Faden), das "**Aufgespannte Einzelteil**" und der "**Zugeführte Rechter Nadelfaden**" vor. Zu Beginn der Nahtbildung wird der linke Nadelfaden als Schlaufe bei der Abwärtsbewegung in das Einzelteil durch die Nadel eingetragen. Das nähprinzipbedingte Nadelkippen erfolgt anschließend. Nun hat die rechte Nadel die Position zum Eindringen in das Einzelteil erreicht. Beim Kippprozess der Nadeln bewirkt die eingestochene linke Nadel eine Aufweitung des Einzelgutes. Die linke Nadelfadenschlaufe bildet sich nun durch die Reibungsinteraktion zwischen linkem Nadelfaden, Einzelteil und aufwärts bewegender linker Nähnadel. Die rechte Nähnadel bewegt sich abwärts und durchsticht das Einzelgut. Der rechte Nadelfaden wird als Schlaufe eingetragen und penetriert das Einzelgut und die gebildete linke Nadelfadenschlaufe. Die Fäden verkreuzen sich danach unterhalb des Einzelguts. Es ergibt sich eine Überkreuzung der Schlaufen. Die linke Nadel bewegt sich weiter aufwärts und die rechte weiter abwärts. Dabei wird das linke Schlaufenende aus dem Einzelgut ausgetragen. Bei der Aufwärtsbewegung der linken Nadel wird die Nadelschlaufe durch eine Rückwärtsbewegung des aktiven linken Fadengebers verringert. Bei der Abwärtsbewegung der rechten Nadel muss mehr Fadenmaterial des rechten Nadelfadens durch den rechten aktiven Fadengeber nachgeliefert werden. Nun folgt das Kippen der linken ausgetragenen Nadel und der rechten eingetragenen Nadel unter gleichzeitigem Vorschub des Nähkopfes. Hierdurch wird die Aufweitung des Einzelteils durch die rechte eingetragene Nadel verringert und gleichzeitig der Stichabstand erzeugt. Die Nadeln erreichen dadurch die nächsten Positionen zum Nadelein- und Nadelaustritt. Weiterhin müssen der linke und rechte Nadelfaden bis zur Mitte der gegensinnigen Kippbewegung der Nadeln die Nadelfäden zurückziehen und bis zum Erreichen der Endpositionen wieder liefern. Ansonsten würden die Nadelfäden schlaff hängen und könnten sich an anderen Maschinenelementen verhaken. Das würde die Stichbildung behindern. Die rechte Stichbildung ist nun abgeschlossen.

Zur weiteren Bildung des linken Stiches muss der linke Nadelfaden weiter geliefert werden, um den Nadeleinstich der linken Nadel zu ermöglichen. Die rechte Nadelschlaufe an der rechten Nadel bildet sich durch die Interaktion von Einzelgut, rechter aufwärts bewegender Nähnadel und rechtem Nähfaden unterhalb des Einzelguts aus. Die linke Schlaufe wird durch die Abwärtsbewegung der linken Nadel in das Einzelgut und die rechte Nadelfadenschlaufe unterhalb des Einzelguts eingetragen. Die Fäden bzw. Schlaufen verkreuzen sich. Bis zum tiefsten Einstichpunkt der linken Nadel muss der linke Nadelfaden nachgeliefert werden. Gleichzeitig tritt die rechte Nadel aus dem Einzelgut heraus. Dabei wird das Schlaufenende mit aus dem Einzelgut ausgetragen. Die rechte Nadelschlaufe muss beim Austragen durch das Zurückziehen des Nadelfadens des rechten aktiven Fadengebers verkleinert werden. Nun erfolgt wieder die gegensinnige Kippbewegung beider Nähnadeln. Bis zur Mitte der Kippbewegung müssen zur Vermeidung überschüssigen Fadenmaterials der rechte und linke Nadelfaden zurückgezogen werden und bis zum Erreichen der Nadelendpositionen wieder geliefert werden. Zur selben Zeit erfolgt wieder der Nähkopfvorschub in Nährichtung. An dieser Stelle ist die Bildung des linken Stichs abgeschlossen. Zur Vorbereitung des nächsten rechten Stichs muss der rechte Nadelfaden weiter geliefert werden. Dazu muss die Rekursion "Naht bilden" durchlaufen werden. Als Links-Rechts-Stich wird Bildung des linken Stichs durch den linken Na-

delfaden und des rechten Stichs durch den rechten Nadelfaden definiert. Hiernach kann die Nahtbildung beendet werden. Dabei wird der letzte Stich so abgeschlossen, dass nur noch eine Nadel im Einzelgut eingetragen ist. Dieses ist für das spätere, komplette Austragen der Nähnadel und somit des Schlaufenendes in den Folgeprozessen des noch zu untergliedernden Prozesses "**Naht Abschließen**" notwendig.
Die Eingangsprodukteigenschaften des "**Aufgespannten Einzelguts**" (Abb. 3-43a) sind Fasermaterial, Textiltyp, Flächengewicht, Faserorientierung, Zugfestigkeit, Drapierbarkeit, Biegesteifigkeit, Biegefestigkeit, Reibungskoeffizient, thermische Beständigkeit, Feuchteaufnahmevermögen, 3D-Abmessungen und Materialporösität. Die Eingangsprodukteigenschaften des "**Rechten**" und "**Linken Nadelfadens**" (Abb. 3-43a) sind Fasermaterial, Feinheit, Höchstzugkraft, Höchstzugkraftdehnung, reversible Dehnung, Lastwechselzahl, Drehnung, Filamentanzahl, Texturgrad, thermische Beständigkeit, Feuchteaufnahmevermögen, Reibungskoeffizient und Biegesteifigkeit bzw. Biegefestigkeit in Abhängigkeit des eingesetzten Materials. Die Eigenschaften des Ausgangsproduktes sind Fasermaterial, Textiltyp, Flächengewicht, Faserorientierung, Zugfestigkeit, Drapierbarkeit, Biegesteifigkeit, Biegefestigkeit, Reibungskoeffizient, thermische Beständigkeit, Feuchteaufnahme, 3D-Abmessungen und Porösität. Die Einflüsse einiger Prozesseigenschaften während der Nahtbildung des einseitigen ITA-Nähverfahrens sind in Abb. 3-44 zu erkennen. Sie sind ähnlich denen beim Doppelsteppstich (Abb. 3-34 Seite 62).

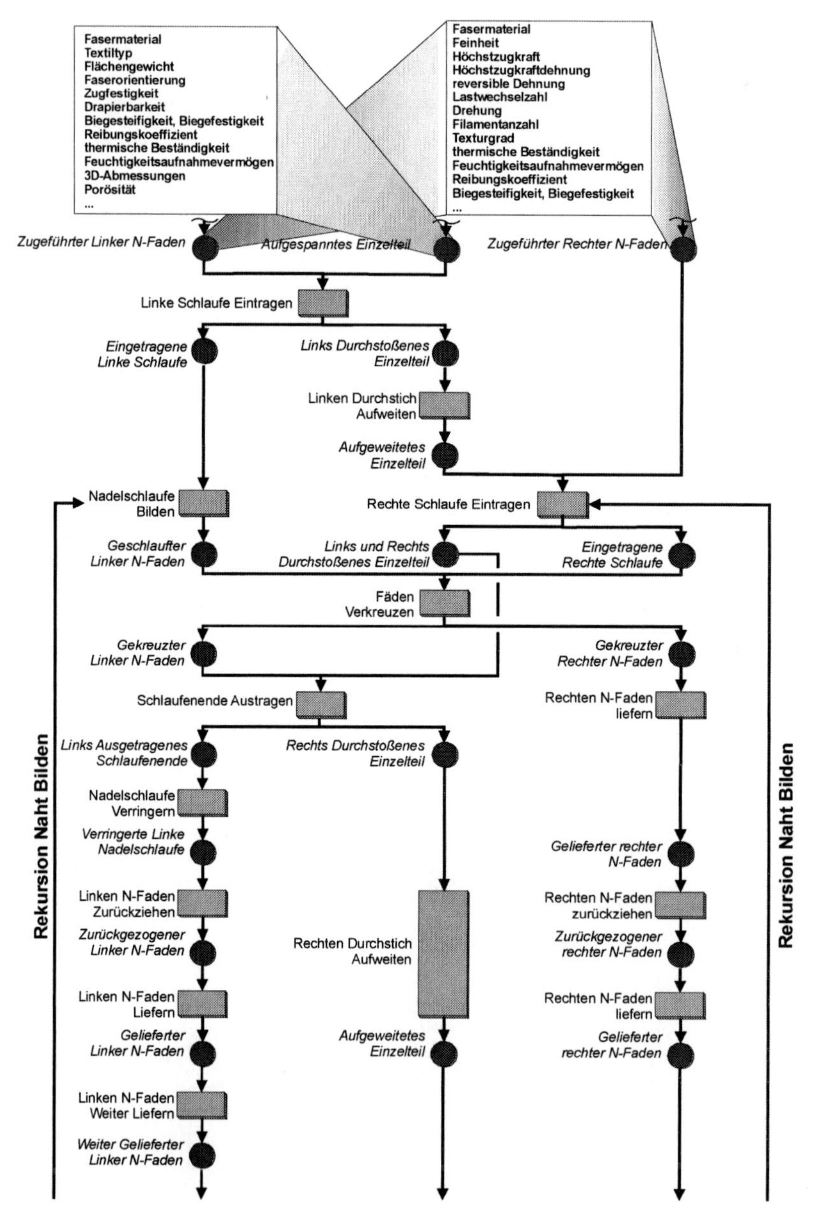


*Abb. 3-43a: Detaillierungsebene 7 "Naht bilden"*
*Fig. 3-43a: Structure Level 7 "Seam Forming"*

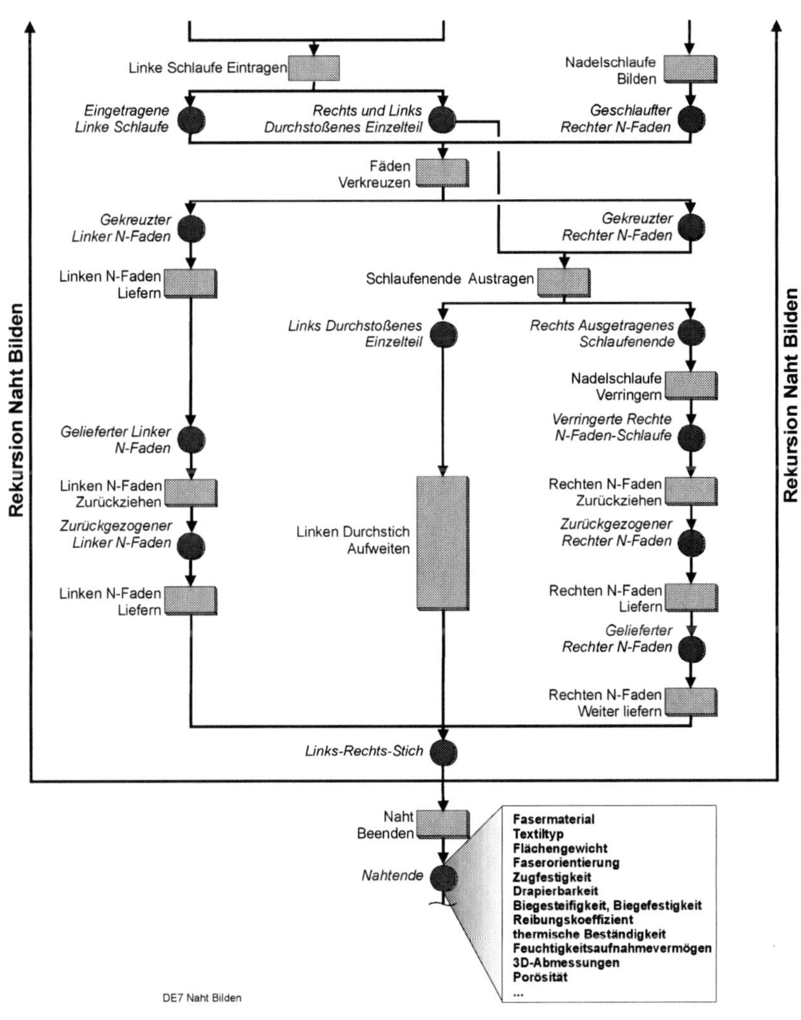


*Abb. 3-43b: Detaillierungsebene 7 "Naht bilden"*
*Fig. 3-43b: Structure Level 7 "Seam Forming"*

| Prozessschritt | Produkt | Prozesseigenschaft/Einfluss |
|---|---|---|
| Schlaufe eintragen | • Eingetragene Linke Schlaufe<br>• Eingetragene Rechte Schlaufe | • Drehzahl ⇒ Reibung<br>• Nähnadel (Spitzentyp, Öhr, Schaftdurchmesser) ⇒ Reibung, Biegung |
| | • mit Linker Nadel Durchstoßenes Einzelteil<br>• mit Rechter Nadel Durchstoßenes Einzelteil<br>• mit Linker und Rechter Nadel Durchstoßenes Einzelteil<br>• mit Rechter und Linker Nadel Durchstoßenes Einzelteil | • Drehzahl ⇒ Reibung<br>• Nähnadel (Spitzentyp, Öhr, Schaftdurchmesser) ⇒ Reibung, Durchstich |
| Durchstich aufweiten | • Aufgeweitetes Einzelteil | • Drehzahl ⇒ Reibung<br>• Nadelhub, Kippweg, Einzelguthöhe ⇒ Aufweitung Durchstich |
| Nadelschlaufe bilden | • Geschlaufter Linker N-Faden<br>• Geschlaufter Rechter N-Faden | • Drehzahl ⇒ Reibung<br>• Nähnadel ⇒ Reibung, Biegung, Torsion |
| Nadelschlaufe verringern | • Verringerte Linke Nadelschlaufe<br>• Verringerte Rechte Nadelschlaufe | • Drehzahl ⇒ Reibung<br>• Nähnadel ⇒ Reibung, Biegung, Torsion |
| Fäden verkreuzen | • Gekreuzter Linker N-Faden<br>• Gekreuzter Rechter N-Faden | • Drehzahl ⇒ Reibung<br>• Nadelfadenspannung ⇒ Reibung<br>• Nadelbewegung ⇒ Biegung, Torsion |

| | | |
|---|---|---|
| Schlaufenende austragen | • Linkes Ausgetragenes Schlaufenende<br>• Rechtes Ausgetragenes Schlaufenende | • Drehzahl ⇒ Reibung<br>• Nadelfadenspannung ⇒ Reibung, Biegung, Torsion |
| | • Links Durchstoßenes Einzelteil<br>• Rechts Durchstoßenes Einzelteil | • Drehzahl ⇒ Reibung<br>• Nähnadel (Spitzentyp, Öhr, Schaftdurchmesser) ⇒ Reibung, Durchstich |
| Nadelfaden liefern | • Gelieferter Linker N-Faden<br>• Gelieferter Rechter N-Faden<br>• Links-Rechts-Stich | • Drehzahl ⇒ Reibung |
| Nadelfaden weiter liefern | • Weiter Gelieferter Linker N-Faden<br>• Weiter Gelieferter rechter N-Faden | • Drehzahl ⇒ Reibung |
| Nadelfaden zurückziehen | • Zurückgezogener Linker N-Faden<br>• Zurückgezogener Rechter N-Faden | • Drehzahl ⇒ Reibung |
| Naht beenden | • Nahtende | • Drehzahl ⇒ Reibung<br>• Nadelhub, Kippweg, Einzelguthöhe ⇒ Aufweitung Durchstich |

*Abb. 3-44: Einflüsse der Prozesseigenschaften während der Nahtbildung des einseitigen ITA-Nähverfahrens*
*Fig. 3-44: Influence of Process Properties during One-sided Seam Formation*

Alle Reib- und Biegebelastungen vermindern bei zu hohen Beanspruchungen die Zugfestigkeit und Biegesteifigkeit bzw. -festigkeit der Fadenmaterialien und der Verstärkungstextilien. Während der "**Nadelschlaufenbildung**" und "**Nadelschlaufenverringerung**" des Nadelfadens wird dieser weiter in der Nadel auf Reibung und Biegung in den Nadelrillen und im Öhr belastet. Reibung liegt bei der Aufwärtsbewegung der Nadel zwischen Nadelfaden und Nadel und dem durchstoßenen Einzelteil und der Nadel vor. Durch die Schlaufenbildung wird der Nadelfaden mit Biegung beaufschlagt. Eine Torsion des Nadelfadens kann dabei nicht unbedingt ausgeschlossen werden. Die Drehzahl des Nähkopfantriebs beeinflusst die Reibung. Beim "**Fadenschlaufeneintrag**" durch die Nadel in das Einzelgut wird der Nadelfaden im Nadelöhr stark auf Biegung beansprucht. Weiterhin liegt dort, entlang des Schaftes und der Nadelrinnen Reibung zwischen Nadel, Nadelfaden und Einzelteil vor. Da das Einzelgut durchstoßen wird, bestimmen die Nadeleigenschaften die Bildung des Durchstichs. Durch die Größe der Durchstiche werden Faserdesorientierungen hervorgerufen. Sie beeinflussen die Zugfestigkeit des textilen Einzelguts und die späteren mechanischen Eigenschaften im FVK-Bauteil. Dies gilt ebenso für die "**Aufweitung des Durchstichs**" im Einzelgut während der Kippbewegung der Nadeln. Hierbei beeinflussen die Nadelhubbewegung, die Länge der Nadelkippbewegung und die Höhe des Einzelguts die Aufweitung. Bei der "**Verkreuzung der Fäden**" werden die Nadelfäden bzw. die gebildeten Schlaufen ineinander verkreuzt. Die Drehzahl und die Nadelfadenspannung nehmen auch hier Einfluss auf die Reibungswerte. Allerdings liegt jeweils ein Faden immer als Nadelfadenschlaufe vor. Da die Kippbewegung der Nähnadeln noch während des Nadelhubs beginnt, ist eine Biegebeanspruchung und Verdrillung (Torsion) der Nadelfäden nicht auszuschließen. Reibung liegt in den Reibpaarungen Faden/Metall und Faden/Faden vor. Beim "**Austragen der Schlaufenenden**" aus dem Einzelgut liegt Reibung zwischen dem Nadelfaden und dem Einzelgut sowie zwischen dem Nadelfaden und der Nähnadel vor. Der Faden wird auf Zug belastet. Die Reibung ist abhängig von den Reibungskoeffizienten und der Maschinendrehzahl. Außerdem wird der Nadelfaden auf Biegung und Torsion durch die Nadelbewegung beim Austritt aus dem Einzelgut belastet. Beim "**Liefern und Weiterliefern der Nadelfäden"** wird durch die Drehzahl in den Reibpaarungen Nadelfaden/Metall (Nadelöhr, Nadelrinne, Nadelschaft) und Nadelfaden/Textil (Einzelgut) die Reibung beeinflusst. Zu starke Reibungswerte, inkl. Nadelfadenzugkraft, verursacht durch eine Behinderung der Nadelfadenlieferung des aktiven Fadengebers, können die Festigkeiten des Fadens herabsetzen. Dies gilt analog für den Prozess "**Zurückziehen des Nadelfadens**". In der "**Beendigung der Naht**" wird die Austrittsposition des Nähkopfes angefahren. Hierbei liegt wiederum Reibung zwischen Nadelfaden, Nähnadel und Einzelgut vor. Weiterhin wird der Stich aufgeweitet.

Bei zu großen Verkreuzungspunkten aufgrund zu großer Feinheiten der Nadelfäden im Vergleich zur Einzelgutdicke werden Fasern im Verstärkungstextil desorientiert. Dadurch kann auch die Porösität des Verstärkungstextils verändert werden. Darüber hinaus ist Reibung zwischen den Nadelfäden und den Fäden/Fasern des Verstärkungstextils vorhanden. Die Drehzahl beeinflusst diese Reibung. Die Naht entsteht durch die immer wiederkehrende Abfolge "**Rekursion Naht Bilden**". Durch zusätzliche Nähfadenschlaufen wird das Flächengewicht des Textilpreforms erhöht. Dies ist abhängig von Stichabstand, Nahtabstand und Stichanzahl.
Im Prozessschritt "**Naht Abschließen**" (vgl. Abb. 3-39) wird die Nähnadel aus dem Einzelgut herausgezogen. Der Prozessschritt wird nicht weiter untergliedert, weil die Belastungen bzw. Beanspruchungen ähnlich der einseitigen Nahtbildung sind. Es liegen ebenfalls Reibbelastungen zwischen dem Nadelfaden, der Nähnadel und dem Einzelgut vor. Weiterhin ist eine Aufweitung des Durchstichs möglich.

## 3.3 Haupteinflussfaktoren des Doppelsteppstichprozesses und des einseitigen ITA-Nähverfahrens auf das Textilhalbzeug

Die zuvor dargestellten Strukturierungsprozesse des Doppelsteppstichs und des einseitigen ITA-Nähverfahrens haben gezeigt, dass während des Nähvorgangs unterschiedliche Belastungen bzw. Beanspruchungen auf das Verstärkungstextil, den Oberfaden und den Unterfaden einwirken. Diese werden zusammengefasst in Abb. 3-45 dargestellt. Die wesentlichen Beanspruchungsarten sind mechanischen und thermischen Ursprungs. Oberfaden und Unterfaden bzw. Nadelfäden werden mechanisch durch Reibung, Biegung, Torsion und Zug beansprucht. Diese Beanspruchungen liegen zum Teil statisch, zyklisch oder dynamisch vor. Die hauptsächliche thermische Beanspruchung erfolgt ebenfalls durch Reibung. Durch die vorgestellten Nähverfahren wird das Textilpreform bzw. Textilhalbzeug mechanisch auf Reibung, Biegung, Querkräfte und Schädigung durch die Nadelpenetration beansprucht. Auch hier liegen die Beanspruchungen statisch, zyklisch oder dynamisch vor. Thermische Beanspruchung erfolgt ebenfalls durch Reibung. Alle Beanspruchungsarten bei Oberfaden, Unterfaden und im Textilpreform liegen nicht getrennt vor, sondern sie werden überlagert.

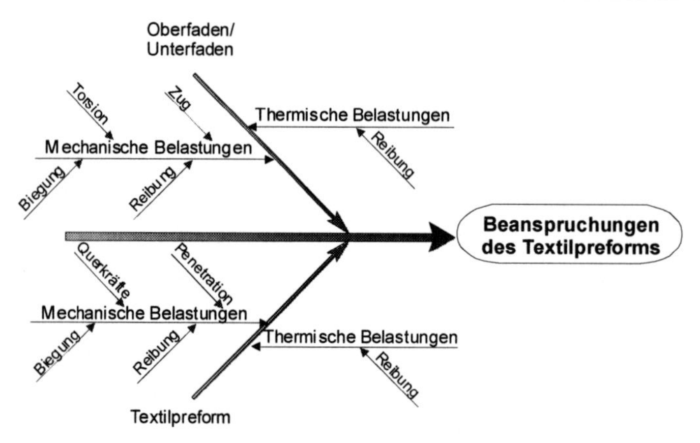


*Abb. 3-45: Hauptbeanspruchung des Textilpreforms*
*Fig. 3-45: Main Loadings of the textile Preform*

Allgemein wird Reibung in Festkörperreibung, Mischreibung, Flüssigreibung sowie Gasreibung und elektromagnetische Reibung unterteilt [dub97, gri95, hue96]. Die Reibung wirkt der Relativbewegung sich berührender Körper entgegen. Die Tribologie ist durch die 2 Phänomene Reibung und Verschleiß geprägt. Die Reibungsart wird durch die auftretenden Geschwindigkeiten zwischen den Reibpartnern [gri95] und durch das Verhältnis von Schmierstoff-Filmdicke zur mittleren Rauheit der Gleitpartner [*Gl. 3-1*] bestimmt. Im Wesentlichen liegt bei den Reibpaarungen Faden/Faden, Faden/Metall, Verstärkungstextil/Faden und Verstärkungstextil/Metall Festkörperreibung aufgrund der geringen Nähgeschwindigkeiten von 200 Stichen in der Minute vor.

*Gl. 3-1* $$\lambda = \frac{h}{\sigma};$$

$\lambda$: Reibungsverhältnis

h: Schmierstoff-Filmdicke in µm

$\sigma$: mittlere Rauheit der Reibpartner in µm

Bei der Festkörperreibung wird in Haft- und Gleitreibung unterschieden [dub97, hue96]. Haftreibung entspricht einer Ruhereibung und Gleitreibung einer Bewegungsreibung. Die Festkörperreibung ist abhängig von der Normalkraft auf die Berührungsfläche und von dem Reibungskoeffizienten [*Gl. 3-2*].

*Gl. 3-2* $F_R \leq \mu \times F_N$;

$F_R$: Reibungskraft

$\mu$: Reibungskoeffizient

$F_N$: Normalkraft auf die Berührungsfläche

Bei Haftreibung ist die Reibungskraft kleiner als das Produkt aus Reibungszahl und Normalkraft. Bei vorliegender Gleitreibung ist die Reibkraft gleich dem Produkt aus Reibungszahl und Normalkraft. Während des Anlaufens der Nähmaschine liegt Haftreibung vor. Für weitere Untersuchungen soll zunächst nur die Gleitreibung angenommen werden. Die Nähanlagen sind ohne Unterbrechung im Einsatz. Bei Textilien wird die Auswirkung der vorhandenen Reibungskräfte auch als Scheuern bezeichnet [som60].

Biegung zählt, wie die Beanspruchungsarten Zug, Druck, Schub/Scherung, Torsion und hydrostatischer Druck, zu den Volumenbeanspruchungen [hue96]. Sie führen alle zu Bauteilvolumenverformungen. Fasermaterialien, Garne und Textilien verhalten sich aber anders als Metalle. Die Biegesteifigkeit ist ein Maß für die Widerstandsfähigkeit des Textils gegen Biegung. Je steifer das Textil, desto geringer ist die Verformung. Biegung entsteht beispielsweise, wenn eine Kraft senkrecht auf ein Bauteil wirkt und eine Krümmung verursacht. Kennwert ist die Durchbiegung f.

Torsion ist z. B. eine Verdrillung von Stäben. Im Gegensatz zur Durchbiegung entsteht keine Verwölbung des Materials [dub97, hue96]. Fäden oder Garne werden auf Torsion beansprucht [som60]. Das Garn verdreht sich um seine Längsachse.

Zugbelastungen erzeugen eine Zugspannung über den Querschnitt einer Faser, eines Fadens oder eines Textils.

Querkraftbelastungen des Verstärkungstextil bewirken eine Komprimierung und gleichzeitig Reibung beim Einzelteilvorschub während des Nähprozesses. Reibung und Biegung tauchen in vielen Nähprozessen auf. Daher wird im Kapitel 4 der Reibungseinfluss exemplarisch beim Doppelsteppstichverfahren untersucht.

Neben den Faden- und Verstärkungstextilbelastungen wird das Verstärkungstextil durch Nadelpenetrationen geschädigt.

Alle vorgestellten Belastungen und Schädigungen werden durch die Nähparameter Stichabstand, Stichgeschwindigkeit, Fadenzugkräfte, Kompressionskräfte, Reibwerte und durch die Nähfaden- und Nadelauswahl mitbestimmt.

## 3.4 Fertigung und Nachbearbeitung des Duroplasthalbzeugs

Nach der Herstellung des vernähten Textilhalbzeugs/Textilpreforms (vgl. Abb. 3-2) erfolgt die Harzimprägnierung und Aushärtung zum Duroplasthalbzeug. Hierzu existieren unterschiedliche Methoden bzw. Verfahren. Es werden im Rahmen dieser Arbeit nur einige Methoden zur Verarbeitung von Textilhalbzeugen exemplarisch angegeben (Abb. 3-46) [car89, ehr92, fvwNN, mic92, mos92, sae92].

| **Harzimprägnieren + Formen** | **Aushärten** |
| --- | --- |
| • Handlaminieren<br>• Tapelegen | • Nasspressen<br>• Vakuumsack<br>• Autoklav |
| • Injektionsverfahren<br>• Pultrusion<br>• Schleuderverfahren | |

*Abb. 3-46: Harzimprägnier- und Aushärteverfahren*
*Fig. 3-46: Resin Impregnation and Cure Methods*

Die Weiterverarbeitungsverfahren können eingeteilt werden in Verfahren zur Harzimprägnierung + Formen und Aushärten sowie in Verfahren, welche Prozesse in einem Verfahrensschritt ermöglichen. Als Matrixmaterial kommen für die betrachteten Fälle warmaushärtende Reaktionsharze in Betracht. Sie besitzen die höchsten mechanischen Festigkeiten im Vergleich zu anderen Harzsystemen. Gängige Harzsysteme sind ungesättigte Polyesterharze (UP-Harz), Vinylesterharze (VE-Harz) und Epoxidharze (EP-Harz) [ehr92, gna91, mos92]. Bei der Verarbeitung der Harze wird in speziellen stöchiometrischen Verhältnissen das Harz, der Härter und der Beschleuniger gemäß den Herstellerangaben gemischt. Dadurch und durch die Temperatur- und Druckverläufe wird die Vernetzung der Kettenmoleküle beeinflusst. Bei einigen Harzsystemen können durch eine Nachhärtung noch höhere mechanische Festigkeiten erreicht werden.

Beim **Handlaminierverfahren** werden die Textilhalbzeuge auf die vorbereitete Form lagenweise aufgelegt. Mittels Spachtel, Pinsel und Roller wird das Harz verteilt. Durch Entlüftungsroller werden Luftporen aus dem Harz getränkten Textilhalbzeug entfernt. Beim **Tapelegen** werden harzvorimprägnierte Bänder (Prepreg-Bänder) aus Textilhalbzeugen - überwiegend Gewebe - durch Roboterköpfe übereinander in gewünschten Positionen und Orientierungen abgelegt. Diese Technik wurde zuerst mit vorimprägnierten Faser-Rovings durchgeführt. Es können aber auch vorimprägnierte UD-Gelege oder Verstärkungstextilien damit abgelegt werden. Die beiden erwähnten Verfahren Handlaminieren und Tapelegen sind nur Verfahren zur Harztränkung und gleichzeitiger Bauteil-Formgebung. Zur Aushärtung unter Druck und Temperatur müssen die harzgetränkten Materialien anderen Verfahren zugeführt werden. Durch das Nasspressen, den Vakuumsack und den Autoklav werden die Bauteile ausgehärtet.

Beim **Nasspressen** wird das harzimprägnierte Textilhalbzeug in die Pressform vorher eingelegt. Häufig erfolgt die Handlaminierung im Unterteil der Nasspressform. Durch das Zufahren der beheizten Ober- und Unterform der Hydraulikpresse wird der benötigte Druck aufgebracht. Überschüssiges Harz wird über einen Tauchkantenverschluss ausgequetscht. Es sind Drücke oberhalb von 1 bis 80 bar realisierbar. Die Aushärtetemperaturen liegen zwischen 80 und 220 °C. Das **Vakuumsackverfahren** erfolgt ebenfalls in einer Unterform. Um das vorimprägnierte Textilhalbzeug wird ein luftdichter Sack gelegt. Über Absaugstutzen und einer Harzfalle wird das überschüssige Harz mittels einer Vakuumpumpe abgesaugt. Der aufgebrachte Unterdruck liegt bei $10^{-2}$ bar. In der **Autoklavtechnologie** wird das vorimprägnierte Textilhalbzeug im Hochdruckbehälter unter Drücken von 8-25 bar und Temperaturen zwischen 80-200 °C ausgehärtet. Häufig werden Autoklavtechnologie und Vakuumsackverfahren in einem Arbeitsgang miteinander kombiniert.

Bei den Injektions-, Pultrusions- und Schleuderverfahren werden Harzimprägnierung, Formgebung und Aushärtung miteinander verbunden. Beim **Injektionsverfahren** wird in die geschlossene Form das Harz durch eine Pumpe injiziert. Das Werkzeug ist zur Aushärtung beheizt ausgeführt. Zu den Injektionsverfahren werden das S-RIM- (Resin Injection Moulding) und das RTM-Verfahren (Resin Transfer Moulding) gezählt [fvwNN]. Die **Pultrusion** wird auch als kontinuierliches Strangpressen bezeichnet. Die flächigen Textilhalbzeuge werden von Ständern teilweise mit Rovings gleichzeitig abgezogen und im Harzbad getränkt. Das überschüssige Harz-Härter-Beschleuniger-Gemisch wird im Werkzeug abgequetscht. Gleichzeitig erfolgt hier die Formgebung und Aushärtung. Der Abzug zieht das Material durch die Produktionslinie. Durch **Schleuderverfahren** können rotationssymmetrische Bauteile erzeugt werden. Das Textilhalbzeug wird vorher eingelegt. Die Lanze gibt Harz, Härter und Beschleuniger in die Schleudertrommel. Durch die beheizte Schleudertrommel wird die Verkettungsreaktion der Moleküle unterstützt.

Bei allen genannten Verfahren werden unterschiedliche Faservolumengehalte realisiert. Bei Verfahren ohne Druck werden Faservolumengehalte bis zu 40 % erzielt. Bei den Verfahren mit höheren Drücken können Faservolumengehalte von 50 bis 60 % erreicht werden. Für Hochleistungs-FVK wird ein Faservolumengehalt von 60 % benötigt. Dadurch wird eine höhere Zug-, Scher- und Biegebelastbarkeit erzielt. Diese hohen Faservolumengehalte werden mit dem Nasspressverfahren, der Autoklavtechnologie und den Injektionsverfahren, insbesondere den RTM-Verfahren, erreicht. Die Dicke des Textilhalbzeugs und die Dichte der Faserabbindepunkte bzw. Kreuzungspunkte im Textil beeinflussen zusammen mit der Harzsystemviskosität die Tränkbarkeit. Die 3D-Verformbarkeit/Drapierbarkeit beeinflusst zusätzlich die Harzimprägnierung [che99]. Durch Knicke entstehen Bereiche höherer Faserverdichtung, und das Harz kann nicht ausreichend das Textil durchdringen. Weiterhin wird die Abmessungsgenauigkeit des FVK-Bauteils nicht erreicht. Sehr wichtig ist allerdings die Vermeidung von Faserdesorientierungen in der Harzimprägnierung, Formgebung und Aushärtung. Ansonsten werden die mechanischen Eigenschaften des FVK-Bauteils verschlechtert. Die Anordnung der Textilhalbzeuge bzw. Faserorientierungen muss symmetrisch im Bauteil erfolgen. Ansonsten entstehen durch innere Spannungen nach der Aushärtung Verformungen im FVK-Bauteil. Im Rahmen dieser Arbeit soll nicht detailliert auf die Einflüsse der Duroplastverarbeitung eingegangen werden.

Zur Nachbearbeitung der ausgehärteten FVK-Bauteile gehört das Entgraten, Bohren und Aussparen. Weiterhin müssen Oberflächen zur Einhaltung von Maßtoleranzen in die Endbearbeitung. Bei der Auslegung der Formen für Harzimprägniertechnologien muss auf eine Minimierung der Nachbearbeitung geachtet werden. Außerdem sollen die Bauteile fasergerecht konstruiert werden. Um Bohrungen müssen daher spezielle Faserorientierungen eingebracht werden, damit die angreifenden Belastungen um die Lochöffnung geleitet werden können. Glas- und Carbonfasern erschweren die Nachbearbeitung durch ihre starke Abrasivität. Neben Bohr- und Frästechnologien können Wasserstrahl-, Laser- und Metallschneidanlagen bedingt eingesetzt werden.

## 3.5 Zusammenfassung der Ergebnisse der Prozessstrukturierung der Nahtbildungsprozesse

Die mechanischen Eigenschaften eines vernähten FVK-Bauteils werden in der ganzen Herstellungskette beeinflusst. Wesentliche Schädigungen können durch den Einsatz von Nähverfahren mit falschen Parametern entstehen. Durch die Strukturierung des Phasenmodells der Produktion wurde ersichtlich, dass neben der Biege-, Torsionsbelastung und anderen mechanischen Schädigungen die Reibung des Nähfadens sowie des Verstärkungstextils mit anderen Reibpartnern die mechanischen Eigenschaften des Textilhalbzeugs beeinflussen können. Ebenso bewirkt der Nadeleinstich Perforationen im Verstärkungstextil. Diese können neben den 3D-Abmessungen des Textilhalbzeugs die Harztränkbarkeit, und somit den Faservolumengehalt, beeinflussen.

Eindeutig hat das "Phasenmodell der Produktion" bei der Strukturierung der Nahtbildungsprozesse des Doppelsteppstichs und des einseitigen ITA-Nähverfahrens seine Grenzen erreicht. Einzelne Teilvorgänge in der 7. Detaillierungsebene sind nicht mehr gut darstellbar. In dieser Detaillierungsebene sollte zu anderen Strukturierungshilfsmitteln, wie z. B. Ablaufpläne, zurückgegriffen werden. Zusätzlich berücksichtigt das Phasenmodell der Produktion nicht notwendige Aktionen von Maschinenaggregaten. Dennoch wurden bei der Top-Down-Strukturierung die Einflüsse und die Komplexität der vorgestellten Nähverfahren deutlich und wichtige potentielle Einflussfaktoren herausgearbeitet.

Einige im Kapitel 3 theoretisch ermittelten Einflussfaktoren werden im folgenden Kapitel 4 hinsichtlich ihres Einflusses auf die Festigkeit vernähter FVK-Bauteile untersucht.

# 4 Analyse der Nahtbildung in Faserverbundkunststoffen

In diesem Kapitel werden zunächst die Begriffe Prozess und Qualität vernähter FVK erläutert. Im Anschluss werden Merkmale einzelner Eingangs-, Zwischen- und Endprodukte in der Herstellung vernähter FVK-Bauteile dargelegt. Danach werden verschiedene Mess- und Prüfverfahren zur Bestimmung der Eigenschaften von Nähten in FVK vorgestellt. Im Rahmen der wissenschaftlichen Untersuchungen zur Festigkeit vernähter Faserverbundkunststoffe werden einige Offline- und Online-Untersuchungen vor, im und nach dem Nähprozess durchgeführt. Es werden Untersuchungen an Nähfäden, zur Nahtbildung und an vernähten FVK-Bauteilen durchgeführt.

Zur Beurteilung der Einsatzfähigkeit von Nähfäden werden die statischen Festigkeiten, das zugelastische Verhalten und die Schlingenfestigkeit überprüft. Das zugelastische Verhalten wird hinsichtlich der auftretenden Reibungseinflüsse ermittelt. Somit kann der Elastizitätsverlust des Nähfadens durch Reibungseinflüsse bestimmt werden. Die Schlingenfestigkeit ist für die Auswahl des Nähfadens bezüglich der Festigkeit der Verkreuzungspunkte von Oberfaden und Unterfaden wichtig. Zur Bestimmung des Reibungseinflusses von Garnführungselementen bzw. Garnleit-Elementen im Doppelsteppstich-Nähprozess erfolgt mittels Fadenzugkraftmessungen.

Die Nadeleinstichkraft und die Nahtfestigkeit werden an unterschiedlichen Verstärkungstextilien ermittelt.

Die Festigkeiten der Naht im FVK-Bauteil werden durch den Harzimprägnierprozess ebenfalls mit beeinflusst. Daher werden die mechanischen Eigenschaften der vernähten FVK-Bauteile auf Zug, Biegung, Interlaminares Scherverhalten und der Interlaminaren Schälfestigkeit der Nähte bestimmt. Zur Beurteilung der Nahtanordnung innerhalb der FVK-Bauteile werden licht- und rasterelektronenmikroskopische Untersuchungen durchgeführt. Das Einsatzpotentials vernähter CFK-Textilhalbzeuge für neue Einsatzgebiete wird am Beispiel von Oberflächen von CFK-Zahnrädern abschließend durch Rollenprüfstandsversuche ermittelt.

## 4.1 Prozess und Qualität vernähter Faserverbundkunststoffe

In Herstellungsprozessen erfolgt die Merkmalsveränderung des Eingangsproduktes über die Prozessmerkmale. Die Merkmale des Ausgangsproduktes unterscheiden sich dann in einigen oder allen Punkten von denen der Eingangsprodukte. Die veränderten Merkmale der Zwischenprodukte beeinflussen die Qualität des Endproduktes. Unter Merkmalen sind nach Polke [pol94] die Eigenschaften der Produkte und Prozesse zu verstehen. Durch das Erkennen und die Auswertung der Eigenschaften mittels Sensoren können über Aktoren/Aktuatoren die Produkteigenschaften verändert werden. **Sensoren** sind Messgrößenaufnehmer [dub97, hue96, pro94]. Sie stellen die Verbindung zum technischen Prozess her und wandeln nichtelektrische Messgrößen (Weg, Winkel, Kraft, ...) in elektrische Signale (Spannung, Strom) zur Auswertung und Weiterverarbeitung um. Nach Profos und Pfeifer [pro94] werden Sensoren in passive und aktive Systeme unterteilt. Passive Sensoren nutzen Hilfsenergien zur Wandlung der Stellgrößen in elektrische Signale. Aktive Sensoren wandeln die Messgrößen des Prozesses eigenständig in elektrische Größen um. **Aktoren** wiederum sind Stellglieder. Sie wandeln vorgegebene elektrische Signale mit Hilfsenergien in Aktionen um (Weg, Winkel, elektronischer Schalter, ...) [dub97, hue96]. Sensor-Aktor-Systeme dienen in Herstellungsprozessen zur Einhaltung der Qualitätsanforderungen. Nach Ekbert [ekb94] wird die **Qualität** folgendermaßen definiert:

> "Qualität ist die Gesamtheit der Merkmale oder Merkmalswerte eines Produktes oder einer Dienstleistung bezüglich ihrer Eignung, festgelegte und vorausgesetzte Erfordernisse zu erfüllen."

Die Qualität vernähter FVK wird durch die komplette Herstellungskette (Abb. 4-1) beeinflusst (vgl. Kap. 3 Abb. 3-2). Dies umfasst die Nähfaden-, Verstärkungstextil- und Harzsystemherstellung. Nähfaden und Verstärkungstextil werden im Nähprozess zur Produktion des Textilhalbzeugs benötigt. Textilhalbzeug und Harzsystem sind zur Fertigung des Duroplasthalbzeugs erforderlich. Daran schließen sich Weiterverarbeitungsstufen zum FVK-Bauteil an, die hier aufgrund der Komplexität nicht mehr betrachtet werden können.

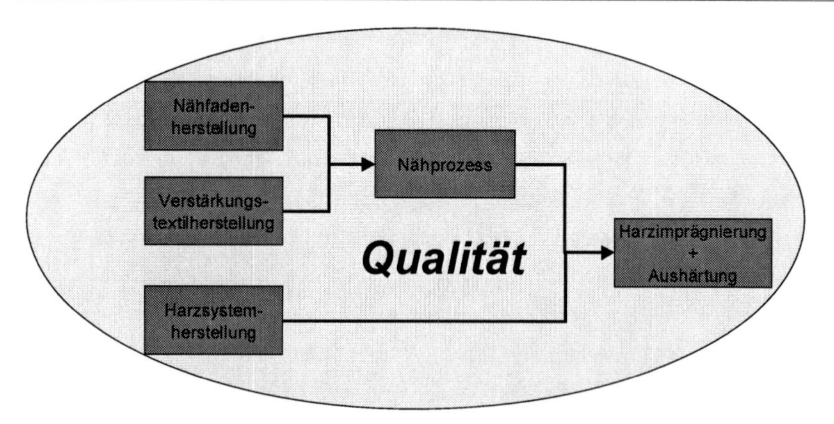


*Abb. 4-1: Qualitätseinflüsse in der Herstellung vernähter FVK*
*Fig. 4-1: Quality Influences during the Manufacturing of Stitched FRP*

Für die Konfektion der Bekleidung und Technischer Textilien existieren unterschiedliche Nähgarn- bzw. Nähzwirntypen als Nähfäden. Nähgarne unterteilen sich in die Gruppe der Spinnfasernähgarne und der Filamentnähgarne [wul98, gueNN].

Zur Produktion von **Spinnfasernähgarnen** wird hauptsächlich das Ringspinnverfahren eingesetzt. Es werden kurzstapelige Fasermaterialien (35-50 mm Faserlänge) und langstapelige Fasermaterialien (bis zu 200 mm) zu Nähgarnen verarbeitet. Überwiegend werden die Nähgarne aus Polyester hergestellt. Das Polyesternähgarn wird endlos mit mehreren Elementarfäden (Filamenten) aus Düsen ausgesponnen, anschließend verstreckt und gegebenenfalls texturiert. Für kurzstapelige Nähgarne werden die verstreckten und texturierten Filamente durch Schneidkonverter auf die gewünschte Länge zugeschnitten. Die Weiterverarbeitung erfolgt mit Verfahren der Spinnfasergarnherstellung, z. B. dem Ringspinnverfahren. Die Materialien werden einer Ballenabarbeitung vorgelegt, gelangen über Karde und mehreren Streckpassagen über die Vorspinnmaschine (Flyer) zur Ringspinnmaschine und werden abschließend umgespult. Die Karde hat die Aufgabe, die Fasern zu parallelisieren, sie aufzulösen und die restlichen Verunreinigungen (Staub, Nissen, Fremdmaterialien, ...) auszusondern. Die Strecke gleicht weitere Ungleichmäßigkeiten durch Parallellegung mehrerer Faserbänder bzw. Kardenbänder aus. Dies erfolgt in mehreren Streckpassagen. Im Flyer wird durch ein Zylinderstreckwerk das Streckenband verzogen, weil die erforderlichen Garnfeinheiten nicht durch den Verzug im Streckwerk der nachfolgenden Ringspinnmaschine allein erzeugt werden können. Weiterhin bringt der Flyer die notwendige Vordrehung auf die Flyerlunte. Die Vordrehung bewirkt einen Zusammenhalt des Fadens, der für die weitere Verarbeitung in der Ringspinnmaschine notwendig ist. Die Ringspinnmaschine verstreckt zum Abschluss die Flyerlunte, erzeugt eine Verdrehung der parallelen Fasern durch einen nacheilenden Ring um jede Spinnstelle und bildet so das Garn.

Zur Produktion von langstapeligen Nähgarnen werden die synthetischen Endlosfasern nach dem Ausspinnen in sogenannten Spinnkabeln durch Schneid- oder Reisskonverter in die gewünschte Faserlänge gebracht. Der weitere Herstellungsablauf erfolgt analog zum vorher beschriebenen Herstellprozess für kurzstapelige Nähgarne. Allerdings unterscheiden sich die Maschinen durch andere Bezeichnungen, Aufbau sowie Produktionsparameter und weisen größere Streckwerkabstände aufgrund der längeren Fasermaterialien auf.

**Filamentnähgarne** werden in Monofilamente mit nur einem Filament und in Multifilamente mit mehreren Filamenten unterteilt. Sie werden aus einem synthetischen Material durch Spinndüsen ausgesponnen. Monofilamente haben eine glatte Garnoberfläche. Multifilamentnähgarne besitzen entweder eine glatte Oberfläche oder werden in einem Texturierprozess gekräuselt. Neben dem Falschdralltexturieren, in der Literatur häufig auch als Falschdrahttexturieren bezeichnet, wird häufiger das Luftblastexturieren zur Herstellung von Multifilamentnähgarnen eingesetzt. Beim Falschdralltexturieren wird das teilverstreckte Filamentvorlagematerial in einer Heizerzone aufgeheizt, durchläuft eine Abkühlzone, erreicht das scheibenbesetzte Falschdrallorgan und wird aufgewunden. Das Falschdrallorgan dreht das Multifilamentgarn bis in die Heizzone auf. Durch die Aufheizung werden die Nebenvalenzbindungen in den Molekülketten teilweise aufgelöst. Aufgrund der Aufdrehung lagern sich die Molekülketten neu aneinander an, und in der Abkühlzone bilden sich die Nebenvalenzbindungen neu aus. Dadurch entstehen die Kräusel im Multifilamentnähgarn. Nach dem Durchlauf des Garns durch das Falschdrallaggregat bildet sich die Restdrehung zurück. Beim Luftblastexturieren wird anstelle des scheibenbesetzten Falschdrallorgans durch eine Düse in winkliger Ausrichtung zum Garndurchlauf Luft eingeblasen. Im Garnaustritt der Düse entstehen durch die Aufweitung des Düsenkanals stoßartige Überschallgeschwindigkeitsfelder, die eine ungleichmäßige Kräuselbildung im Multifilamentnähgarn bewirken.

Ringgesponnene Nähgarne und Kombinationen mit Filamentgarnen werden im Anschluss der Garnherstellungsprozesse zur Erzielung höherer Festigkeiten, besserer Gleichmäßigkeiten und zum Ausgleich bzw. zur Beruhigung der garneigenen Drehung für den späteren Nähprozess verzwirnt. Im Falle des Verzwirnens von ringgesponnenen Nähgarnen (Ringgarnen) werden zwei oder mehrere Garne in einem Schritt miteinander parallel und unter definierter Vorspannung aufgespult. Dieser Arbeitsvorgang wird als "Fachen" bezeichnet. Im Anschluss daran wird die gefachte Spule einer Zwirnmaschine (z. B. Ringzwirn, Doppeldraht-Zwirn) vorgelegt. Sie bewirkt die Verdrehung der gefachten Garne zum Zwirn. Filament- und Ringnähgarne können ebenfalls auf einer Ringzwirnmaschine miteinander verzwirnt werden. Durch den nacheilenden Läufer der rotierenden Hülse wird die Drehung aufgebracht. Die Garne werden vorher nicht gefacht, sondern an unterschiedlichen Positionen im Streckwerk zugeführt. Im Fachjargon werden diese Zwirne auch "Umspinnzwirne" genannt. Um in den hoch verdrehten Garnen das Rückstellmoment abzubauen (Garn-/Zwirnberuhigung), werden neben dem Zwirnen die Fasern durch Klebhilfstoffe verklebt/gedämpft oder thermofixiert. Aus diesen unterschiedlichen Herstellprozessen leiten sich diverse Eigenschaften des Nähfadens ab.
Zusätzlich existieren spezielle Nähfäden für FVK-Anwendungen. Quarzglasfilamentnähfäden, Aramidnähfäden und Carbonnähfäden werden teilweise als Endlosfilamentfäden im verzwirnten Zustand eingesetzt [comNN, culNN, tor01]. Weiterhin gibt es Nähfäden aus gerissenen Carbonfasern mit umflochteten, umhäkelten oder umwundenen Schutzfäden [schNN].
Wesentliche Merkmale eines **Nähfadens** hinsichtlich der Verarbeitung in FVK sind (vgl. Kap. 3):

- das Fasermaterial
- die Fadenfeinheit
- die Höchstzugkraft und Höchstzugdehnung
- die reversible Dehnung im zugelastischen Verhalten
- die Lastwechselzahl unter dynamischer Beanspruchung

- die thermische Beständigkeit
- die Biegesteifigkeit und -festigkeit
- die Feuchteaufnahme
- die Sprödigkeit und
- die Reibzahl mit anderen Reibpartnern.

Bei den **Verstärkungstextilien** - Gewebe, multiaxiale Gelege, Geflechte, Maschenwaren, Vliesstoffe - sind die Merkmale bzw. Eigenschaften ähnlich (vgl. Kap. 3):

- das Fasermaterial und Faser-/Fadenfeinheit
- die 3D-Abmessungen und Fadenorientierungen
- die Höchstzugkraft und Höchstzugdehnung
- die Elastizität
- die thermische Beständigkeit
- die Biegesteifigkeit und -festigkeit
- die Drapierbarkeit
- die Feuchteaufnahme und
- die Reibzahl mit anderen Reibpartnern.

Die Merkmale des **Harzsystems** nach der Aushärtung sind [ehr92, sae92, cib00, cib98]:

- die Zugfestigkeit
- die Druckfestigkeit
- die Biegefestigkeit
- die Schubfestigkeit und
- die thermische Beständigkeit.

Im **FVK-Bauteil** sind folgende Merkmale hinsichtlich der Qualität bedeutend [ehr92, gna91, mic92, mos92, fvwNN]:

- die Zugfestigkeit
- die Druckfestigkeit

- die Biegefestigkeit
- die Schub-/Schälfestigkeit
- die dynamische Belastbarkeit (Wöhlerkennlinien)
- das Knick- und Beulverhalten
- die Relaxation und Retardation
- das Impactverhalten
- das Risswachstumsverhalten
- die thermische Beständigkeit
- das Quellverhalten.

In der Endanwendung in der Luftfahrt, Raumfahrt oder im Verkehrswesen müssen die FVK-Bauteile diversen Belastungen standhalten [ehr92, klp00, klp01, mol97, mol99, mos92, mou00]. Sie werden statisch oder dynamisch auf Zug, Druck, Biegung oder Schub beansprucht. Wöhlerkennlinien werden ebenfalls zur Bestimmung der dynamischen Lastzahl der Dauerstandsfestigkeit ermittelt. Zusätzlich kann Knicken oder Beulen auftreten. Das Entspannungsverhalten (Relaxation) unter konstanter Verformung und das Verformungsverhalten/Kriechen (Retardation) unter konstanter Spannung des Bauteils müssen ebenfalls untersucht werden. Weiterhin müssen FVK auf Stoß belastbar sein (Impact). Das Schädigungsverhalten von FVK wird im Wesentlichen durch Rissentstehungen charakterisiert. Neben dem thermischen Verhalten muss auch das Quellverhalten der FVK-Bauteile berücksichtigt werden. Beide Verhaltensarten können innere Spannungen im FVK-Bauteil erhöhen.

Die Qualität eines FVK-Bauteils in der Endanwendung wird nach Moser [mos92] durch den Begriff "Sicherheit" definiert. Außerdem definiert er das Zusammenspiel von äußeren Lasten und inneren Beanspruchungen als "technisches System". Das Sicherheitskonzept für das technische System FVK-Bauteil beinhaltet folgende Teilbereiche [mos92]:

- **Zuverlässigkeit** (*Reliability*):
  das Merkmal des technischen Systems, während der Nutzungsdauer nicht zu versagen

- **Verfügbarkeit** (*Availability*):
  das Merkmal des technischen Systems, immer einsatzbereit zu sein
- **Wartungsmöglichkeit** (*Maintenance*):
  das Merkmal des technischen Systems, es einfach warten zu können
- **Sicherheit** (*Safety*):
  das Merkmal des technischen Systems, keine Gefahr für die Umwelt/Umgebung darzustellen
- **Gebrauchstauglichkeit** (Serviceability):
  das Merkmal des technischen Systems, die für seine Nutzung geforderten Funktionen sofort bereit stellen zu können (vgl. auch Zuverlässigkeit)
- **Dauerhaftigkeit** (Durability):
  das Merkmal des technischen Systems, seine Merkmale während der gesamten Nutzungsdauer in notwendigem Maß zur Verfügung stellen zu können.

Da diese aufgelisteten Qualitätsanforderungen an das gesamte technische System gestellt werden, muss die Qualität in den Teilprozessen der FVK-Bauteilfertigung ebenfalls sicher gestellt werden. Daher schließt sich in den folgenden Unterkapiteln eine Untersuchung der Merkmale der Zwischen- und Endprodukte in der Kette der Herstellprozesse vernähter FVK-Bauteile bzw. des technischen Systems an.

## 4.2 Messprinzipien zur Merkmalerfassung von Nähten in Faserverbundkunststoffen

### 4.2.1 Offline-Messprinzipien

Bedeutende Merkmale für den Nähprozess können durch verschiedene Messmethoden offline ermittelt werden (Abb. 4-2). Für **Nähfadenuntersuchungen** existieren diverse Offline-Messverfahren. Die Eingangsmerkmale des Nähfadens Höchstzugkraft und Höchstzugdehnung unter statischer und zyklischer Belastung werden durch *Zugversuche* analysiert [din81, din81a, din81b din87]. Die reversible Dehnung wird nach einer zyklischen Belastung bis zu konstanten Dehn- oder Kraftgrenzen ermittelt. Dadurch kann das *zugelastische Verhalten* beurteilt werden. In Anlehnung an die Bestimmung der Festigkeiten und des E-Moduls von Aramid-, Glas- oder Carbonfilamentgarnen [din88] können auch Nähzwirne für FVK-Anwendungen im *harzimprägnierten Zustand* einem Garn- bzw. Fadenzugversuch unterzogen werden [sfb01a].

| **Offline-Messungen** | |
|---|---|
| • Untersuchungen an Nähfäden | |
| - Statische Zugfestigkeit von Garnen | DIN 53834 |
| - Zugelastisches Verhalten von Garnen | DIN 53835 |
| - Zugversuch an imprägnierten Garnkörpern | DIN 65382 |
| - Schlingenzugversuch | DIN 53843 |
| - Reibuntersuchungen an Fäden | - |
| • Untersuchungen zur Nahtbildung | |
| - Nadeleinstichkraft | - |
| - Zugversuche an Nähten | DIN EN ISO 13935 |
| - Nahtschiebewiderstand | DIN EN ISO 13936 Entwurf |
| - Nadeltemperatur durch Härtebestimmung | - |
| • Untersuchung vernähter Faserverbundkunststoffe | |
| - Zugversuch längs und quer zu Faserrichtung | DIN EN 61, DIN 65378, DIN EN ISO527 |
| - Druckversuch längs und quer zur Faserrichtung | DIN 65380, DIN 65375 |
| - Biegeversuch | DIN EN 2562, DIN EN ISO 178, DIN EN ISO 14125 |
| - Schubversuch | DIN 53399 |
| - Dynamische Eigenschaften: | |
| - Schwingfestigkeit Zug | DIN 65586 Entwurf |
| - Biegeschwellen | DIN 53398 |
| - Kriechen | DIN EN ISO 899 |
| - Interlaminare Eigenschaften: | |
| - Zugversuch | DIN 53397 |
| - Scherversuch | DIN 65148 |
| - Biegeversuch | DIN EN 2377, DIN EN 2563, DIN EN ISO 14130 |
| - Energiefreisetzungsrate | DIN 65563, DIN EN 6033 |

*Abb. 4-2: Offline-Messverfahren*
*Fig. 4-2: Offline-Measurement-Systems*

Weiterhin kann die Festigkeit der Kreuzungspunkte in der späteren Naht durch *Schlingenfestigkeitsuntersuchungen* [din92, din92a] bestimmt werden. Bei diesen Versuchen werden zwei Fadenabschnitte gekreuzt. Die dabei entstehenden Schlingen werden in der Zugprüfmaschine im Kreuzungspunkt der Fäden belastet. Am Nähfaden können *Reibeinflüsse* im Zusammenspiel mit Fadenleit-Elementen festgestellt werden [lei93]. Dieses erfolgt durch Dreipunktbiegebalken mit applizierten Dehnmessstreifen (DMS).

**Offline-Untersuchungen zur Nahtbildung** werden teilweise am Nähgut als auch an der Nähnadel durchgeführt. *Nadeleinstichkraftmessungen* dienen zur Beurteilung der Belastung des Nähguts im Nähprozess [rie00, zoc78]. Dabei werden die Einstichkräfte der Nadel bei der Penetration und beim Ausfahren der Nadel gemessen. Die Ermittlung der Festigkeiten von Nähten im Nähgut erfolgt mittels Verfahren zur Bestimmung der *Nahtfestigkeit* [din99, din99a] und des *Nahtschiebewiderstandes* von Geweben [din92b, din98, din98a]. Bei der Bestimmung der Nahtfestigkeit wirkt die Belastung senkrecht zur Naht vernähter Textilien. Es wird die Nahthöchstzugkraft detektiert, bei der die Naht zerstört wird. Der Nahtschiebewiderstand ist der Widerstand der Fadensysteme des Textil gegen eine Verschiebung der Nähfäden quer zur Zugrichtung. Hierbei werden im Vergleich zur unvernähten Referenzproben die Kräfte bei vorher definierte Nahtverschiebungen im vernähten Textil unter Zugbelastung ermittelt. Der Nahtschiebewiderstand ist die Höhe der Zugkraft bei gegebener Nahtverschiebung in Zugrichtung der Prüfanlage. Der Wert des Nahtschiebewiderstands deutet die Einbindung bzw. den Kontakt des Nähfadensystems im Textil an.
Die Offline-Bestimmung der Festigkeitsmerkmale des vernähter **Faserverbundkunststoffe** (FVK) ist ebenfalls wichtig. Dazu sind diverse Verfahren bekannt (Abb. 4-2). Es kann zwischen statischen, zyklischen, dynamischen und langzeitlichen Belastungen unterschieden werden. Zu den statischen Beanspruchungen zählen Zug, Druck, Biegung und Schub. Belastungen sind äußerlich auf das FVK-Bauteil angreifende Lasten. Beanspruchungen sind die daraus resultierenden inneren Spannungen im Bauteil. Langzeitbeanspruchungen sind Relaxation (Entspannung) und Retardation (Kriechen). Für die Out-Of-Plane-Eigenschaften wird eine eigene Unterteilung für die Untersuchung der interlaminaren Beanspruchbarkeit von FVK-

Bauteilen eingeführt. Diese Verfahren sind sehr interessant zur Detektion der Merkmale zwischen den faserverstärkten Schichten von FVK. Sie sind eine Mischung aus statischen, zyklischen und dynamischen Beanspruchungen.
Zur Bestimmung der *Zugeigenschaften* von FVK-Bauteilen werden statische Versuche bei UD-Laminaten längs und quer zur Faserrichtung durchgeführt [din77, din89]. Weiterhin können Zugversuche auch an textilverstärkten Verbundkunststoffen erfolgen [din96, din96a, din97]. Die Kompressionsbelastbarkeit von FVK wird durch *Druckversuche* analysiert [din89a, din91]. Durch spezielle Klemm- und Stützvorrichtungen wird ein vorzeitiges Knicken der Druckprobe vermieden. *Biegeuntersuchungen* werden ebenfalls an FVK-Probekörpern durchgeführt [din77a, din77b, din97a, din97b, din98b]. Dabei wird zwischen dem 3-Punkt-Biegeversuch und dem 4-Punkt-Biegeversuch hinsichtlich der Auflager und Druckstempel unterschieden. *Schubversuche* an FVK bestimmen die Festigkeit des Bauteils gegenüber einer lastbedingten Auslenkung des Bauteils infolge innerer Schubspannungen [din82]. Zur Aufbringung von Schubbelastungen wird innerhalb der Prüfmaschine ein Schubrahmen benötigt. *Dynamische Merkmale* von FVK-Bauteilen können z. B. durch Schwingfestigkeitsuntersuchungen unter Zugbelastung [din94] oder durch Biegeschwellversuche [din75] ermittelt werden. Bei Beanspruchung im Zug-Druck- und Druck-Bereich muss eine Knickstütze eingesetzt werden. Bei reinen Schwellbeanspruchungen im Zugbereich ist dies nicht erforderlich. Im Diagramm werden Wöhlerkennlinien erfasst. Dabei ist die Spannungsamplitude gegenüber der Schwingspielzahl beim Versagen aufgezeichnet. Analog wird für die Biegeschwelluntersuchungen vorgegangen. In einem 3-Punkt-Biegeversuch werden ebenfalls die Wöhlerkennlinien festgestellt. Das *Langzeit-Kriechverhalten* kann im Zugversuch unter konstanter Kraft bestimmt werden. Die Dehnungsänderung gegenüber der Zeit ist ein Maß für das Kriechverhalten. Zur Ermittlung *interlaminarer Merkmale* zwischen den Verstärkungsfaserebenen in der Matrix existieren Verfahren zur Bestimmung der interlaminaren Zugfestigkeit [din74], der interlaminaren Scherfestigkeit [din86], der scheinbaren interlaminaren Scherfestigkeit [din89b, din97c, din98c], und der interlaminaren Energiefreisetzungsrate [din92c, din96b]. Die interlaminare Zugfestigkeit wird anhand eines Zugversuchs untersucht. Bei der interlaminaren Scherfestigkeit (ILS) werden die FVK-Proben mit gegenüberliegenden Nuten versehen. Unter Zug-

belastung bildet sich innerhalb des Probekörpers eine Scherbelastung aus. Die Probe sollte mit einer Stützvorrichtung versehen werden. Dabei wird die Probe so vorbereitet, dass die Zugbeanspruchung zwischen den Faserebenen in der Matrix wirkt. Die scheinbare interlaminare Scherfestigkeit wird anhand von 3-Punkt-Biegeversuchen ermittelt. Dabei wird die Scherfestigkeit bzw. der Scherwiderstand bis zur Delamination der Probe bestimmt. Die Versuche zur Bestimmung der interlaminaren Energiefreisetzungsrate Gliedern sich in Versuche zum Mode I und Mode II. Mode I ist als Rissfortpflanzung in der Matrix zwischen den Faserebenen durch Normalbeanspruchung im Rissgrund zu verstehen. Mode II entspricht einer Schubbeanspruchung. In Versuchen des Mode I wird der Riss durch ein Auseinanderziehen der Schenkel der Probe erzeugt. Im Mode II wird das Risswachstum durch eine 3-Punkt-Biegebelastung verursacht.

Weitergehende Informationen zu Herstellung von Probekörpern und Versuchsauswertungen unter statischen und dynamischen Belastungen sind aus DIN 65071 [din92c, din92d], DIN 53 457 [din87a], DIN 50 100 [din78] und DIN EN ISO 6721 [din96c, din96d, din96e] ersichtlich.

### 4.2.2 Online-Messprinzipien

Zur Bestimmung einiger Prozessmerkmale bzw. Produktmerkmale sind Messsysteme in den Nähprozess für Bekleidung wie auch in den für Technische Textilien integriert worden (Abb. 4-3). Entwickelt wurden Sensoren zur Materialerkennung, Untersuchungen am Nähhfaden, Nadeltemperatur, Ermittlung der Nähgut-/Einzelteiltransportkräfte, Drehzahlmessung, Nähgut-/Einzelteilbewegung, Transporteurbewegung, Bremsfunktion und Stichplattenkraft.

Online-Untersuchungen der **Materialien** im Nähprozess. Eine Nähgutdetektion kann beispielsweise durch miniaturisierte Lichtleiter im *Presserfuß* erfolgen [nn00a]. *Nähgut- bzw. Einzelteilbewegungen* im Nähprozess können durch Infrarot- oder Mikrowellensensoren erfasst werden [rog98]. Dabei werden ebenso Reflexionen der Infrarot-Strahlung bzw. Mikrowellen durch die Materialbewegung detektiert. Zusätzlich kann die *Zulieferung von Materialien* in den Nähprozess gemessen werden. Ein Längenmesssystem auf Basis einer Tastrolle ermittelt die zugeführte Materiallänge

[nn99]. Dadurch können Materialverschiebungen beim Nähen von Gürteln vermieden werden. Es entsteht eine saubere und glatt vernähte Ware.

| **Online-Messungen** |
| --- |
| • Material<br>- Materialerkennungssensor im Presserfuß<br>- Materialbewegung (Infrarot und Mikrowellensensoren)<br>- Längenmessung einzuarbeitender Elastikmaterialien<br>• Untersuchungen an Nähfäden<br>- Spulenfadenwächter (optisch, Lasertriangulation)<br>- Fadenwächter (Mikroschalter, Taststifte, elektrostatisch, kapazitiv, Piezesensor, optischer Sensor)<br>- Fadenreibung (Biegebalken)<br>- Fadenzugkraft: Ober-/Unterfaden (Biegebalken)<br>- Oberfadenbewegung (Laser und Piezoelektrisch)<br>- Fadenbremse (Laservisualisierung)<br>• Nadeltemperatur (Thermowiderstand, Infrarot)<br>• Transportschiebekraft (DMS im Presserfuß)<br>• Drehzahlmessung Hauptwelle (Infrarot, optisch)<br>• Transporteurbewegung (Laservisualisierung)<br>• Stichplattensensor (DMS) |

*Abb. 4-3: Online-Messverfahren*
*Fig. 4-3: Online-Measurement-Systems*

Online-Messungen sind ebenso direkt an **Nähfäden** oder nähfadensteuernden Maschinenkomponenten möglich. Zur Bestimmung des Füllstandes der Unterfadenspulen an Doppelsteppstichnähmaschinen wurden spezielle *Spulenfadenwächter* entwickelt. Sie arbeiten mit optoelektronischen Sensoren [bae98] in Form von Triangulationssystemen. Häufig werden letztere Systeme als laseroptische Triangulationsverfahren ausgeführt [pro94]. Bewegungen und Lageänderungen werden durch Verschiebungen im Detektor/Sensor anhand des reflektierten Laserlichtes erkannt. Direkte Unterfadenüberwachungen an Doppelsteppstichnähmaschinen sind auch optoelektronisch ausgeführt [bae96]. Der Unterfaden umschlingt zusätzlich komplett die Spulenkapsel mit integrierter Unterfadenspule.

Durch optische Sensoren werden die Reflexionen des geführten Unterfadens registriert. Bei fehlendem Unterfaden erfolgt keine Lichtreflexion zum optischen Sensor. An der Nähmaschine wird ein Stop ausgelöst. Bei indirekten Unterfadenüberwachungen sind auf den Spulen Markierungen angebracht. Ein optischer Sensor erfasst die Reflexionen bei bewegender Spule. Steht die Spule still, so liegt ein Unterfadenbruch vor, und die Nähmaschine wird angehalten [bae96]. *Fadenwächtersysteme* überwachen die Anwesenheit eines Fadens. Bei nicht vorhandenem Faden wird eine elektronische Reaktion an der Nähmaschine ausgelöst. Im Vergleich zu Spulenfadenwächtern können Fadenwächter durch Mikroschalter, Taststifte, elektrostatische oder kapazitive Systeme, piezoelektronisch oder optoelektronisch realisiert werden [bae96]. *Fadenreibungen* wie auch *Fadenzugkräfte* werden z. B. durch Biegebalken gemessen [fer94, lei93, kam94, nn98]. Der Faden erzeugt eine Verformung am Biegebalken. Ein DMS auf dem Biegebalken wandelt das Verformungssignal in ein elektrisches Signal. Oberfadenzugkräfte wie auch Unterfadenzugkräfte können so bestimmt werden. Zur Messung der Unterfadenzugkräfte bei Doppelsteppstichnähmaschinen wird der DMS-Biegebalken vor der Spulenkapsel montiert [fer94]. Allerdings kann hier nur die Kraft des Unterfadens in einem kleinen Maschinenwinkelbereich aufgrund der Anordnung bestimmt werden. Der Oberfaden muss um die Unterfadenspule frei geführt werden. Bei Überwendlichnähmaschinen nach dem Kettenstichprinzip können die Fadenkräfte der Greiferfäden dagegen kontinuierlich erfasst werden [nn98]. Die *Oberfadenbewegung* wird z. B. durch Laser- [kam94] oder piezoelektrische Sensoren [dor95, dor96] erfasst. Piezosensoren entwickeln unter Zug oder Druck elektrische Ladungen, die über ein Verstärkersystem elektrische Signale erzeugen [dub97, hue96, pro94].
Die *Nadelerwärmung* durch Reibung der Nadel mit dem Nadelfaden und dem Nähgut/Einzelteil kann durch Thermoelemente oder Infrarot-Sensoren bestimmt werden [lue78, nes75, zoc78]. Thermoelemente verursachen bei einer Temperaturänderung eine Änderung der Spannung (Thermospannung oder thermoelektrische Kraft) [pro94]. Infrarot-Sensoren - z. B. Pyrometer - erfassen die Temperatur über die Intensität der emittierten Wärmestrahlung [dub97].

*Transportschiebekräfte* wie auch Schwingungen im Betrieb können am Presserfuß durch DMS ermittelt werden [kro98, nn01, nn96, nn96a]. Hierbei werden am Presser-/ Drückerfuß der Nähmaschine horizontal ein DMS aufgebracht. Die Verformung des Presserfusses wird von den DMS in elektrische Signale umgewandelt. Außerdem kann eine Biegezunge mit einem DMS unter das Nähgut eingelegt werden. Weiterhin kann die Belastung des Transporteurs durch integrierte DMS ermittelt werden [kro98].

*Drehzahlmessungen* an Nähmaschinen können mittels Infrarotmessung erfasst werden [rog98]. Durch den anmontierten infrarotlichtreflektierenden Aufkleber auf dem Treibriemen des Maschinenantriebs kann durch den Infrarot-Sender und -Empfänger die Geschwindigkeit oder am Handrad der Nähmaschine die Drehzahl festgestellt werden. Infrarot-Messsysteme arbeiten häufig nach dem Prinzip der Weg- bzw. Längenabweichung vom Referenz- zum Reflektionsstrahl [pro94]. Weiterhin können auch Interferenzbilder, ähnlich wie beim Laser, erzeugt werden [dub97, pro94]. Durch die Auslöschung bzw. Verstärkung von Wellenlängen kann die Geschwindigkeit und Richtung durch die Reflexionen des Interferenzmusters am Material bzw. Probekörper bestimmt werden (z. B. Laser-Doppler-Anemometrie). Zusätzlich existieren inkrementelle Drehzahlgeber, die ähnlich Lichtschrankentechnologien optisch die Drehzahl bestimmen [fbi02]. Dies erfolgt zum Beispiel durch in speziellen Raster angeordneten geschlitzten Scheiben. Lichtsensoren zählen die durch die umlaufenden Schlitze verursachten Impulse. Hieraus kann die Drehzahl der Nähmaschine ermittelt werden.

Die Visualisierung der *Transporteurbewegung* bei Nähmaschinen ist realisierbar [osa83]. Dazu wird die Bewegung des Transporteurs mechanisch durch Arme abgegriffen. Die mechanische Bewegung wird in Laserbewegungen vergrößert umgewandelt. Eine ähnliche Technologie wird dort auch zur Verdeutlichung der Bewegungen der Tellerfadenbremsen bei Nähmaschinen angewendet [osa83]. Zur Bestimmung der Einstich- bzw. Durchstichkäfte der Nadel im Nähgut werden DMS in die Stichplatte integriert [nn01, nn96, nn96a, pop81]. Die Volumenverdrängung des Nähgutes bewirkt eine Krafterhöhung auf die Stichplatte.

Die vorgestellten Online-Messsensorsysteme an Nähmaschinen beinhalten nur eine Auswahl. Sicherlich können auch andere Sensorsysteme weltweit eingesetzt wer-

den. Dem interessierten Leser sei dazu das "Handbuch der industriellen Meßtechnik" von Profos und Pfeifer [pro94] und der Abschlussbericht „Reproduzierbarkeit der Messergebnisse“ von Jussen, Klopp und Diesinger [fbi02] empfohlen.
Zur Beurteilung der Nahtbildung in FVK werden im Folgenden nur Offline-Messmethoden benutzt.

## 4.3 Untersuchungen an Nähfäden

Es werden Ergebnisse aus Untersuchungen von Nähfäden zur Zugfestigkeit, zum elastischen Zugverhalten, zur Schlingenfestigkeit und zu den Auswirkungen auf die Fadenzugkräfte durch Fadenleit-Elemente vorgestellt.

### 4.3.1 Zugfestigkeit von Nähfäden

Die Zugfestigkeit von Nähfäden wird nach DIN 53835 [din81, din81a] ermittelt. Die Nähfäden werden bis zum Reißen bzw. Bruch auf Zug belastet. Neben Nähfäden für Bekleidungstextilien existieren auf dem Markt eine große Anzahl von Nähfäden für Technische Textilien [amaNN, amaNNa, gueNNb, nn98a, nn98b, reuNN, reuNNa]. Die Zuordnung der Bezeichnung zum Nähfadenmaterial ist aus Kapitel 12.3 zu ersehen. Die Versuche zur Bestimmung des Kraft-Dehnungs-Verhaltens (K-D-Verhalten) erfolgten auf einer Garnzugprüfanlage Statimat M der Firma Textechno Herbert Stein GmbH & Co. KG in Mönchengladbach am ITA. Die Einspannlänge der Garne bzw. Nähfäden betrug 500 mm. Die Prüfgeschwindigkeit lag bei 500 mm/min. Die Vorspannkraft wurde mit 0,5 cN/tex angesetzt. Das Fadenmaterial t-ara-008 entspricht einem m-Aramidtyp und t-ara-010 einem p-Aramidtyp. Im Vergleich der feinheitsbezogenen Höchstzugkräfte ausgewählter Nähfäden (Abb. 4-4) besitzen Aramid- und Carbonnähfäden die höchsten Zugfestigkeiten. Im Diagramm ist die feinheitsbezogene Zugkraft gegenüber der Dehnung aufgetragen. Das Quarzglasfilamentgarn (t-gla-003) besitzt ähnliche feinheitsbezogene Zugfestigkeiten wie die untersuchten Polyester- (t-pet-004), Polypropylen- (t-pp-002) und Polyamid-Nähfäden (t-pa-004). Die Carbon- (t-ca-001, t-ca-003) und ein Aramidnähfadentyp (t-ara-010) weisen die größten Höchstzugkräfte im Vergleich auf. Die Höchstzugkraftdehnungen variieren sehr stark. Die sehr zugfesten Carbon- und Armidnähfäden (120-200 cN/tex) weisen eine sehr geringe Höchstzugdehnung (2 – 6 %) auf. Die Carbon- und Quarzglasfilamentnähfäden besitzen im Vergleich zu den anderen untersuchten Nähfäden einen sehr geraden Verlauf des K-D-Verhaltens. Bei einer Vergrößerung der Auflösung ist das Verhalten nicht linear, sondern leicht progressiv. Um die mechanischen Festigkeiten des Nähfadens im späteren FVK-Bauteil nicht zu verringern, müssen die Belastungsgrenzen der Nähfäden im Nähprozess eingehalten werden.

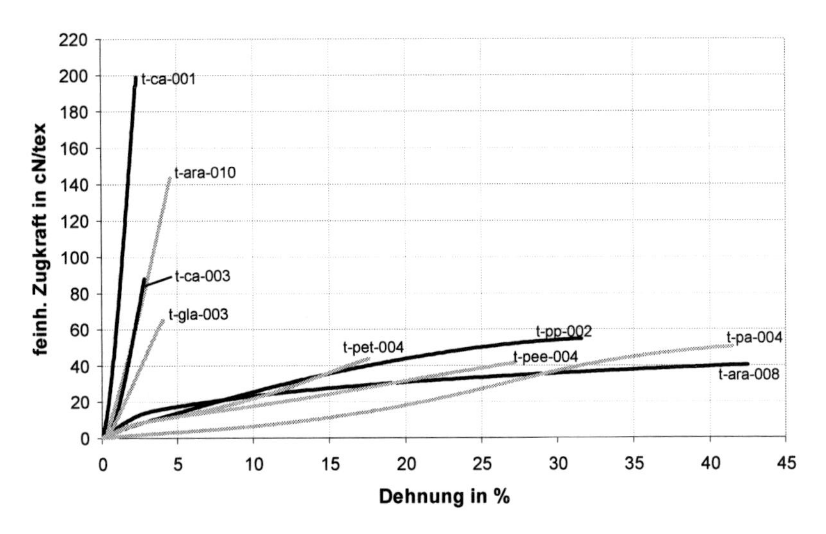


*Abb. 4-4:* *Feinheitsbezogene Höchstzugkräfte und Höchstzugkraftdehnungen technischer Nähfäden*

*Fig. 4-4:* *Fineness related Tensile Forces and Elongation of technical Sewing Threads*

## 4.3.2 Elastisches Zugverhalten von Nähfäden

Die Bestimmung des elastischen Zugverhaltens der Nähfäden nach DIN 53 835 Teil 3 [din81a] ermöglicht eine Abschätzung des Einsatzes der Nähfäden im Nähprozess. Die Versuche zur Ermittlung des elastischen Zugverhaltens erfolgten auf einer Garnzugprüfanlage Statimat M der Firma Textechno Herbert Stein GmbH & Co. KG in Mönchengladbach am ITA. Die Einspannlänge der Garne bzw. Nähfäden betrug 500 mm. Die Prüfgeschwindigkeit lag bei 500 mm/min. Die Vorspannkraft wurde mit 0,5 cN/tex angesetzt. Die Materialbelastung erfolgte bis zur konstanten Kraftgrenze von 80 % der vorher ermittelten Höchstzugkraft. Anschließend wurde das Material entlastet und neu bis zum Fadenbruch belastet (Abb. 4-5, $Max_2$).

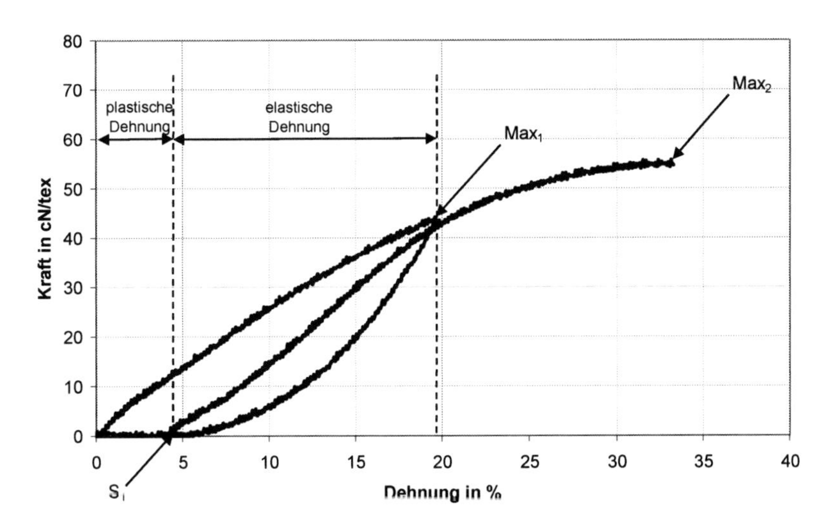


*Abb. 4-5:* *Bestimmung des elastischen Zugverhaltens von Nähfäden bei einmaliger Zugbeanspruchung*

*Fig. 4-5:* *Determination of elastic Tensile Behaviour of Sewing Threadsunder single Tensile Load*

Die elastische Dehnung wird aus dem Kurvenverlauf vom ersten Belastungsmaximum ($MAX_1$) bis zum Entlastungsminimum im Schnittpunkt zwischen dem Kurvenverlauf und der Dehnungsachse ($S_1$) ermittelt. Die Dehnungsreversibilität bzw. Dehnungselastizität liegt zwischen den Punkten $MAX_1$ und $S_1$. Die plastische bzw. bleibende Dehnung liegt zwischen $S_1$ und dem Diagrammursprung. Durch bleibende Schädigungen der Nähfäden aufgrund von Zugbelastung ist eine bleibende Nähfadenverformung verursacht worden. Die anschließende wiederholte Belastung des Nähfadens dient zur Bestimmung einer zusätzlichen Nähfadenfestigkeit im zweiten Belastungszyklus. Die Anteile der elastischen und plastischen Dehnung unterschiedlicher technischer Nähfäden sind in Abb. 4-6 ersichtlich.

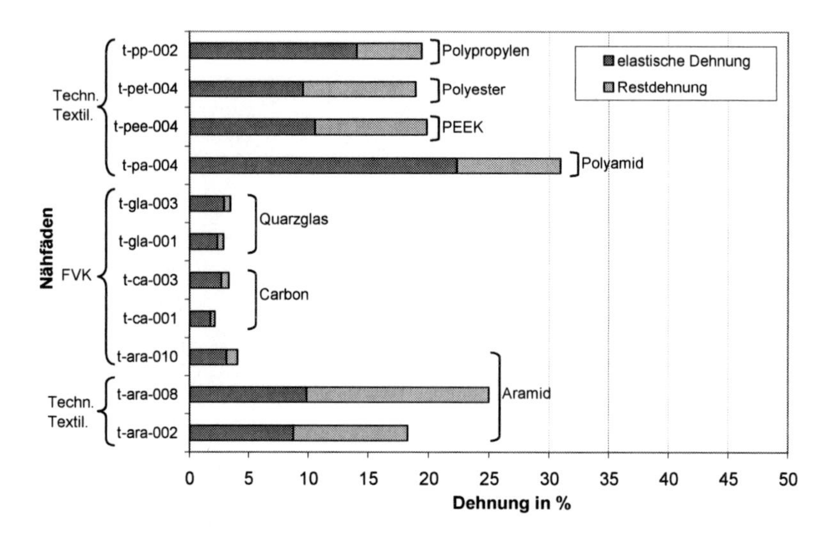


*Abb. 4-6: Anteile der elastischen Dehnung und Restdehnung technischer Nähfäden unter einmaliger Zugbelastung und Entlastung*

*Fig. 4-6: Determination of the elastic and permanent Elongation of technical Sewing Threads under once-through Tensile Loading and Unloading*

Die für den Einsatz in FVK angedachten hochmoduligen Nähfäden besitzen geringe Dehnungen. Im Vergleich zu den anderen untersuchten Nähfäden ist der Anteil der elastischen Dehnung sehr hoch. Die Restdehnung ist bei diesen Nähfäden sehr gering. Daraus resultiert für eine grobe Abschätzformel für die industrielle Verarbeitung dieser Nähfäden, dass die Dehnungsbelastung im Nähprozess generell etwas unterhalb der Gesamtdehnung der FVK-Nähfäden liegen muß, um eine Schädigung des hochmoduligen Nähfadens zu vermeiden. Für die anderen technischen Nähfäden gilt, dass die Dehnungsbelastung im Schnitt nicht 2/3 der Gesamtdehnung überschreiten darf. Der Einfluss einer Überschreitung der elastischen Dehngrenze der hochmoduligen Nähfäden auf das Nähergebnis sollte zukünftig weiter untersucht werden.

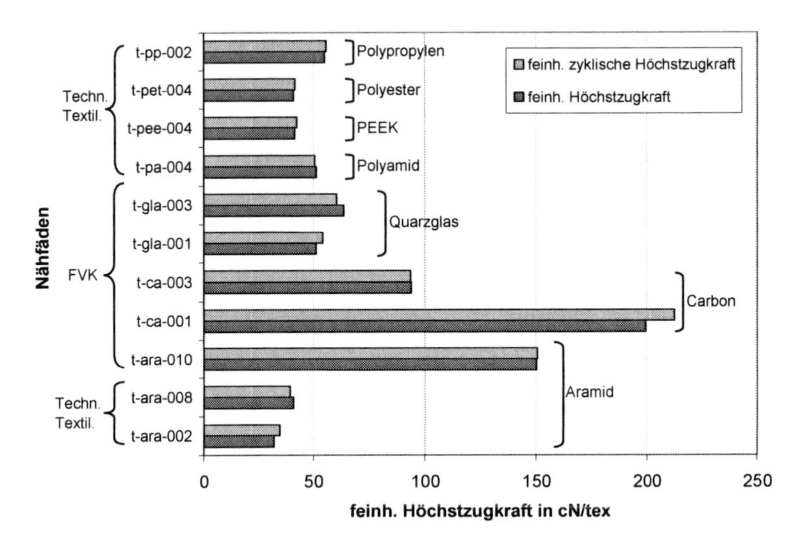


*Abb. 4-7: Vergleich der feinheitsbezogenen Höchstzugkraft statisch und nach einmaliger Belastung*

*Fig. 4-7: Comparison of fineness related Tensile Forces under static conditions and once-through Tensile Load*

Der Vergleich der feinheitsbezogenen Höchstzugkräfte und der Höchstzugkräfte bei einmaliger Zugbeanspruchung inkl. Entlastung (einmalige zyklische Zugbelastung) weist keine signifikanten Abweichungen auf (Abb. 4-7). Bei der zyklischen Belastung wurde bis zu 80% der statischen Höchstzugkraft belastet, komplett entlastet und bis zum Bruch der Nähfäden wieder belastet. Nur beim Carbonnähfadentyp ca-001 ist die feinheitsbezogene Höchstzugkraft nach einmaliger zyklischer Belastung erkennbar höher als im Vergleich zur ursprünglichen feinheitsbezogenen Höchstzugkraft ohne zyklische Belastung. Ursachen können höhere Streuungen der Werte bei diesem Material sein. Bei den Versuchen muss sorgfältig auf eine präzise Klemmung zwischen den Nähfäden und den Einspannvorrichtungen der Zugprüfanlage geachtet werden.

### 4.3.3 Schlingenfestigkeit von Nähfäden

Wichtiges Auswahlkriterium der Fadenmaterialien in Nähnähten ist die Bestimmung der Schlingenfestigkeit im Schlingenzugversuch nach DIN 53 843 Teil 2 [din92a]. In diesem Versuch überkreuzen sich zwei Garn- bzw. Fadenabschnitte. Die Überkreuzung wird so ausgeführt, dass sie mittig in zwei Schlingen angeordnet ist. Die Schenkel-Enden der oberen und unteren Schlinge des oberen und unteren Fadenabschnitts werden in die obere und untere Klemme der Zugprüfanlage eingespannt. Die Versuche zur Bestimmung der Schlingenfestigkeiten erfolgten auf einer Garnzugprüfanlage Statimat M der Firma Textechno Herbert Stein GmbH & Co. KG in Mönchengladbach am ITA. Die Einspannlänge der Garne bzw. Nähfäden betrug 500 mm. Die Prüfgeschwindigkeit lag bei 500 mm/min. Die Vorspannkraft wurde mit 0,5 cN/tex pro Fadenschlinge angesetzt. Aus Abb. 4-8 sind die Kraft-Dehnungs-Verläufe einiger Fäden der Untersuchungen dargestellt. Die feinheitsbezogene Schlingenfestigkeit ist gegenüber der Dehnung aufgetragen.

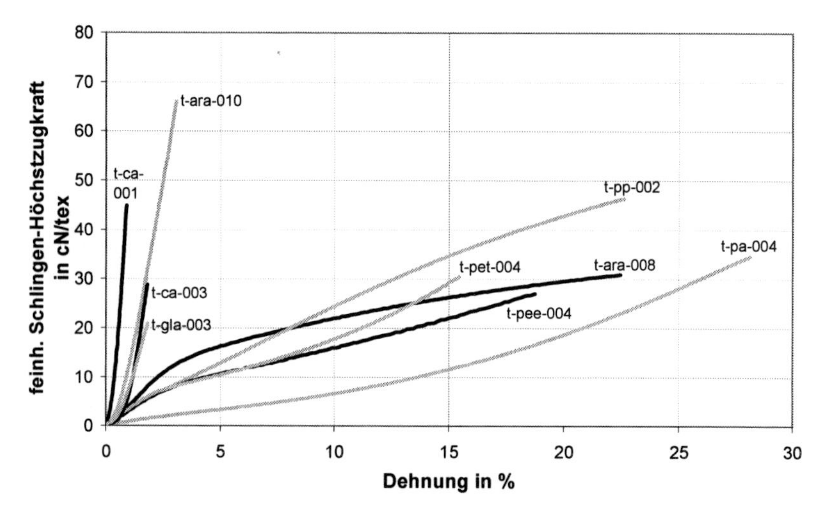


*Abb. 4-8: Feinheitsbezogene Schlingenfestigkeit technischer Nähfäden*
*Fig. 4-8: Fineness related Loop Efficiency of Technical Sewing Threads*

Deutlich ist im Vergleich zu Abb. 4-4 in Abb. 4-8 bei den Materialien zu erkennen, dass die feinheitsbezogene Schlingen-Höchstzugkraft niedriger als die feinheitsbezogene Höchstzugkraft ist. Auch die entsprechenden Dehnungen sind geringer.

Die feinheitsbezogene Schlingen-Höchstzugkraft ist definiert als Quotient aus Schlingen-Höchstzugkraft und doppelter Feinheit [din92, din92a].

Gl. 4-1 $$f_{HS} = \frac{F_{HS}}{2 \times T_t};$$

$f_{HS}$: feinheitsbezogene Schlingen-Höchstzugkraft in cN/tex

$F_{HS}$: Schlingen-Höchstzugkraft in cN

$T_t$: Garn-/Fadenfeinheit in tex.

Der Vergleich der feinheitsbezogenen Höchstzugkräfte und der feinheitsbezogenen Schlingen-Höchstzugkräfte zeigt deutlich eine unterschiedliche Verringerung der Schlingenfestigkeiten gegenüber den Höchstzugfestigkeiten (Abb. 4-9).

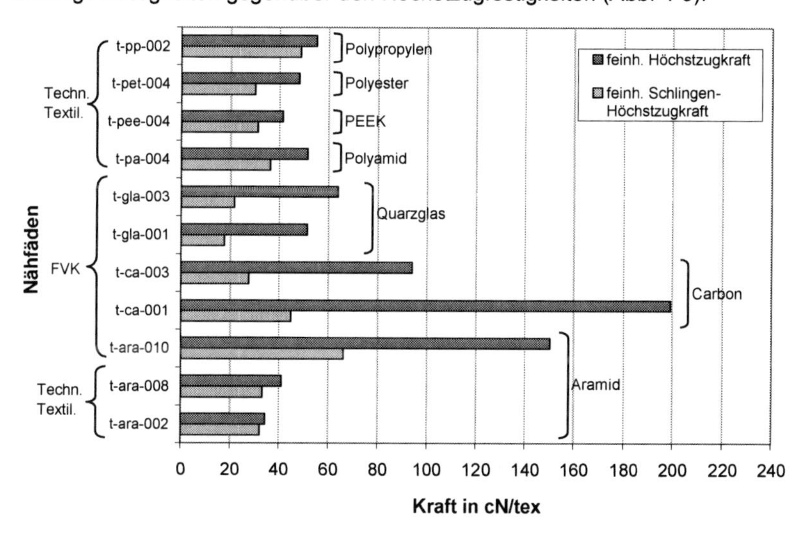


*Abb. 4-9:* *Vergleich der feinheitsbezogenen Höchstzugkräfte und Schlingenhöchstzugkräfte*
*Fig. 4-9:* *Comparison of Fineness related Tensile Forces and Loop Efficiency*

Starke Abnahmen sind bei den Nähfäden für FVK-Anwendungen t-ara-010 (Aramid), t-ca-001 (Carbon), t-ca-003 (Carbon), t-gla-001 (Quarzglas) und t-gla-003 (Quarzglas) zu erkennen. Die anderen Nähfadentypen besitzen im Vergleich höhere Schlingenfestigkeiten. Zur Verdeutlichung dieser Abnahmen kann das feinheitsbezogene Schlingen-Höchstzugkraft-Verhältnis [din92a] herangezogen werden. Es präsentiert diese Änderungen quantitativ. Das feinheitsbezogene Schlingen-Höchstzugkraft-Verhältnis ist definiert als Quotient aus der feinheitsbezogenen Schlingen-Höchstzugkraft zur feinheitsbezogenen Höchstzugkraft [din81b]:

Gl. 4-2 $$r_{HS} = \frac{f_{HS}}{f_h};$$

$r_{HS}$: feinheitsbezogenes Schlingen-Höchstzugkraft-Verhältnis

$f_{HS}$: feinheitsbezogene Schlingen-Höchstzugkraft in cN/tex

$f_h$: feinheitsbezogene Höchstzugkraft in cN/tex.

In Abb. 4-10 sind die feinheitsbezogenen Schlingen-Höchstzugkraft-Verhältnisse einiger ausgewählter technischer Nähfäden dargestellt.

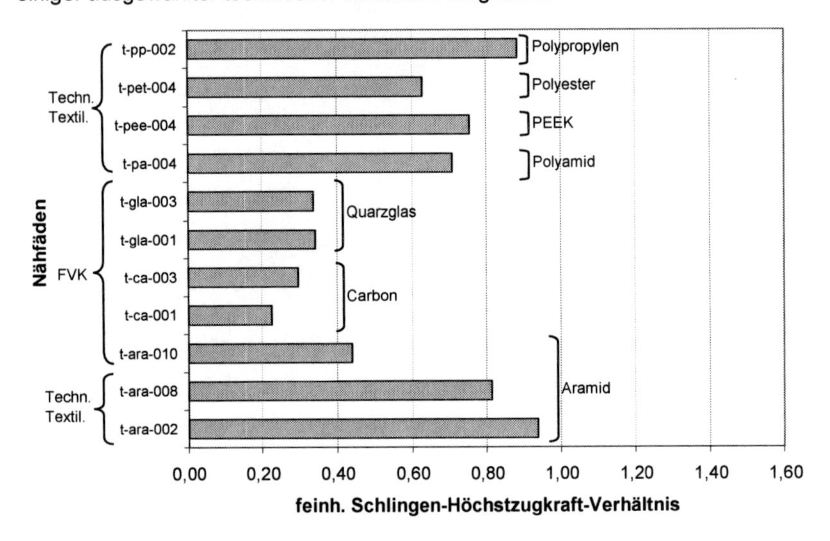


*Abb. 4-10: Feinheitsbezogenes Schlingen-Höchstzugkraft-Verhältnis*
*Fig. 4-10: Fineness related Loop Efficiency Ratio*

Die feinheitsbezogenen Schlingenfestigkeiten weisen teilweise nur Restfestigkeiten von 40 % und weniger der feinheitsbezogenen Höchstzugkräfte auf. Dies gilt besonders für die zugfesten Nähfäden t-ara-010 (Aramid), t-gla-001, t-gla-003 (Quarzglas) und t-ca-001 (Carbon). Die restlichen Materialien besitzen Schlingen-Restfestigkeiten von 60 bis 95 %. Eine hohe Schlingen-Restfestigkeit besitzt t-pp-002 (Polypropylen) und t-ara-002 (Aramid). Die schlechten Schlingen-Restfestigkeiten der Glas- und Carbonnähfäden resultieren aus der schlechten Querfestigkeit aufgrund der hohen Sprödigkeit dieser Materialien [mos92]. Dadurch reagieren die Materialien sehr empfindlich auf Biegebelastungen im Überkreuzungspunkt der Schlingen im Versuch zur Bestimmung der Schlingenfestigkeiten. Wegen dieser Sprödigkeit müssen starke Umlenkungen der FVK-Nähfäden im Nähprozess verringert werden.

### 4.3.4 Einflüsse der Fadenleit-Elemente auf die Fadenzuführung

Wie bereits bei der Strukturierung der Nähprozesse für Verstärkungstextilien in FVK-Anwendungen in Kapitel 3 festgestellt wurde, stellen Reibkräfte einen bedeutenden Einflussfaktor dar. Zur quantitativen Bestätigung dieser getroffenen Aussage wurden die Reibkräfte an unterschiedlichen Fadenleitorganen und Maschinenaggregaten an einer Doppelsteppstichnähmaschine im Oberfadenzulauf (vgl. Abb. 3-17 Kap. 3 und Abb. 4-13) ermittelt. In Leiner [lei93] wurden bereits einige Reibversuche vorgenommen. Allerdings wurden dort andere Fadenmaterialien untersucht. Die Untersuchungen waren auf das Vernähen von Bekleidungstextilien fokussiert.
Der Versuchsaufbau (Abb. 4-11) besteht aus einem Fadenleit-Element für einen definierten Zulauf des Nähfadens von der Nähfadenspule, dem Kraftsensor 1, dem austauschbaren Reibelement, dem Kraftsensor 2 und dem Abzugswerk für den Nähfaden. Die Messsignale der 2 Kraftsensoren gelangen über einen Messverstärker zum Auswerte-Computer. Das Reibelement wird in den Versuchen variiert. Die Variation besteht aus einem Fadenleit-Element aus dem Über-Kopfabzug des Oberfadens (Fadenabzug), einem Fadenleit-Element der Oberfadenzuführung (Zuführung), der Tellerfadenbremse (Fadenbremse), einem Fadenhebel, einem Umlenkbügel im Fadeneinlauf kurz oberhalb der Nadel und einem Nadelöhr einer Nähnadel. Bedeutend bei diesem Versuchsaufbau ist die Einhaltung der Fadeneinlauf- und Fadenauslaufwinkel der Fadenzugkraftsensoren. Abweichungen um wenige Winkelgerade erzeugen eine Ergebnisverfälschung. Weiterhin müssen die Fadenzugkraftsensoren auf derjenigen Seite geeicht werden, die zum Reibelement weist. Ansonsten ist das Messergebnis, der Reibkraftverlauf, aufgrund einer Kraftdifferenz im Zulauf und Auslauf des Messkopfes verfälscht. Durch ein am ITA entwickeltes Datenerfassungsprogramm werden die Fadenzugkräfte ermittelt und automatisch die gesuchte Kraftdifferenz zwischen Fadensensor 2 und Fadensensor 1 gebildet. Diese Differenz entspricht der gesuchten Reibkraft. Die Durchlaufgeschwindigkeit der untersuchten Nähfäden betrug 1 m/min. Dies entspricht einer Stichgeschwindigkeit von 200 Stichen/min. Im Vergleich zur

Bekleidungsindustrie sind die Stichgeschwindigkeiten gering. Dort werden bis zu 4500 Stiche/min erreicht. Bei den zu vernähenden Materialien hat sich in den Versuchen am ITA gezeigt, dass mit der Stichgeschwindigkeit von 200 Stichen/min reproduzierbare Nähte in Verstärkungstextilien erzeugt werden können.

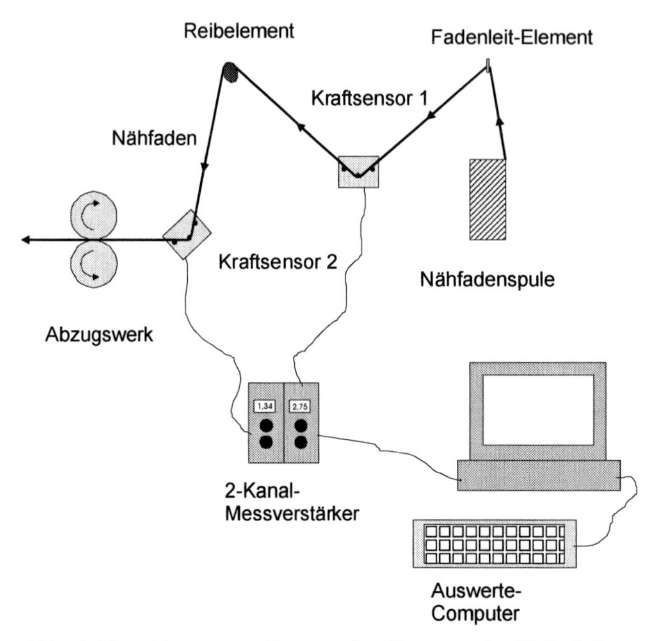


*Abb. 4-11: Versuchsaufbau zur Bestimmung der Reibeinflüsse im Oberfadeneinlauf*
*Fig. 4-11: Experimental Arrangement for the Determination of Friction Forces during Upper Thread Approach*

Der Fadeneinlauf- und Fadenauslaufwinkel bei den Reibelementen Fadenabzug, Zuführung und Umlenkbügel oberhalb der Nadel und der Fadenbremse lag bei ca. 10 Winkelgrad. Bei der Tellerfadenbremse wurde der Fadeneinlauf nicht demontiert. Bei den Reibelementen Fadenhebel und Nadelöhr lag der Einlauf- und Auslaufwinkel bei 30 Winkelgrad. Hierdurch sollte eine stärkere Biegung des Nähfadens ohne Nähfadenschädigungen erreicht werden. Es wurde eine 160er Nähnadel mit Schneidspitze eingesetzt. Dadurch konnten die Einflüsse der Nähfadeneinschnürungen am Nadelöhr beobachtet werden. Aufgrund der geringen Reibungskraftwerte in den Einzelmessungen wurde auf eine Vorbremsung verzichtet. Zum Ausgleich potentieller Schwankungen wurde die Anzahl der Einzelmessungen zur Bildung des Reibkraftmittelwertes erhöht. Die einzelnen Reibelemente besitzen unterschiedliche Umschlingungswinkel. Beispielsweise kann beim Nadelöhr dieser Winkel nicht eindeutig bestimmt werden. Die Messungen wurden durchgeführt, um erste Einschätzungen über das Reibverhalten zu erhalten. Die Ergebnisse der Reibungsmessungen sind in Abb. 4-12 dargestellt.

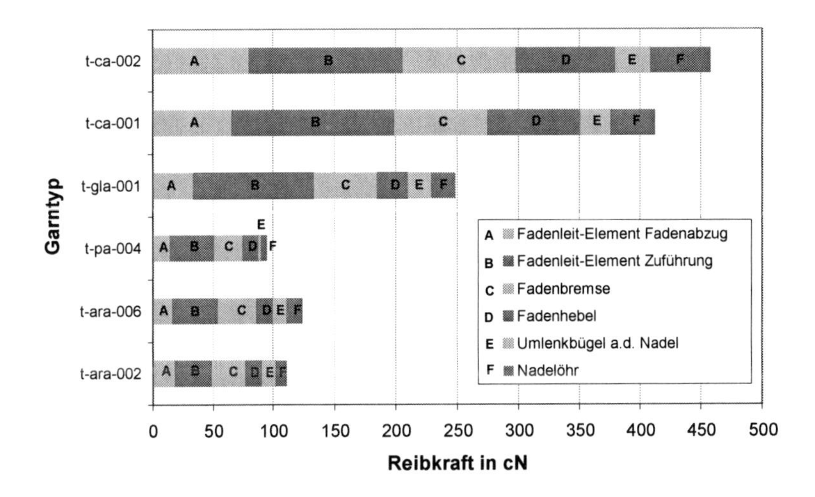


*Abb. 4-12: Reibkräfte im Oberfadenzulauf*
*Fig. 4-12: Friction Forces during Upper Thread Approach*

Für die untersuchten Quarzglas- (t-gla-001) und Carbonnähfäden (t-ca-001, t-ca-002) für FVK-Anwendungen sind höhere Reibkräfte in der Gesamtsumme zu verzeichnen. Die Reibkraftsummen an den untersuchten Reibelementen liegen hier bei ca. 250 cN und bis zu ca. 455 cN. Die restlichen untersuchten Nähfäden weisen eine Reibkraftsumme von 95-120 cN auf. Deutlich ist aus der Abbildung zu ersehen, dass das Fadenleit-Element in der Fadenzuführung den höchsten Anteil neben dem Fadenabzug von der Nähfadenspule, der Fadenbremse und dem Fadenhebel bei den untersuchten Quarzglas- und Carbonnähfäden besitzt. Bei den restlichen untersuchten Nähfäden besitzen die Fadenzuführung und die Fadenbremse den größten Einfluss. Die Anordnung der Maschinenelemente im Oberfadenzulauf ist aus

Abb. 4-13 ersichtlich. Ursachen der verschiedenen Reibkräfte sind einerseits in den unterschiedlichen Materialreibpaarungen zu suchen (Aramid/Metall, Polyamid/Metall, Glas/Metall, Carbon/Metall und Aramid/Kunststoff, Polyamid/Kunststoff, Glas/Kunststoff, Carbon/Kunststoff), anderseits spielt die Aufmachung der Nähfäden eine bedeutende Rolle. Durch die Zwirndrehung kommt es zu einer anderen Oberflächenbeschaffenheit des Nähfadens. Durch die Garnstruktur selbst und die geringe Verformung im Kontaktbereich sinkt die Kontaktfläche zwischen Faden und Reibelement und somit die Reibung.

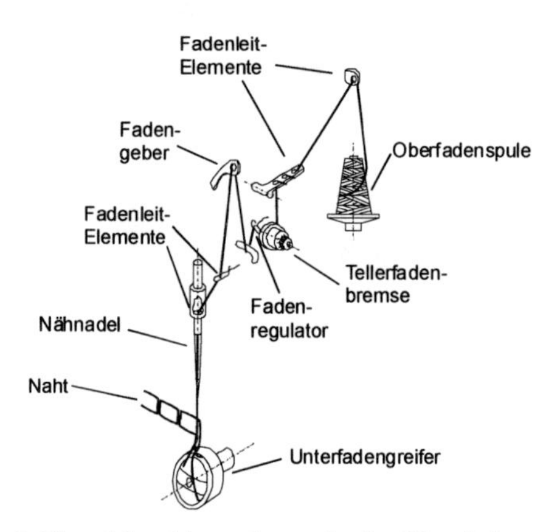


*Abb. 4-13: Maschinenelemente der Oberfadenzufuhr beim Doppelsteppstich*
*Fig. 4-13: Machine Components of the upper Thread Approach in case of the Lockstitch Principle*

Der Aramidnähfaden t-ara-002 und der Quarzglasfilamentnähfaden t-gla-001 wurden am ITA in anderen Forschungsvorhaben eingesetzt [sfb98, sfb01, puk01]. Der Aramidnähfaden zeichnet sich durch eine gute Verarbeitbarkeit aus. Der Quarzglasfilamentnähfaden besitzt höhere Festigkeiten und ist noch gut verarbeitbar. Mit der vorhandenen Messtechnik [sfb98, puk01] wurden weitere Versuche zur Ermittlung der Oberfadenzugkräfte im Nähprozess unternommen. Die Maxima der Oberfadenzugkräfte für diese 2 Nähfäden schwanken zwischen 160 und 275 cN. Der Anteil der Reibungssumme liegt bei den Untersuchungen in Abb. 4-12 bei ca. 110 cN für den Aramidnähfaden t-ara-002. Bei der Reibungsbestimmung wurde die Fadenbremse nicht betätigt, um die Gesamtreibungskraft ohne Fadenbremseneinfluss ermitteln zu können. Es wurde nur die Reibung beim Nähfadendurchlauf bestimmt. Im Vergleich zu den bereits aufgezählten Untersuchungen in [sfb98] und [sfb01] beträgt der Reibungseinfluss für den Nähfaden t-ara-002 40 % der max. Oberfadenzugkraft von 275 cN. Für den Quarzglasfilamentnähfaden liegt der Reibungsanteil bei 89 %. Die Zugkräfte sind nicht bzgl. ihrer Feinheit normiert worden. Zum Vergleich der Anteile der Reibkraft an der Höchstzugkraft der untersuchten Nähfäden wird die Reibkraft feinheitsnormiert gegenüber der feinheitsbezogenen Höchstzugkraft aufgetragen (Abb. 4-14).

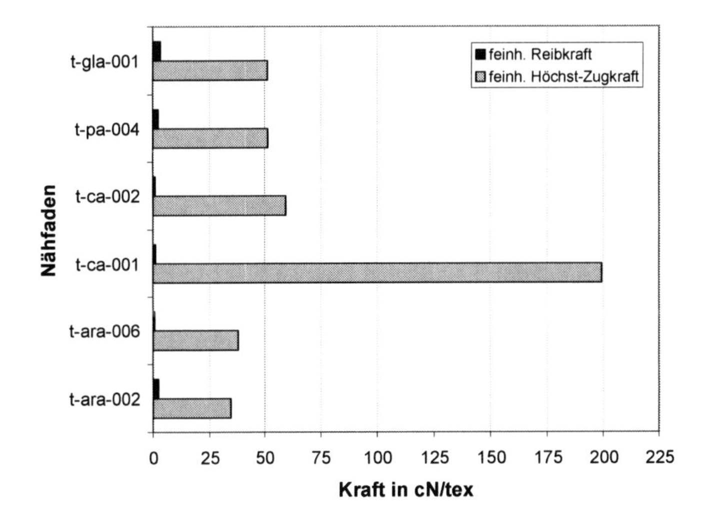


*Abb. 4-14: Vergleich der feinheitsbezogenen Reibkräfte und Höchstzugkräfte*
*Fig. 4-14: Comparison of Fineness related Friction Forces and Tensile Forces*

Die ermittelten feinheitsbezogenen Reibkräfte liegen bei 10 % der max. feinheitsbezogenen Höchstzugkräften und geringer. Die Festigkeit der Nähfäden wird daher nicht beeinträchtigt.

Die Reibkräfte der FVK-Nähfäden Glas und Carbon müssen verringert werden. Ansonsten entstehen sehr große Fadenzugkräfte im Nähfaden. Aramid und Glasnähfäden lassen sich bis zu 275 bis 300 cN im Oberfaden verarbeiten. Die Carbonnähfäden besitzen zu hohe Reibkräfte. Da Carbon wie auch Glasnähfäden sehr empfindlich gegenüber Zugbelastungen in Umlenkungen reagieren, müssen die

Reibkräfte vermindert werden. Dies könnte durch den Einsatz flüssiger Medien oder von Fadenleit-Elementen mit geänderten Oberflächeneigenschaften sowie durch eine Veränderung des Oberfadenlaufes in der Doppelsteppstichnähmaschine erfolgen. Versuche mit dem Carbonnähfaden t-ca-002 als Unterfaden lieferten positive Verarbeitungsergebnisse am ITA.

## 4.4 Untersuchungen zur Nahtbildung

Zur Beurteilung einer Naht ist die Untersuchung der Nadeleinstichkräfte bedeutend. Das Zusammenspiel von Nadel, Verstärkungstextil und Nähfaden beeinflusst wesentlich die Stichbildung. Das Ergebnis dieses Zusammenspiels ist neben dem optischen Nahtverlauf auch die Nahtfestigkeit.

### 4.4.1 Nadeleinstichkraftuntersuchungen

Zur Bestimmung reproduzierbarer Nähergebnisse wurden zusammen mit der Fa. Ferdinand Schmetz GmbH, Herzogenrath, Versuche zur Darstellung der Nadeleinstichskraftvariationen beim Einsatz von Verstärkungstextilien durchgeführt. Bei der Versuchsanordnung (Abb. 4-15) penetriert die Nadel das Verstärkungstextil. In dem Versuchsaufbau wird die rotatorische Antriebsbewegung in eine translatorische Nadelbewegung umgewandelt. In die Nadelstange oberhalb der Nähnadel ist ein piezoelektrischer Zug-/Drucksensor integriert. Über einen Messverstärker gelangen die Signale der Nadelkräfte zur Auswertung in den Transientenrekorder.

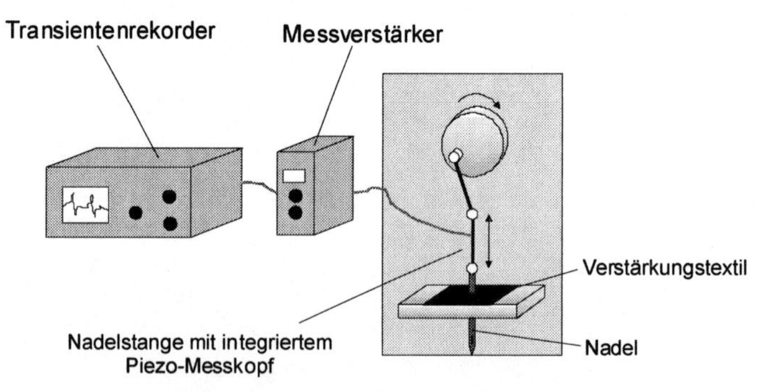


*Abb. 4-15: Versuchsaufbau zur Bestimmung der Nadeleinstichkräfte*
*Fig. 4-15: Experimental Arrangement for Determination of Needle Penetration Force*

Der beispielhafte Verlauf der Nadeleinstichkraft während eines Einstichs ist in Abb. 4-16 erkennbar. In positiver Richtung wird der Druckkraftverlauf aufgetragen. Der erste Kraftanstieg wird durch den Eintritt der Nadel durch die Nadelspitze ("**NS**") verursacht (vgl. Abb. 3-35 Kap. 3). Das offene Nadelöhr ("**NÖ**") verursacht einen Kraftabfall. Nach dem Nadelöhr steigt die Einstichkraft wieder geringfügig an. Hier verdrängt der Schaft zusammen mit der Hohlkehle der Nadel ("**H**") das Verstärkungstextil. Der Kraftverlauf steigt an. Nach dem Nadeleintritt wird die Nadel aus dem Verstärkungstextil herausgezogen (Nadelaustritt). Daher kehrt sich die Druckkraft beim Nadeleintritt in eine Zugkraft beim Nadelaustritt um. Das Verstärkungstextil reibt in umgekehrter Richtung an der Nadel und behindert den Nadelaustritt. Zunächst sinkt die Kraft weiter ab (Kraftverlauf "**H**"). Der geringfügige Anstieg der Kraft wird durch das freie Nadelöhr "**NÖ**" verursacht. Hier liegt durch die Nadelöhröffnung eine geringere Reibung vor. Anschließend vergrößert sich die Reibung beim Nadelaustritt wiederum und der Kraftverlauf sinkt weiter ab ("**NS**"). Die Zugkraft wird hier in der Nadel maximal. Daher wird das absolute Minimum im Druckkraftverlauf erreicht. Nach dem Austritt der Nadel aus dem Verstärkungstextil steigt der Druckkraftverlauf gegen den Wert 0 an.

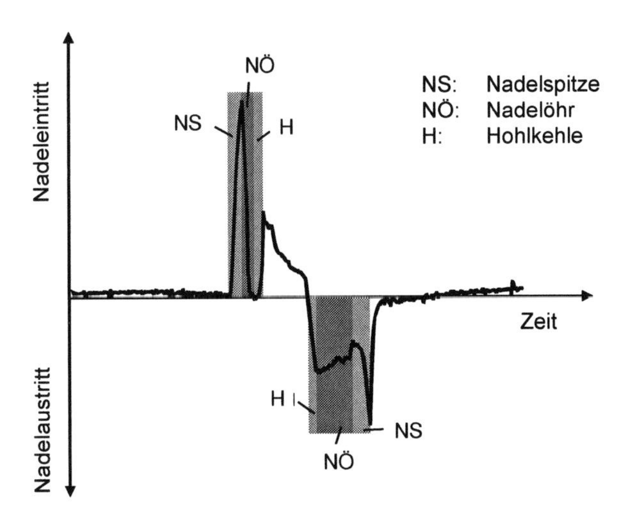


*Abb. 4-16: Exemplarischer Verlauf der Nadeleinstichkraft*
*Fig. 4-16: Exemplary Course of the Needle Penetration Force*

Für die Versuche kam eine Nadel zur Lederverarbeitung mit Schneidspitze zum Einsatz. In vielen vorherigen Versuchen am ITA erzielte dieser Nadeltyp die besten Ergebnisse [mol97, mol98, mol99]. Die Schneidnadel zerstört nicht die Faser des Verstärkungstextils. Durch die Nadelspitzengeometrie werden die Fasern größtenteils während des Nadeleinstichs verdrängt. Es wurden einlagige Verstärkungstextilien untersucht (Abb. 4-17). Neben unterschiedlichen Glas- und Aramidgeweben wurden ebenfalls multiaxiale Glas- und Carbongelege analysiert.

| Proben-Nr. | Typ | Faser-orientierung | Flächengewicht [kg/m²] |
|---|---|---|---|
| G 02 | Glasgelege | 0° / 90° | 1,0083 |
| G 03 | Glasgewebe | 0° / 90° | 0,3292 |
| G 04 | Glasgelege | 45° / -45° | 1,6208 |
| G 05 | Glasgelege | 45° / 90° | 0,3958 |
| G 06 | Glasgelege | 45° / 90° / -45° | 0,8542 |
| C 01 | Carbongelege | 45° / -45° | 0,5792 |
| C 02 | Carbongelege | 57,5° / -57,5° | 0,4958 |
| A 01 | Aramidgewebe | 0° / 90° | 0,2167 |

*Abb. 4-17: Verstärkungstextilarten für die Nadeleinstichskraftversuche*
*Fig. 4-17: Reinforcing Textile Types for the Needle Penetration Force Tests*

Die Ergebnisse der Nadeleinstichkraftuntersuchungen sind in Abb. 4-18 und in Abb. 4-19 dargestellt. Für die Materialproben G03, G05 und G06 konnte kein eindeutiger Nadeleinstichkraftverlauf festgestellt werden. Die Glasgewebe besaßen eine sehr lose Bindung. Dadurch wurden die Verstärkungsfasern sehr schnell und leicht verdrängt. Es konnte sich keine eindeutige Reibkraft zwischen Verstärkungstextil und Nadel ausbilden. Der angezeigte Kraftverlauf entsprach einem nicht deutbaren Signalrauschen.

Aus Abb. 4-18 können die max. Nadeleinstichkräfte im Druckbereich abgelesen werden. Zwischen den einlagigen, von der Nadel durchstoßenen Verstärkungstextilien sind Unterschiede zwischen den Einstichkräften zu erkennen. Der Glasgewebetyp G04 mit dem höchsten Flächengewicht besitzt eine mittlere Nadeleinstichkraft von ca. 1,6 N. Der Aramidgewebetyp mit dem geringsten Flächengewicht besitzt die zweithöchste mittlerer Nadeleinstichkraft in Höhe von ca. 1,3 N. Die Variationskoeffizienten (CV-Werte) schwanken sehr stark von 20 bis über 75 %. Dieses weist auf eine große Streuung der Nadeleinstichkräfte hin. Verursacht werden die Streuungen besonders bei multiaxialen Gelegen durch das Auftreffen der Nadel auf die Fixierfäden in multiaxialen Gelegen. In den Versuchen hat sich gezeigt, dass im Vergleich der Nadeleintritte zu den Bereichen mit reinen Verstärkungsfasern die Nadeleinstichkräfte bis zu 40 – 80 % beim Auftreffen auf die Kett-/ bzw. Fixierfäden erhöht werden. Bei Geweben sind die Kett- und oder Schussfädenfäden in Abhängigkeit des Gewebetyps (Leinwand, Köper oder kettstarkes Gewebe (uniweave)) die Verstärkungsfasern. Sie besitzen kein zusätzliches drittes Fadensystem wie bei den multiaxialen Gelegen. Die Festigkeit der Bindung des Gewebes oder Geleges erhöht ebenfalls die Nadeleinstichkraft. Durch eine feste Bindung werden die Verstärkungsfasern stärker in das Verstärkungstextil eingebunden. Sie verformen sich schlechter beim Nadeleintritt und bewirken durch die Reibkräfte und den Verformungswiderstand eine höhere Nadeleinstichkraft.

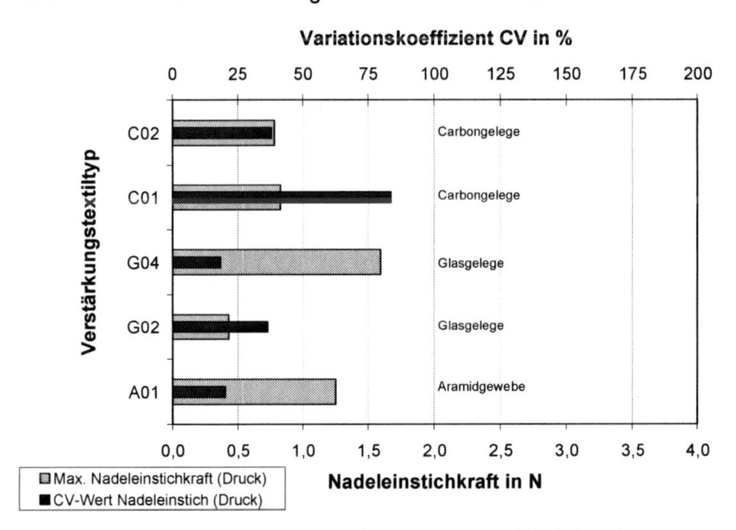


*Abb. 4-18: Max. Nadeleinstichkräfte während des Nadeleintritts*
*Fig. 4-18: Max. Needle Penetration Forces during Needle Entering*

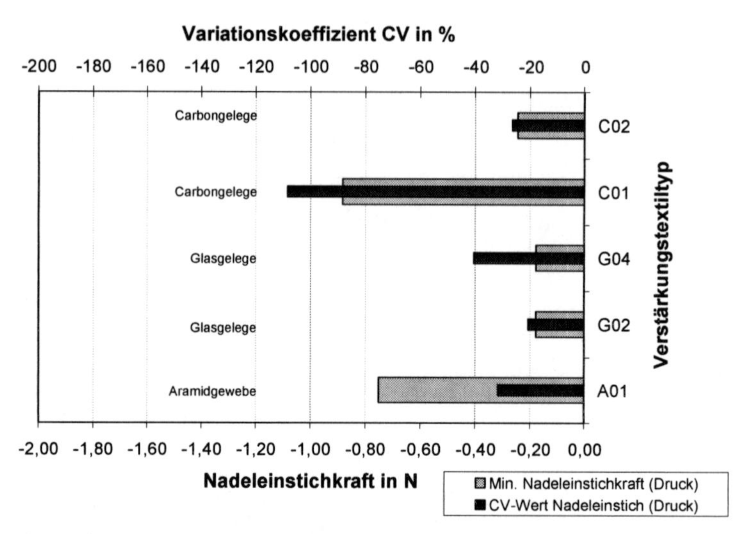


*Abb. 4-19: Min. Nadeleinstichkräfte während des Nadelaustritts*
*Fig. 4-19: Min. Needle Penetration Forces during Needle back Movement*

Die Nadelaustrittskräfte sind in Abb. 4-19 dargestellt. Beim Nadelaustritt werden sie zu Zugkräften und besitzen in der Darstellung ein negatives Vorzeichen. Auch hier sind unterschiedliche Nadelaustrittskräfte und Variationskoeffizienten zu erkennen. Es gelten die gleichen Ursachen für die Krafthöchstwerte, die bereits bei den Nadeleintrittskräften erläutert wurden. Der höchste Variationskoeffizient liegt bei über 100 %; der geringste bei ca. 20 %.

Zusammenfassend muss für die Nadeleinstichkräfte festgehalten werden, dass neben der Bindungsfestigkeit der Fasern im Verstärkungstextil zusätzliche Fadensysteme zu sehr großen Streuungen bei den Kraftwerten führen. Dieser Umstand ist auch für die Nähfäden bedeutend. Größere Reibungswerte oder Verformungswiderstände zwischen Nadel und Verstärkungstextil führen bei dem Nadelfaden ebenfalls zu höheren Belastungen.

### 4.4.2 Nahtfestigkeiten

In der Bekleidung existieren Versuche zur Bestimmung der Nahtfestigkeiten (DIN EN ISO 13935-1 [din99]). Bei diesen Versuchen werden die Textilien vernäht, zugeschnitten und im Anschluss daran einer Zugprüfung unterzogen (Abb. 4-20). Die max. Zugkraft beim Nähfadenriss wird ermittelt. Das Textil darf nicht deformiert werden. Eine Textildeformation weist darauf hin, dass die Nahtfestigkeit geringer als die Festigkeit der Abbindepunkte des Verstärkungstextils ist. Untersuchungen mit diversen Technischen Textilien und Verstärkungstextilien zeigen, dass dieser Versuch zur Bestimmung der Nahtfestigkeit in Verstärkungstextilien ungeeignet ist.

Die Nichteignung des Streifen-Zugversuchs für Verstärkungstextilien für FVK belegt Abb. 4-21.

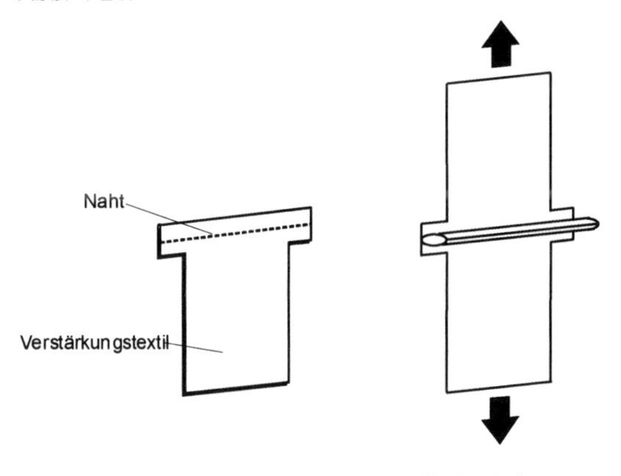


*Abb. 4-20: Bestimmung der Höchstzugkraft von Nähten mit dem Streifen-Zugversuch*
*Fig. 4-20: Determination of Seam Tensile Force by using the Strip Method*

Exemplarisch dargestellt sind unterschiedliche Textilarten mit diversen Textilsteifigkeiten und Faden-/Fasereinbindungen im Textil. Das Transportband besteht aus einem beschichteten Polyestergewebe. Das Material ist sehr steif. Im Streifen-Zugversuch hat nur der Nähfaden versagt. Der Versuch darf zur Bestimmung der Nahtfestigkeit gewertet werden. Bei dem Aramidgewebe treten neben dem gewollten

Nähfadenbruch zusätzlich Textildeformationen auf. Bei dem multiaxialen Carbongelege mit der geringsten Materialsteifigkeit und der geringsten Fasereinbindung in der Textilfläche treten außerdem noch Textilbrüche auf. Die Verstärkungsfasern werden geschädigt. Nach DIN EN ISO 13935-1 [din99] dürfen Probekörper mit Textildeformationen und Textilbrüchen nicht zur Bestimmung der Nahtfestigkeiten gewertet werden. Die Ursachen für die Schädigungen des Textils und die Textildeformationen sind eindeutig zu geringe Faden-/Fasereinbindungen im Verstärkungstextil. Zudem stellt die Nähfadenbelastung im Streifen-Zugversuch keine typische Belastung im harzimprägnierten FVK-Bauteil dar. Im FVK-Bauteil werden mehrere Textillagen übereinander eingesetzt. Überdies werden die Nähte dort nicht winklig über die Textilschenkel belastet. Ferner reagieren Glas-, Aramid- und Carbonfasern mit Schädigungen auf die winklige Übereck-Belastung an der Nähnaht im Streifen-Zugversuch.

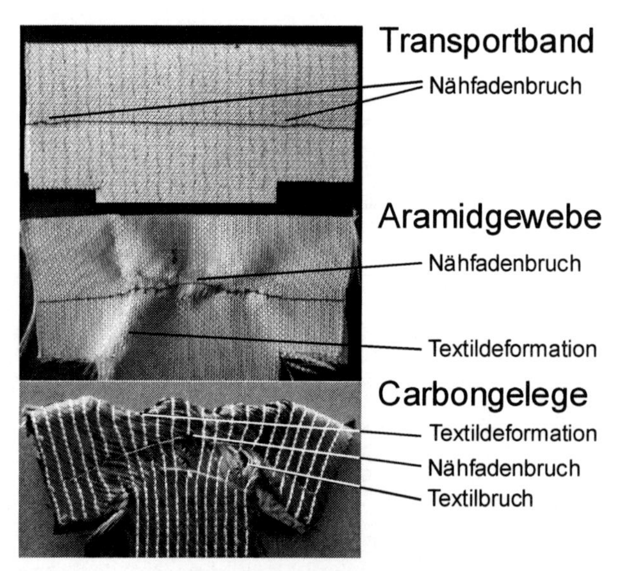


*Abb. 4-21: Probekörper nach der Belastung im Streifen-Zugversuch*
*Fig. 4-21: Test Specimen after Loading with the Strip Method*

Es können also keine Festigkeitsrückschlüsse vom Streifen-Zugversuch auf die Nahtfestigkeiten in harzimprägnierten FVK-Bauteilen gezogen werden. Sinnvoll scheint der Streifen-Zugversuch zur Bestimmung der Nahtfestigkeiten für andere Technische Textilien zu sein. Neben Technischen Textilien für Transportbänder könnten z. B. auch Verpackungstextilien mit vergleichbar höherer Bindefestigkeit der Fäden im Textil untersucht werden. Die Ermittlung der Nahtfestigkeit von vernähten Verstärkungstextilien kann daher nur im harzimprägnierten Zustand erfolgen. Diese Festigkeitsuntersuchungen werden im nachfolgenden Kapitel 4.5 vorgestellt.

## 4.5 Untersuchungen vernähter Faserverbundkunststoffe

In den folgenden Abschnitten wird auf die Festigkeitsuntersuchungen vernähter FVK-Probekörper eingegangen. Alle vorgestellten Festigkeitsuntersuchungen dienen zur Beschreibung von Nähten in FVK mit Fügefunktion und der Aufgabe, Kräfte durch diese Fügestelle zu leiten. Daher werden keine großflächigen, sondern nur linienförmige Nahtverstärkungen analysiert.

### 4.5.1 Statische und dynamische Zugversuche vernähter Faserverbundkunststoffe

In verschiedenen Veröffentlichungen wird die statische und dynamische Zugfestigkeit von vernähten FVK beschrieben. In der Vergangenheit wurden vernähte FVK mit Verstärkungstextilien aus Geweben untersucht. Das Fasermaterial der Verstärkungstextilien bestand aus Glas [kha96, mol99] oder Glas/Polyester [mou97]. Dabei wurden unterschiedliche Zugfestigkeiten ermittelt (Abb. 4-22).

Eine Verminderung der statischen Zugfestigkeiten durch eine Verkleinerung des Stichabstandes wurde nachgewiesen [kha96, mou97]. Zusätzlich reduzieren größere Nähfadendurchmesser die statische Zugfestigkeit. Als Ursachen dieser genannten Verringerung werden Faserdesorientierungen des Verstärkungstextils beim Nadeleinstich und eine größere Verstärkungstextilverdrängung bei großen Nähfadendurchmessern aufgeführt. Durch die Auslenkung der Fasern liegen diese nicht mehr gestreckt vor. Die so erzeugten Perforationen lassen keinen Kraftfluss zu. Dies gilt nur für die Kraftleitung in Richtung der Verstärkungsfasern im Verstärkungstextil. In der Literatur fehlen zu diesen Untersuchungen jedoch Angaben zu Gewebetyp, Lagenanzahl, Nähfadentyp und Nähparameter.

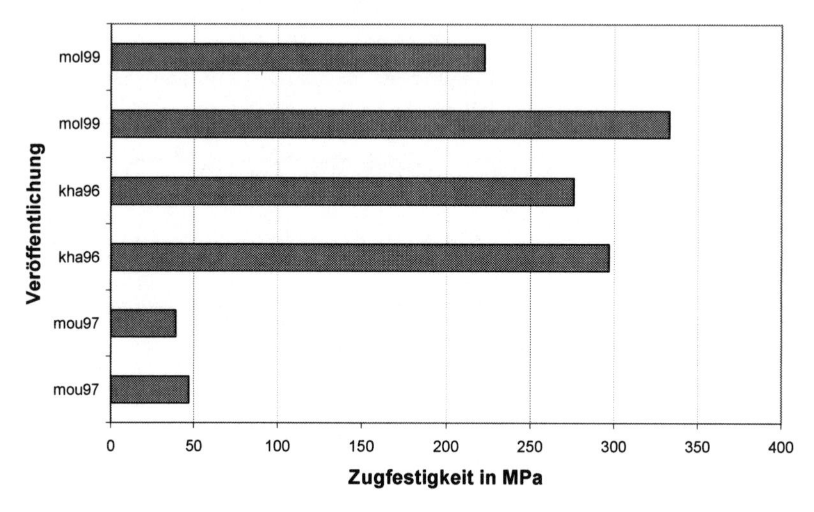


*Abb. 4-22: Vergleich der statischen Zugfestigkeiten vernähter FVK*
*Fig. 4-22: Comparison of static Tensile Strength of stitched FRP*

Ferner wurden in der Literatur Untersuchungen zum Zugschwellverhalten vernähter FVK [kha96] mit Glasgeweben als Verstärkungstextilien durchgeführt (Abb. 4-23). Hierbei wurden Nähte parallel zur Zugrichtung (Parallelnaht) und senkrecht zur Zugrichtung (Normalnaht) mit unvernähten Referenzproben verglichen. Die unvernähten Referenzproben weisen bei vernähten, harzimprägnierten und ausgehärteten FVK-Proben die höchsten Zugschwellfestigkeiten auf. Durch das eingebrachte Nähfadensystem entstehen ebenfalls Perforationen und Faserdesorientierungen im Verstärkungstextil. Diese Stellen besitzen ein hohes Potential zur Bildung von Mikrorissen unter Zugschwellbelastung. Durch Mikrorisse wird das Bauteil frühzeitig geschädigt und versagt eher als die unvernähten Referenzproben. Das Schwingfestigkeitsverhalten von Werkstoffen wird anhand von Wöhlerkennlinien untersucht. Darin sind die Schwingspielzahlen gegenüber der Spannungsamplitude aufgezeichnet [din94]. Die Schwingspielzahl kennzeichnet die Anzahl der Lastwechsel bei konstanter Spannungsamplitude. Sie wird bis zum Versagen der FVK-Probe aufgezeichnet. Die Ergebnisse der Untersuchungen aus der Literatur [kha96] in Abb. 4-23 zeigen, dass die Schwingspielzahlen ähnlich sind, aber die mittlere Spannungsamplitude beim Versagen wird geringer. In den Zugschwellversuchen wurden 14-lagige

Glasgewebe mit Leinwandbindung mit einem Flächengewicht von 600 g/m$^2$ eingesetzt [kha96]. Die Stichabstände im Nähverfahren variierten von 6 mm zu 3 mm. Die Stiche verteilen sich über den ganzen Probekörper. So wurde eine Stichdichte von 6 Stichen/mm$^2$ und von 3 Stichen/mm$^2$ erreicht. Als Nähfaden wurde ein zweifach Aramid-Zwirn benutzt. Der Stichtyp war ein modifizierter Doppelsteppstich. Zur Art und Weise der Modifikation wurden keine Angaben gemacht. Zur Harzimprägnierung und Aushärtung wurde ein kaltaushärtendes Vinylesterharz verwendet. Der erzielte Faservolumengehalt lag bei 40 %.

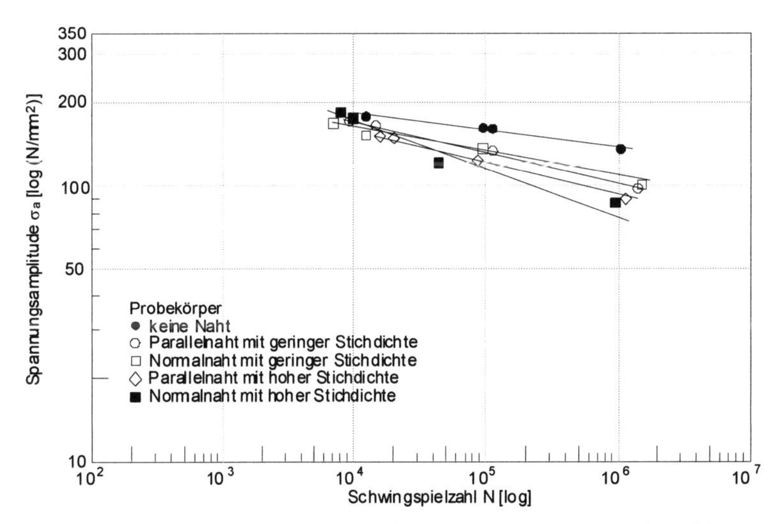


*Abb. 4-23: Dynamische Zugschwellfestigkeiten vernähter FVK mit Glasgeweben*
*Fig. 4-23: Pulsating Tensile Stress Numbers of stitched FRP with Glass Woven Fabrics*

Da in der Literatur [kha96, mol99, mou97] nur Untersuchungen zur statischen und dynamischen Zugfestigkeit von vernähten FVK-Bauteilen mit Verstärkungstextilien aus Glasgeweben vorgestellt werden, wird am ITA der Einsatz von multiaxialen Glasgelegen untersucht.

Als Nähtechnologie wurde der konventionelle Doppelsteppstich (Abb. 4-24) eingesetzt. Der Verschlingungspunkt ist dabei auf der Nähgutunterseite angeordnet, um harzreiche Zonen im späteren FVK-Bauteil zu vermeiden.

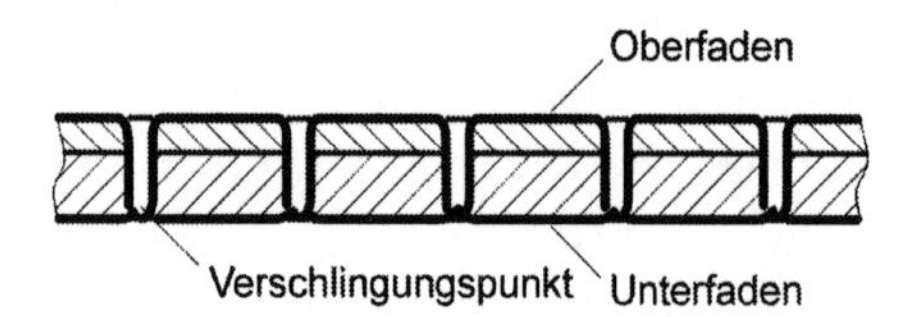


*Abb. 4-24: Anordnung der Doppelsteppstichnaht für FVK*
*Fig. 4-24: Arrangement of a Lockstitch Seam in FRP*

In allen Versuchen erfolgte der Nähvorgang vor der Harzimprägnierung. Im Handlaminierverfahren kam ein Harzsystem auf Epoxydbasis zum Einsatz. Im Nasspressverfahren wurde bei einem Druck von 14 bar und einer Temperatur von 80 °C 4 Stunden ausgehärtet. Eine Nachtemperung der FVK-Prüfplatten erfolgte anschließend für weitere 4 Stunden bei 120 °C. Die erzielten Faservolumengehalte lagen bei 50 %. Das Schwingfestigkeitsverhalten von Werkstoffen wird anhand von Wöhlerkennlinien untersucht [din94]. Das Versuchsprinzip der am ITA vorgenommenen Untersuchungen ist aus Abb. 4-25 ersichtlich.

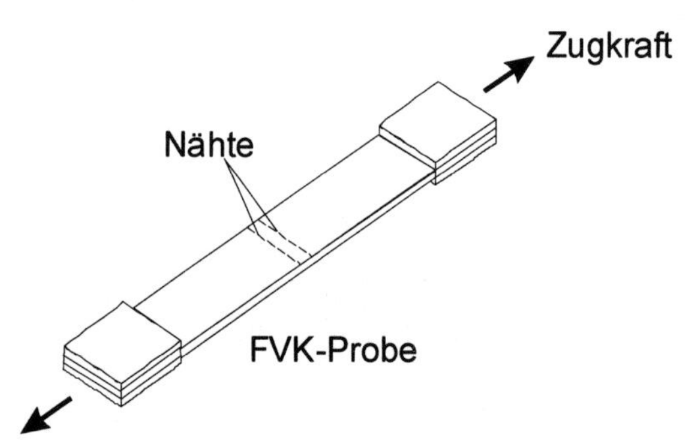


*Abb. 4-25: Prinzip der Zugschwellversuche*
*Fig. 4-25: Principle of the Pulsating Tensile Stress Number Test*

Im Rahmen der Versuche wurden multiaxiale Gelege (MAG) aus Glas benutzt. Das Glasgelege besitzt ein Flächengewicht von 822 g/m$^2$. Die Faserorientierungen waren im Gelege 0°, -45°, 90°, +45°. Es wurden 2 Gelege übereinander angeordnet. Aufgrund des ausgewählten Materials konnte nur ein unsymmetrischer Lagenaufbau realisiert werden. Als Nähfaden kam ein dreifach Aramid-Spinnzwirn mit einer Feinheit von 500 dtex zum Einsatz. Es wurden Proben mit einer Quernaht und drei Quernähten in Belastungsrichtung mit einem Stichabstand und Nahtabstand von 3 mm sowie Referenzproben ohne Naht geprüft. Die FVK-Probendicke betrug 1,2 mm. Es wurden nur Schwingspielzahlen unter Zugbeanspruchung - Zugschwellversuche - an den vernähten und Referenz-FVK-Proben untersucht. Die Lastfrequenz lag bei 10 Hz. Die Ergebnisse der am ITA durchgeführten Zugschwellversuche sind aus Abb. 4-26 ersichtlich. Die eingezeichnete gestrichelte Linie stellt eine Tendenz des Verlaufs der unvernähten Referenzproben dar.

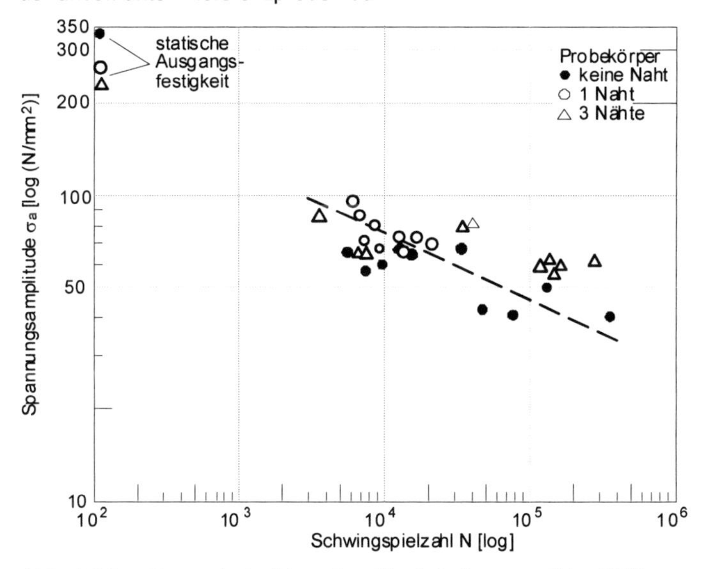


*Abb. 4-26: Dynamische Zugschwellfestigkeiten vernähter FVK mit multiaxialen Glasgelegen*

*Fig. 4-26: Pulsating Tensile Stress Numbers of stitched FRP with Glass multi-axial Layer Fabrics*

Die Mittelwerte in Abb. 4-26 der statischen Zugfestigkeiten liegen höher als die Spannungsamplituden der dynamischen Versuche. Eine mögliche Ursache könnte die Mikrorissentstehung in der FVK-Probe durch die Wechselzugbelastung sein. Die Vergrößerung der Mikrorisse bewirkt eine Herabsetzung der Zugfestigkeit. Obwohl die Versuche bei gleichen Parametern durchgeführt wurden, schwanken die Spannungsamplituden und die zugehörigen Schwingspielzahlen. Im Vergleich zu den unvernähten Referenzproben kann keine Aussage über die Einfluss der Erhöhung der Nahtanzahl auf die Zugschwellfestigkeit getroffen werden, weil eine oder drei Nähte keine signifikante Auswirkung auf die Schwingspielzahl bei den untersuchten Materialien besitzen. Zusammenfassend lässt sich aus Abb. 4-26 erkennen, dass alle Versuchsreihen ähnliche Schwingfestigkeiten aufweisen. Eine Dauerfestigkeit kann noch nicht identifiziert werden. Dazu sind weitere Untersuchungen notwendig.

Als Resümee für die statischen und dynamischen Zugfestigkeiten lässt sich erkennen, dass die am ITA untersuchten vernähten FVK-Proben aus multiaxialen Glasgelegen zum Teil andere Festigkeiten als die Untersuchungen aus der Literatur mit Glasgeweben aufweisen [kha96, mol99, mou97]. Die statischen Zugfestigkeiten der FVK-Proben mit Glasgelegen liegen bei ca. 250 MPa. Die statischen Zugfestigkeiten der Glasgewebe (vgl. Abb. 4-22) liegen darunter (50 MPa) oder darüber (300 – 350 MPa).

Parallel zu den Zugschwellfestigkeitsuntersuchungen wurden am ITA statische Zugfestigkeiten an vernähten FVK-Probekörpern mit höheren Bauteildicken von 5 mm durchgeführt. Es wurden Proben mit einer Naht gegen unvernähte Referenzproben verglichen. Zum Einsatz kamen wiederum multiaxiale Glasgelege. Für beide Probeserien wurde eine Festigkeit von 160 MPa erzielt. Hierbei verringerte eine Naht nicht die statische Zugfestigkeit. Sowohl das Harzsystem als auch die Lagenanzahl haben Einfluss auf die Zugfestigkeit vernähter FVK-Bauteile. Die Spannungsamplituden der FVK-Proben mit Glasgelegen der Untersuchungen am ITA liegen unter denen der Glasgewebe (80 MPa zu 160 MPa für $N = 10^4$) aus den Literaturangaben (Abb. 4-23, Abb. 4-26). Ein unmittelbarer Vergleich dieser Zugschwellfestigkeiten ist jedoch nicht sinnvoll, weil die Untersuchungen der Literatur zum Teil andere Harzsysteme benutzen und keine Angaben zur Belastungsfrequenz gemacht werden. Die mittlere Spannungsamplitude bis zu der das Bauteil jeweils belastet wird, variierte ebenfalls in den Literaturangaben. Bei den vernähten FVK-Proben mit Glasgelegen lag sie bei ca. 100 MPa, bei den Glasgeweben in der Literatur bei ca. 190 MPa. Ursache für die geringere dynamische Festigkeit kann der unsymmetrische Lagenaufbau der Glasgelege in den vernähten FVK-Proben sein. Dadurch werden nach der Aushärtung zusätzliche innere Spannungen erzeugt, die die Bauteilfestigkeit herabsetzen können [mos92]. Weiterhin können unterschiedliche Nadelsysteme zum Einsatz gekommen sein. Auch über die Nähfadenfeinheit ist in der Literatur nichts bekannt.

Überdies wurden die FVK-Proben mit Glasgeweben flächig vernäht. Dies müsste zu einer höheren Schädigung der Verstärkungstextilien durch Perforationen führen. Obwohl die Proben mit Glasgelegen geringere Zugschwellfestigkeiten aufweisen, sind diese bei den Quernähten nicht abhängig von der Nahtanzahl.

### 4.5.2 Statische Biegeuntersuchungen vernähter Faserverbundkunststoffe

Neben der Zugfestigkeit ist die Biegefestigkeit ein weiteres wichtiges Kriterium zur Beurteilung des Einsatzes von FVK-Bauteilen. In der Literatur [mou00] finden sich unterschiedliche Festigkeitsangaben. Einerseits verstärken Nähte in FVK die Biegebelastbarkeit, andererseits setzen sie sie auch herab. Am ITA wurde daraufhin die 4-Punkt-Biegefestigkeit untersucht (Abb. 4-27).

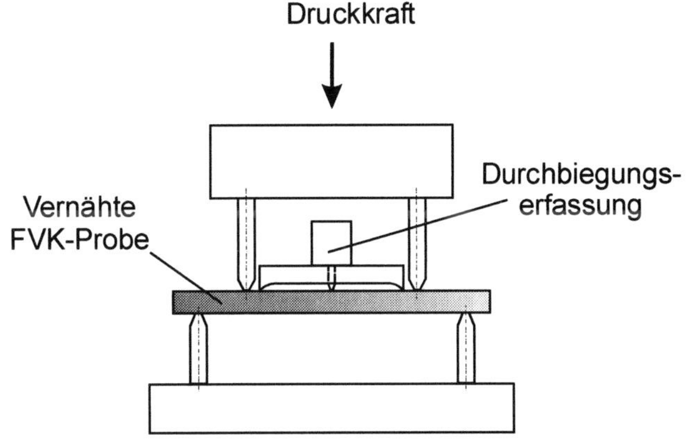


*Abb. 4-27: Prinzip der 4-Punkt-Biegeprüfung*
*Fig. 4-27: Principle of the 4-Point-Flexural-Strength Test*

Bei den Biegeprüfungen werden 4 ebene multiaxiale Glasgelege mit einem Flächengewicht von 822 g/m$^2$ je Gelege mit einer Quernaht nach dem Doppelsteppstichprinzip versehen. Zusätzlich wurden unvernähte Referenzproben hergestellt. Verwendung fand zudem der Aramid-Dreifach-Zwirn t-ara-002 (vgl. Kapitel 12.3). Anschließend wurden die Proben mit einem warmaushärtenden Epoxidharz getränkt, ausgehärtet und nachgetempert (vgl. Kapitel 4.5.1). Nach der Harzimprägnierung und Aushärtung erfolgte die Belastung der FVK-Proben durch eine 4-Punkt-Biege-Vorrichtung.

Die statischen Biegeversuche wurden anhand der Vorgaben der DIN EN ISO 14125 [din98b] vollzogen. Abweichend von dieser Norm wurde eine Stützweite von 70 mm der unteren Stützlager eingestellt. Die unvernähten Referenzproben und die vernähten FVK-Proben erzielen eine Biegefestigkeit von ca. 150 MPa (Abb. 4-28). Die Proben mit einer Naht zeigen keine Veränderung hinsichtlich der Biegefestigkeit.

Die Perforation mittels Nähfaden hat kaum Einfluss auf die Biegefestigkeit, weil die Matrix maßgeblich für die Biegefestigkeit verantwortlich ist. Bei einer höheren Nahtanzahl ist eine Verringerung der Biegefestigkeit denkbar.

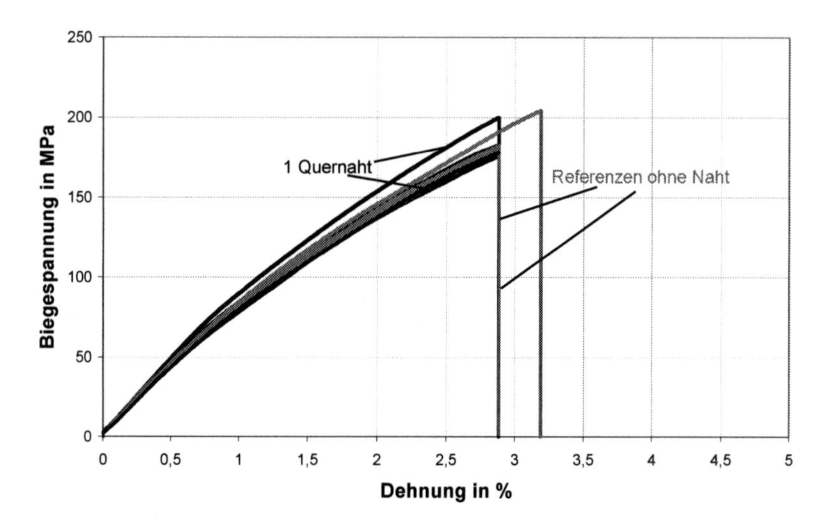


*Abb. 4-28: Statische 4-Punkt-Biegefestigkeit vernähter FVK-Proben*
*Fig. 4-28: Static 4-Point-Flexural-Strength of stitched FRP Specimen*

### 4.5.3 Statische und dynamische interlaminare Scherfestigkeit vernähter Faserverbundkunststoffe

Die Überprüfung der Zug- und Biegefestigkeiten beinhaltet die Bestimmung der mechanischen Belastbarkeit in paralleler Richtung zu den Verstärkungsfasern in den Geweben und multiaxialen Gelegen. Die interlaminare Scherfestigkeit (ILS) beschreibt die Festigkeit des FVK-Bauteils auf Scherung senkrecht zur Hauptfaserverstärkungsrichtung. Moll und Mouritz [mol99, mou00] haben bereits festgestellt, dass Nähte die statische ILS erhöhen oder verringern können. Es wurde noch kein dynamisches Verhalten der ILS bestimmt. Die Ermittlung der statischen interlaminaren Scherfestigkeit erfolgt anhand von Zugversuchen [din86]. Dabei werden die FVK-Zugproben mit gegenüberliegenden Nuten versehen (Abb. 4-29). Durch die Nuten wird eine Scherbelastung unter Zugbeanspruchung verursacht [klp00a, mol95, mol96]. Es wurde die prozentuale Verbesserung vernähter FVK-Probenkörper aus 16 übereinander gelegten Glasgewebelagen mit ein und zwei Quernähten wie auch Längsnähten hinsichtlich unvernähter Referenzproben untersucht. Die Bindungsart der Glasgewebe war eine Leinwandbindung. Das Flächengewicht des einzelnen Gewebes betrug 320 g/m$^2$. Alle Proben wurden harzimprägniert, härteten aus und wurden nachgetempert (vgl. Kapitel 4.5.1).

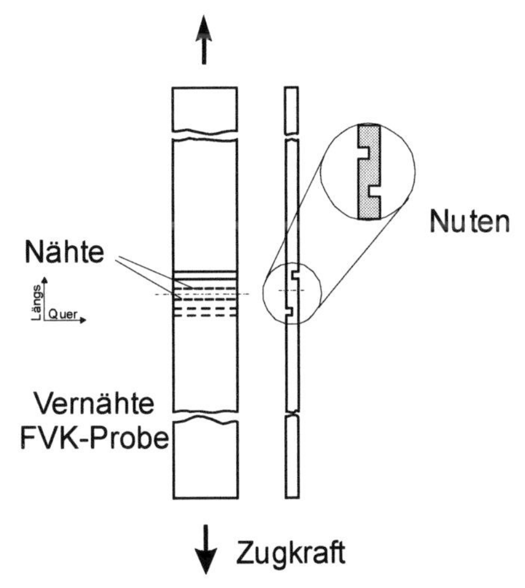


*Abb. 4-29: Prüfkörper zur Bestimmung der Interlaminaren Scherfestigkeit (ILS)*
*Fig. 4-29: Test Specimen for Determination the Interlaminar Shear Strength (ISS)*

Quernähte und Längsnähte verbessern die statische interlaminare Scherfestigkeit (ILS) (Abb. 4-30). Deutlich ist zu erkennen, dass eine Quernaht einen geringen Zuwachs der statischen ILS bewirkt. Allerdings liegt der Zuwachs der statischen ILS zweier Längsnähte unter dem zweier Quernähte. Die statische ILS unvernähter Referenzproben lag bei 9,72 N/mm$^2$. Die max. statische ILS bei zwei Quernähten betrug 14 N/mm$^2$. Ein Erklärungsansatz für das unterschiedliche Verhalten der statischen ILS bieten sowohl der kraftaufnehmende Nähfadenanteil in der Scherdeformationsfläche als auch eine mögliche Perforation der Verstärkungstextilien. Bei einer Quernaht ist die Perforation der Verstärkungstextilien im Scherbereich größer als die der Längsnähte. Weiterhin trägt das Fadenmaterial nicht bedeutend zur Hemmung der Scherdeformation bei. Bei zwei Quernähten ist der Anteil des Nähfadenmaterials zur Hemmung der Scherdeformation wesentlich höher als bei zwei Längsnähten.

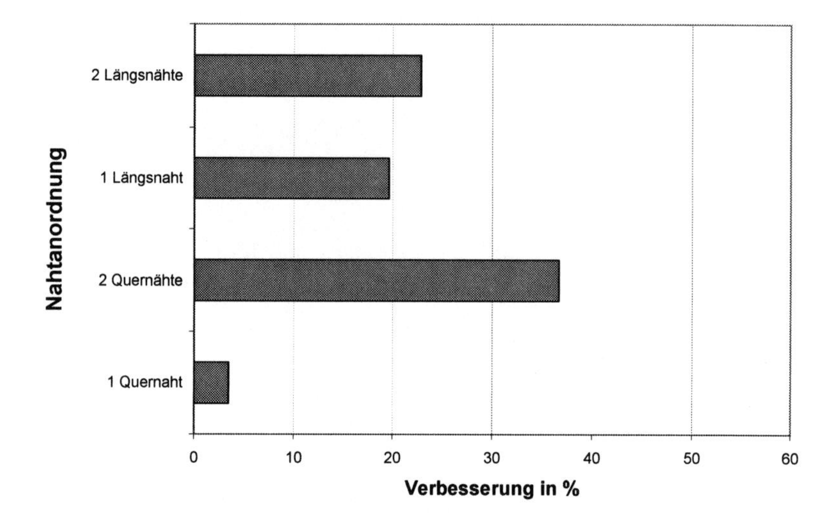


*Abb. 4-30: Prozentuale Verbesserung der statischen ILS vernähter FVK*
*Fig. 4-30: Percentage Improvement of the static ISS of stitched FRP*

Zur Beurteilung des Verhaltens der interlaminaren Scherfestigkeit unter dynamischer Beanspruchung wurden in Anlehnung an eine Wöhlerkennlinienermittlung bei 70 und 50 % der statischen interlaminaren Scherfestigkeit die Lastspielzahlen erfasst (Abb. 4-31). In dieser Versuchsserie wurden 16 übereinandergelegte Glasgewebe eingesetzt. Die Bindungsart war Leinwand. Das Flächengewicht des einzelnen Gewebes betrug 320 g/m$^2$. Deutlich ist ein Anstieg bei einer Quernaht ("**QN**") im Vergleich zu den anderen Versuchsreihen zu erkennen. Allerdings ist auch bei allen Versuchsreihen eine starke Streuung der Messergebnisse der unvernähten Referenz-FVK-

Proben ersichtlich. Vermutlich liegen die Gründe dafür bei den Weiterverarbeitungsparametern in der Harzimprägnierung und Aushärtung. In der Matrix können minimale Lufteinschlüsse vorhanden sein. Die Verstärkungsfasern können durch die Harzimprägnierung oder die Handhabung zwischen den einzelnen Prozessstufen teilweise desorientiert werden. Dies führt zu lokalen Festigkeitsunterschieden und Schwankungen in der Festigkeit der duroplastischen FVK-Proben im Vergleich.
Die statische interlaminare Scherfestigkeit lässt sich durch Nähte erhöhen.

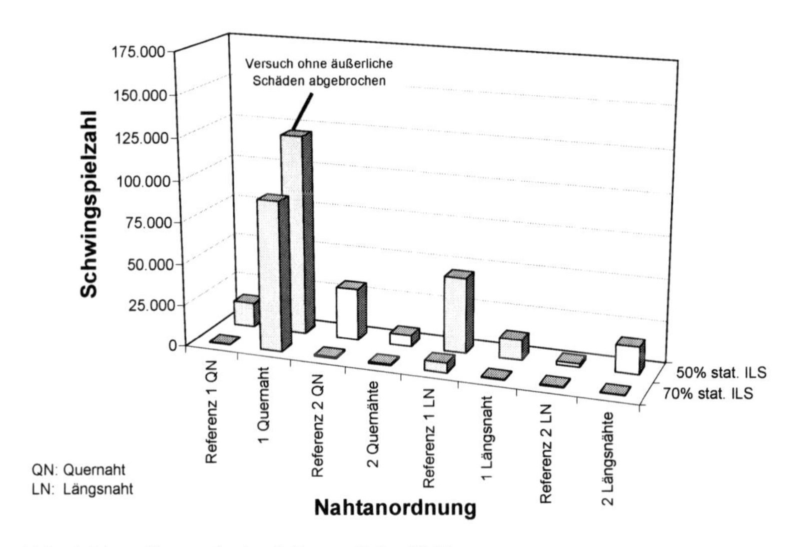


*Abb. 4-31: Dynamische ILS vernähter FVK*
*Fig. 4-31: Dynamic ISS of stitched FRP*

## 4.5.4 Interlaminare Schälfestigkeit vernähter Faserverbundkunststoffe

Nach der interlaminaren Scherresistenz wird nun das interlaminare Schälverhalten betrachtet. Dieser Versuch wurde abgeleitet aus der Bestimmung der "Interlaminaren Energiefreisetzungsrate" [din92c]. Mit ihrer Hilfe wird die Ausbreitung der Risse unterschiedlicher Rissoberflächenverschiebungsmoden (Abb. 4-32) bestimmt.

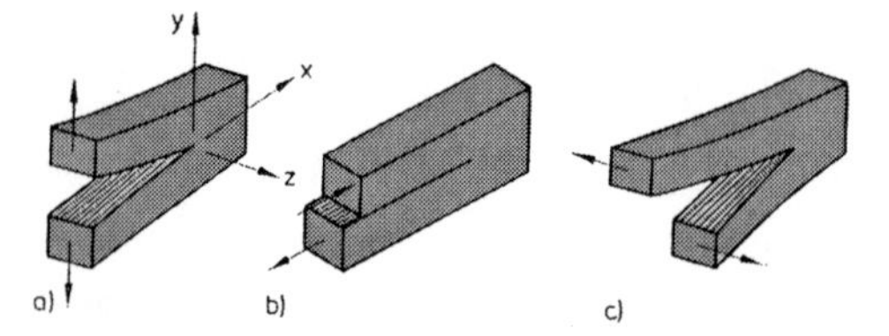


*Abb. 4-32: Moden der Rissoberflächenverschiebungen [car89]*
*Fig. 4-32: Modes of the Crack-Surface-Movements [car89]*

Die Moden beschreiben den Rissbildungsmodus. Modus "I" oder "a" beinhaltet die Rissbildung unter Normalbelastung. Modus "II" oder "b" liegt bei einer Längsschubbelastung vor. Modus "III" oder "c" wird durch die vorherrschende Querschubbelastung ausgeprägt. Wesentlich bei diesen Moden ist die Belastungsrichtung zur Hauptfaserverstärkungsebene. Es wird hierbei immer von parallelen und flächigen Faserverstärkungsebenen durch UD-Laminate, Gewebe oder multiaxiale Gelege ausgegangen.

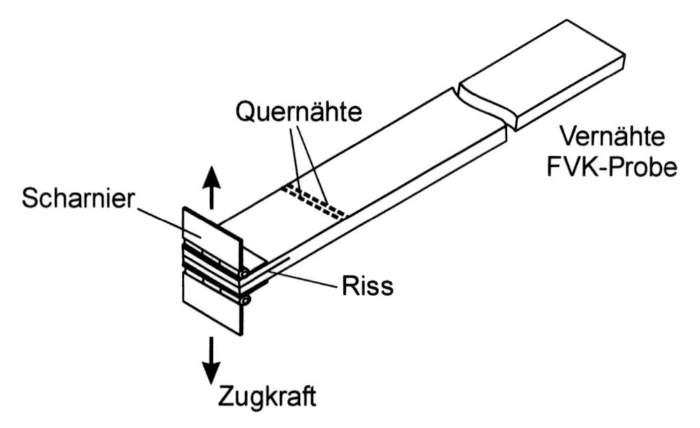


*Abb. 4-33: Probekörper für den interlaminaren Schälversuch*
*Fig. 4-33: Test Specimen of the interlaminar Peeling-Test*

In Anlehnung an die Bestimmung der interlaminaren Energiefreisetzungsrate [din92] wurde der Versuch zur Untersuchung der Ablösung vernähter Laminatschichten senkrecht zur Fügezone nach Mode I modifiziert (Abb. 4-33) [klp00, mol99]. Durch den Versuch lässt sich das Risswachstum unter Normalbelastung ermitteln. In diesem Fall wurde der Einfluss der Nähte auf die Schälkraft bestimmt. Die

Verstärkungstextilien bestanden wiederum aus mehrlagigen Glasgeweben mit Leinwandbindung und einem Flächengewicht von 320 g/m$^2$ in jeder Lage. Variiert wurden die Nähfadenmaterialien, Oberfadenzugkraft im Nähprozess und die Nahtanordnung (1 Quernaht, 2 Quernähte, 1 Längsnaht, 2 Längsnähte, Längs- und Quernähte). Mittig wird zwischen die Verstärkungstextilien ein Stück Teflonfolie gelegt. Diese bewirkt in der harzimprägnierten und ausgehärteten FVK-Probe eine Rissinitiierung durch die an den Metallwinkeln angreifenden Zugkräfte.

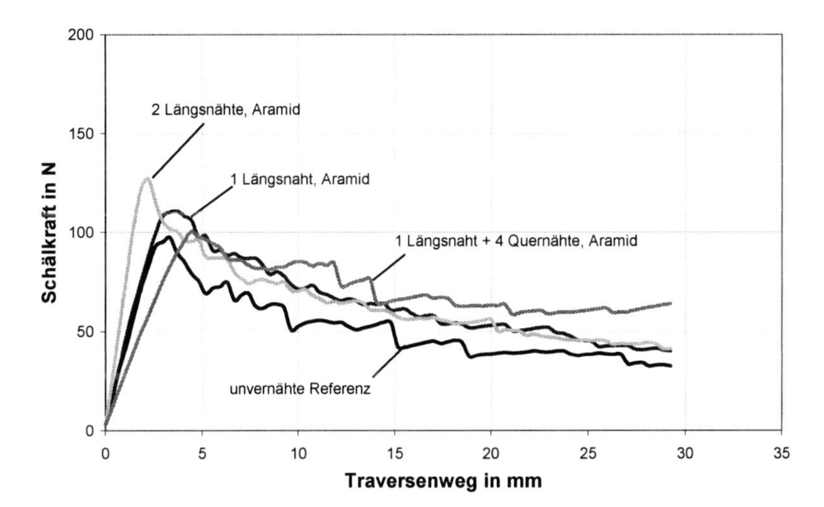


*Abb. 4-34: Schälkräfte längs vernähter FVK-Proben*
*Fig. 4-34: Peelingforces of longitudinal stitched FRP Specimen*

Aus Abb. 4-34 ist zu erkennen, dass durch den Gebrauch von Längsnähten die interlaminare Schälbelastbarkeit im Vergleich zu den unvernähten Referenzproben angestiegen ist. Der Schälkraftabfall ist aber bei dieser Probenserie beim Einsatz von einer Längsnaht und 4 Quernähten am geringsten. Verwendet wurde der Aramidnähfaden t-ara-002 (m-Aramid).

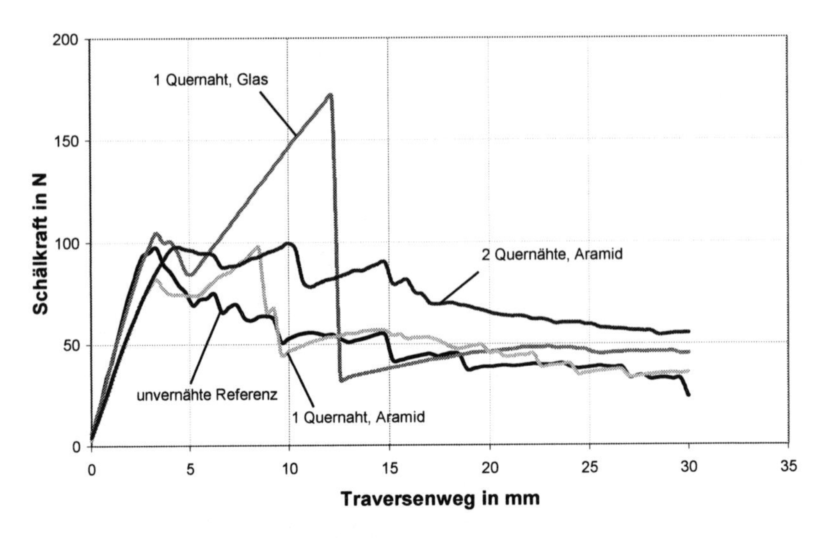


*Abb. 4-35: Schälkräfte quer vernähter FVK-Proben*
*Fig. 4-35: Peelingforces of transversal stitched FRP Specimen*

Im Anschluss erfolgten Untersuchungen zu den Einflüssen von Quernähten auf die interlaminare Schälfestigkeit (Abb. 4-35). Hierbei kamen sowohl der Aramidnähfaden t-ara-002 (m-Aramid) als auch der Quarzglasfilamentnähfaden t-gla-001 zum Einsatz. Er bewirkt bei einer Quernaht den höchsten Anstieg der interlaminaren Schälkraft. Die Materialproben mit Aramidfaden in einer und zwei Quernähten liegen ebenfalls oberhalb des Schälkraftverlaufs der unvernähten Referenzproben. Nur die Proben mit einer Quernaht sowie Aramidnähfaden weisen im Weiteren Schälkraftverlauf einen Kraftabfall unterhalb der unvernähten Referenz-FVK-Probe auf. Ein typischer Verlauf der Schälkraft besteht aus einem annähernd linearen Anstieg zum ersten Peak, anschließend einem leichten Abfall der Schälkraft und eine weitere Erhöhung zum zweiten Peak. Nach dem zweiten Peak fällt die Schälkraft nicht linear ab. Der erste Peak beinhaltet die Rissentstehung zwischen den Laminatebenen. Bis zu diesem Punkt wurde die Rissinitiierung durch eine eingelegte Teflonfolie ermöglicht. Der zweite Peak bestimmt den maximalen Widerstand der FVK-Probe gegen das Risswachstum. Danach bildet sich der Riss zwischen den Laminatschichten weiter aus.

Das Nähfadenmaterial hat einen entscheidenden Einfluss auf die Risshemmung. Zusätzliche Versuche am ITA haben gezeigt, dass bei 1, 2 und 3 Längsnähten das Schälkraftmaximum nicht mehr stark zunimmt. Allerdings wird durch eine größere Längsnahtanzahl der Schälkraftabfall geringer.

Es wird nun auf Basis dieser Festigkeitsergebnisse im Folgenden versucht, einen mathematischen Zusammenhang zwischen der Nähfadenfestigkeit in Abhängigkeit der Stichanzahl in den Quernähten und der Schälkraftresistenz der Quernähte auf Basis der Nähfaden-Höchst-Zugkraft zu bilden. Die FVK-Probenbreite betrug 22,7 mm und der Stichabstand der Quernähte betrug 3mm.

Es wird folgende mathematische Annahme aufgestellt:

Gl. 4-3 $$SR_{HZK} = \frac{b}{s} \times F_{HZK}$$

$SR_{HZK}$: Schälresistenz in N basierend auf der Nähfaden-Höchst-Zugkraft

b: FVK-Probenbreite in mm

s: Stichabstand der Quernaht in mm

$F_{HZK}$: Höchstzugkraft des Nähfadens in N.

| **Näh-faden** | **Probenbreite b in mm** | **Stichabstand s in mm** | **Höchstzugkraft $F_{HZK}$ des Nähfadens in N** | **Schälresistenz $SR_{HZK}$ in N** |
|---|---|---|---|---|
| Aramid t-ara-002 | 22,7 | 3 | 16,14 | **122,13** |
| Quarzglas t-gla-001 | 22,7 | 3 | 70,42 | **532,85** |

*Abb. 4-36: Berechnung der theoretischen Schälresistenz auf Basis der Nähfaden-Höchst-Zugkraft*

*Fig. 4-36: Calculation of the theoretical Peeling Resistance based on the stitching Thread Tensile Force*

Die theoretisch berechnete interlaminare Schälresistenz $SR_{HZK}$ (Gl. 4-3, Abb. 4-36) stimmt mit praktisch ermittelten Schälresistenz des Aramidnähfadens t-ara-002 von 98 N (Abb. 4-35) bzw. 110N (Abb. 4-34) nur tendenziell überein. Die theoretisch ermittelte Schälfestigkeit ist um den Faktor 1,3 größer als der max. Schälkraftpeak. Der praktisch in Abb. 4-35 ermittelte Wert für den Quarzglasfilamentnähfaden liegt um den Faktor 3,1 höher im Vergleich zum theoretisch ermittelten aus Abb. 4-36. Somit kann kein Zusammenhang zwischen der Nähfadenfestigkeit und den Schälkraftversuchen festgestellt werden.

Es kann eine Schälkraftresistenz auf Basis der Nähfaden-Schlingenfestigkeit $SR_{SCH}$ gebildet werden:

Gl. 4-4 $$SR_{SCH} = \frac{b}{s} \times \frac{F_{SCH}}{f}$$

$SR_{SCH}$: Schälresistenz in N basierend auf der Nähfaden-Schlingenfestigkeit

b: FVK-Probenbreite in mm

s: Stichabstand der Quernaht in mm

$F_{SCH}$: Schlingenhöchstzugkraft des Nähfadens in N

f: Fadenanzahl im Versuch zur Bestimmung der Schlingenfestigkeit.

Die Fadenanzahl f muss mit berücksichtigt werden, weil im Vergleich zu den Höchst-Zugkraftuntersuchungen zwei Nähfäden über Kreuz gelegt werden. Bei den Höchst-Zugkraftuntersuchungen wird nur ein Nähfaden bis zum Bruch belastet. Die Berechnungen zeigen, dass die Schälresistenz basierend auf der Schlingenfestigkeit der Nähfäden $SR_{SCH}$ (Abb. 4-37) für die Nähfadentypen t-ara-002 und t-gla-001 in der Nähe der ermittelten Schälkräfte aus Abb. 4-34 und Abb. 4-35 von ca. 100N (Aramid) und 175N (Glasfilament) liegen.

| Näh-faden | Probenbreite b in mm | Stichabstand s in mm | Schlingen-Höchstzugkraft $F_{SCH}$ des Nähfadens in N | Faden-anzahl f | Schälresistenz $SR_{SCH}$ in N |
|---|---|---|---|---|---|
| Aramid t-ara-002 | 22,7 | 3 | 30,27 | 2 | **114,52** |
| Quarzglas t-gla-001 | 22,7 | 3 | 48,18 | 2 | **182,28** |

*Abb. 4-37: Berechnung der theoretischen Schälresistenz auf Basis der Nähfaden-Schlingenfestigkeit*

*Fig. 4-37: Calculation of the theoretical Peeling Resistance based on the stitching Thread Loop Efficiency*

Kennnwerte für die Schälresistenz sind daher die Schlingenfestigkeit des Nähfadens, die Haftung des Nähfadens an der Matrix (Grenzschicht) sowie die Verdrängung der Fasern des Verstärkungstextils. Weiterhin wird der Nähfaden unter Schälbelastung nicht nur gestreckt, sondern auch gekrümmt. Hier wiederum könnte die Sprödigkeit des Nähfadens an der FVK-Probenkante zu einem schnelleren Nähfadenbruch führen. Dies gilt vor allen Dingen für den Quarzglasfilamentnähfaden.

Zusammenfassend lässt sich feststellen, dass Quernähte die Rissausbreitung abbremsen. Durch die geeignete Wahl des Nähfadens kann eine Erhöhung der interlaminaren Schälkraftresistenz bewirkt werden. Ein mathematischer Zusammenhang zwischen der interlaminaren Schälresistenz $SR_{SCH}$ und dem mathematischen Zusammenhang zwischen Probenbreite, Stichabstand, Fadenanzahl und Nähfadenschlingenfestigkeit konnte für 2 Nähfadentypen ermittelt werden.

### 4.5.5 Mikroskopische Nahtuntersuchungen vernähter Faserverbundkunststoffe

Neben den Festigkeitsuntersuchungen vernähter FVK-Bauteile ist die Untersuchung der Stichlage der Naht im FVK-Bauteil notwendig. Hierzu wurden spröde Gewebe und multiaxiale Gelege aus Carbon vernäht und harzimprägniert. Anschließend wurden die Proben spanend bearbeitet, um die Stichanordnung im FVK-Bauteil zu überprüfen. Zur weiteren Vorbereitung wurden die Proben in ein Harz eingebettet und poliert. Aufgrund dieser Vorbereitung können Untersuchungen mittels der Licht- und Rasterelektronenmikroskopie (REM) durchgeführt werden. Die lichtmikroskopischen Aufnahmen in Abb. 4-38 und Abb. 4-39 beinhalten die Nahtverläufe längs und quer zum Nahtverlauf im FVK-Bauteil. Es wurden ein grober und ein feiner Aramidnähfaden (100 tex und 50 tex) eingesetzt. Der Stichabstand betrug 3 mm und ca. 1,5 mm.

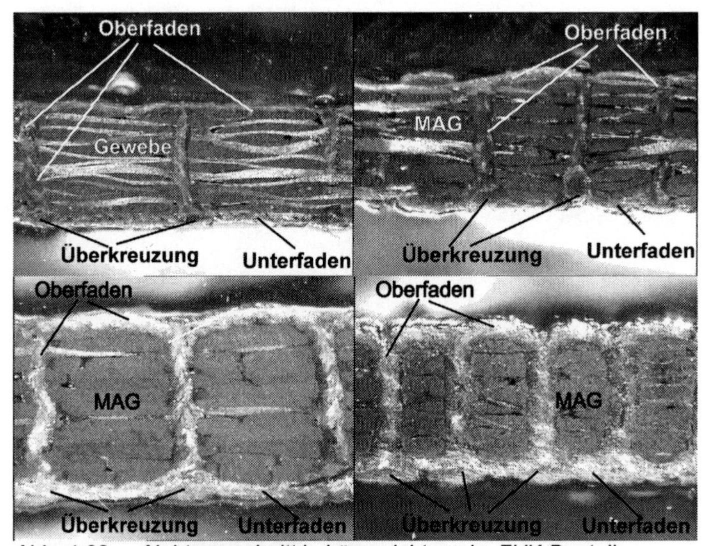


*Abb. 4-38: Nahtquerschnitt in Längsrichtung im FVK-Bauteil*
*Fig. 4-38: Longitudinal Seam Cross Section in FRP-Component*

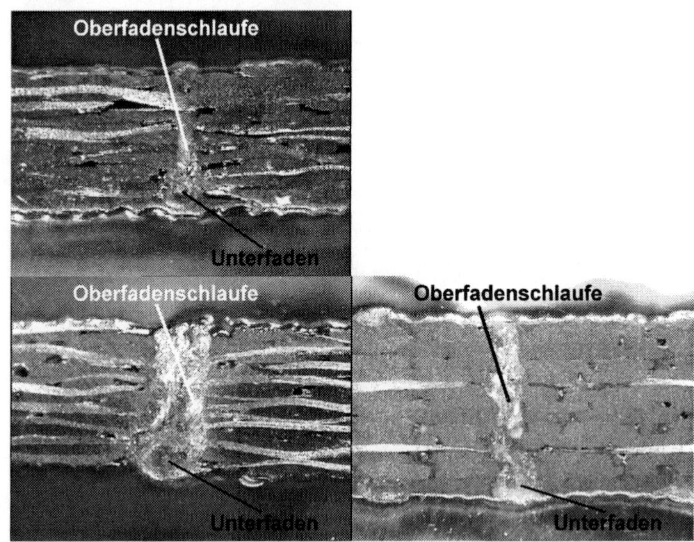


*Abb. 4-39: Nahtquerschnitt in Querrichtung im FVK-Bauteil*
*Fig. 4-39: Transversal Seam Cross Section in FRP- Component*

In Abhängigkeit von der Stichweite lässt sich bei einem geringen Stichabstand eine Erhöhung der Nahtbögen des Oberfadens zwischen den Einstichen auf der oberen Deckschicht des FVK-Bauteils erkennen. Bei dem Nähfaden mit höherer Feinheit und daher größerer Fadensteifigkeit sind von vorneherein größere Nahtbögen ersichtlich. Die Nähfäden erfahren durch die Harzimprägnierung und Aushärtung eine 3D-Positionsabweichung. Ursache ist sicherlich der Druck von 14 bar in der Nasspresse. Diese Depositionierung des Nähfadens könnte zu größeren Streuungen der interlaminaren Scherfestigkeiten und des Winkelschälverhaltens führen. Die Position der Oberfadenschlaufe ist ebenfalls von Stich zu Stich unterschiedlich. Ferner ist bei dem gröberen Nähfaden ein Auseinanderdriften der beiden Schlaufenschenkel im Bereich des Überkreuzungspunktes von Unter- und Oberfaden ersichtlich. Teilweise liegen die Nähfäden nicht gänzlich gestreckt vor. Die Position der Überkreuzungspunkte und der Punkte des Oberfadeneintritts in das FVK-Bauteil liegen nicht gänzlich in der Nähe der oberen und unteren Deckschicht des FVK-Bauteils.

Die Aufnahmen mit dem REM zeigen deutlich, dass die Matrix am Nähfaden angelagert ist (Abb. 4-40, Abb. 4-41).

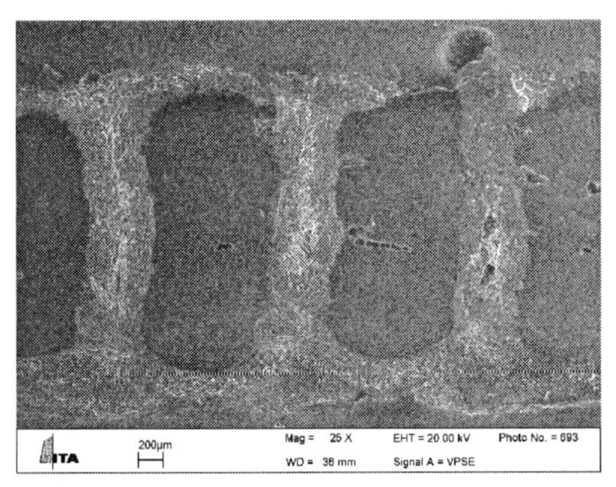


*Abb. 4-40: REM-Aufnahme Nahtquerschnitt in Querrichtung im FVK-Bauteil*
*Fig. 4-40: SEM-Scan of a Transversal Seam Cross Section in FRP-Component*

Der Nähfadenzwirn ist so eng verzwirnt, dass das Harz nur zwischen die Einzelfilamente des Verstärkungstextils und nicht zwischen die Fasern des Nähzwirns gelangt (Abb. 4-41, Abb. 4-42, Abb. 4-43).

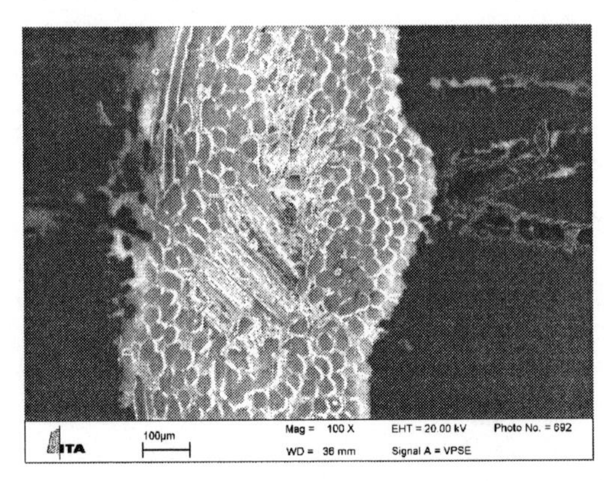


*Abb. 4-41: REM-Aufnahme eines Nähfadens im FVK-Bauteil*
*Fig. 4-41: SEM-Scan of the Stitching Thread in FRP-Component*

Die Aufnahmen der Überkreuzungspunkte zeigen sehr gut einen engen Kontakt zwischen dem Ober- und Unterfaden der Naht (Abb. 4-42).

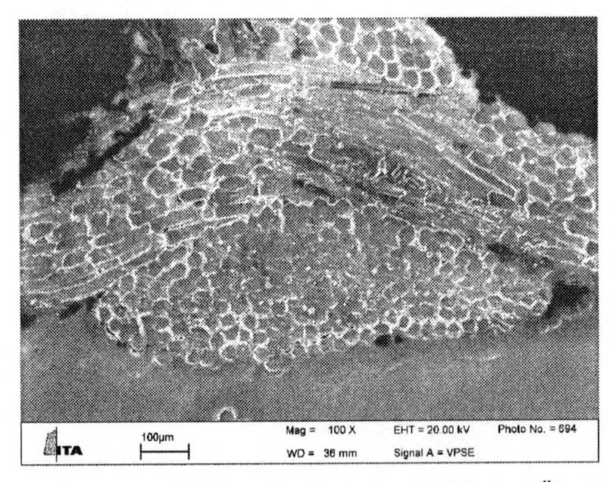


*Abb. 4-42: REM-Aufnahme des Nähfaden-Überkreuzungspunktes im FVK-Bauteil*
*Fig. 4-42: SEM-Scan of a Stitching Thread Crossover-Point in FRP-Component*

Weiterhin ist aus Abb. 4-43 ein eckiger Übergang der Nadelfadenschlaufe zur Deckschicht zu erkennen. Dies ist der entgegengesetzte Punkt zum Überkreuzungspunkt von Ober- und Unterfaden. In Abb. 4-43 liegt dieser Punkt nicht auf der oberen Deckschicht des FVK-Bauteils, sondern auf der unteren Seite. Es wurden auch Nähversuche mit oben liegenden Überkreuzungspunkten vorgenommen. Harzreiche Zonen sind auch hier nicht zu ersehen.

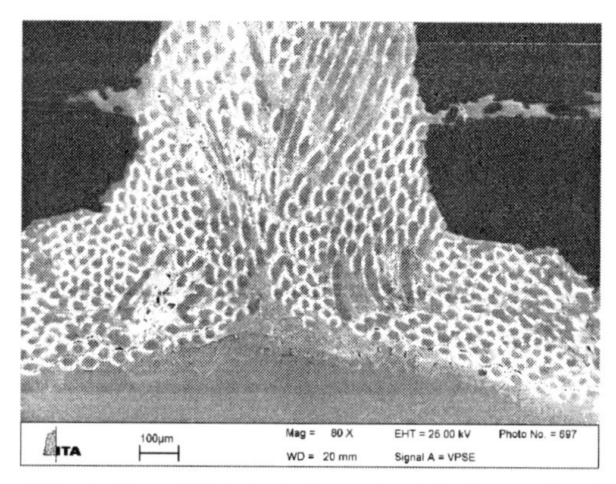


*Abb. 4-43:* *REM-Aufnahme des Nähfaden-Einstichpunktes im FVK-Bauteil*
*Fig. 4-43:* *SEM-Scan of a Stitching Thread Penetration-Point in FRP-Component*

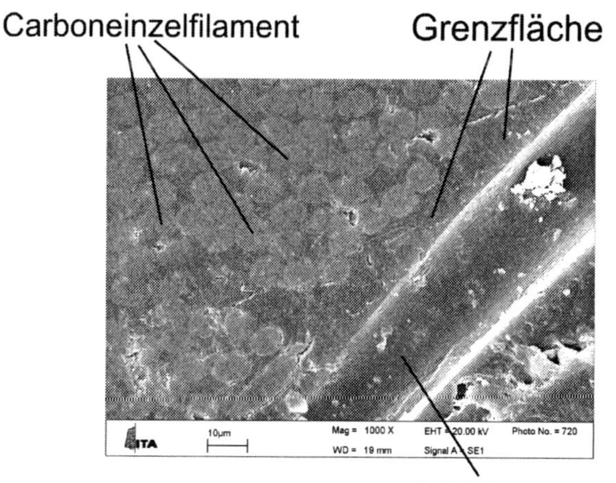


*Abb. 4-44:* *REM-Aufnahme der Grenzfläche zwischen Nähfaden und Verstärkungstextil im FVK-Bauteil*
*Fig. 4-44:* *SEM-Scan of the Interphase between the Stitching Thread and a Reinforcing Textile in the FRP- Component*

Aus Abb. 4-44 ist ersichtlich, dass zwischen Nähfadenmaterial und Verstärkungstextil matrixreiche Zonen auftreten können im Vergleich zu den Gegenden zwischen den einzelnen Carbonfilamenten des Verstärkungstextils. Daher muss davon ausgegangen werden, dass das Nähfadenmaterial die Festigkeiten in Richtung der Hauptorientierung der Verstärkungstextilien herabsetzen kann.

Zusammenfassend ist feststellbar, dass die Anordnung der Naht von Stich zu Stich abweicht. Dieses kann Streuungen bei den Festigkeitskennwerten hervorrufen. Harzreiche Zonen sind in der Nähe der Nähfäden teilweise zu erkennen.

### 4.5.6 Rollenprüfstanduntersuchungen vernähter Faserverbundkunststoffe

Für spezielle Anwendungen von FVK werden gesonderte Prüfverfahren eingesetzt. Das Institut für Textiltechnik (ITA), das Institut für Produktionstechnologie (IPT) und das Werkzeugmaschinenlaboratorium der RWTH Aachen (WZL) untersuchten gemeinsam den Einsatz von Carbonfaserverstärkungen in Zahnrädern für Leistungsgetriebe [fva02]. Hierzu wurde zunächst die Belastbarkeit des Grundkörpers ohne Zähne untersucht. In Versuchen auf Rollenprüfständen (Abb. 4-45) wurden die Rollenprüfkörper mit einer durch eine Gegenrolle verursachte Last im Lauf beaufschlagt. Der Schlupf als auch die Gegendrucklasten (100-4000 N) ließen sich variieren.

**Versuchsdaten:** Schlupf = 0-24% Öl: SAE 80 Getriebeöl
n = 2850 1/min Öltemperatur: T = 55 ± 5°C

**Legende**

1 Krafteinleitung
2 **Prüfrolle (zylindrisch)**
3 **Gegenrolle (bombiert)**
4 Druckschwinge
5 Kupplung
6 Antriebszahnräder
7 Stundenzähler
8 Motor
9 Ölthermostat
10 Heizung
11 Kühlwasserthermostat
12 Ölpumpe
13 Öldruck

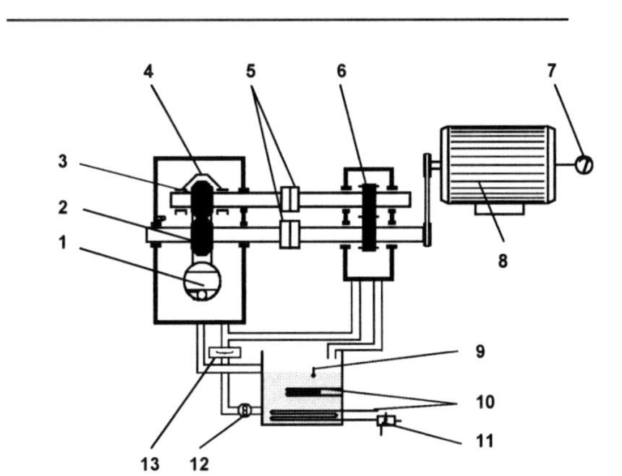


*Abb. 4-45: Aufbau eines Rollenprüfstandes [fva02]*
*Fig. 4-45: Setup of a Roller Type Dynamometer [fva02]*

Für den Einsatz von carbonfaserverstärkten Rollenprüfkörpern müssen die Verstärkungstextilien gewickelt, geschachtelt oder als Hohlzylinder ausgeführt werden (Abb. 4-46). In der äußeren Schicht des Rollenprüfkörpers finden hohe Belastungen statt. Durch den Gegendruck werden eine radiale Last und Verformungen in den CFK-Rollenprüfkörper eingebracht. Die gewickelten Verstärkungsfasern werden daher auf Biegung sowie auch auf Zug durch die Deformation belastet. Bei Schlupf treten zusätzlich parallel zur Oberfläche Reibungskräfte auf.

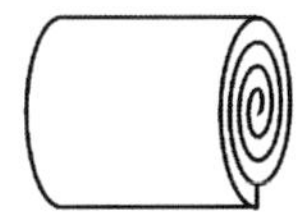
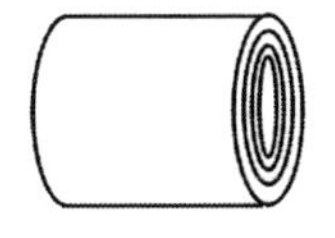
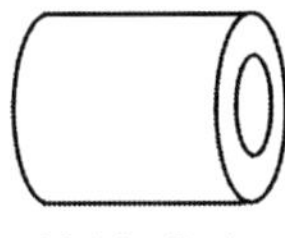

Gewickelte Spirale Geschachtelte Zylinder Hohlzylinder

*Abb. 4-46: Verstärkungstextilanordnung zur Realisierung von CFK-Rollenprüfkörpern*
*Fig. 4-46: Arrangement the Fibre Reinforcing Textiles for Realisation of CFRP-Roller-Test-Specimen*

Zur Aufnahme dieser durch die Gegendruckrolle verursachten Lasten wurden Alternativen zur Verstärkung der Oberflächen erarbeitet. Neben der Aufbringung von dünnen Stahl- und SKC-Schichten, letztere bestehen aus einem Epoxidharz mit metallischen und keramischen Zusatzpartikeln, wurde die Nähtechnologie zur radialen Verstärkung der Oberflächen eingesetzt (Abb. 4-47 und Abb. 4-48).

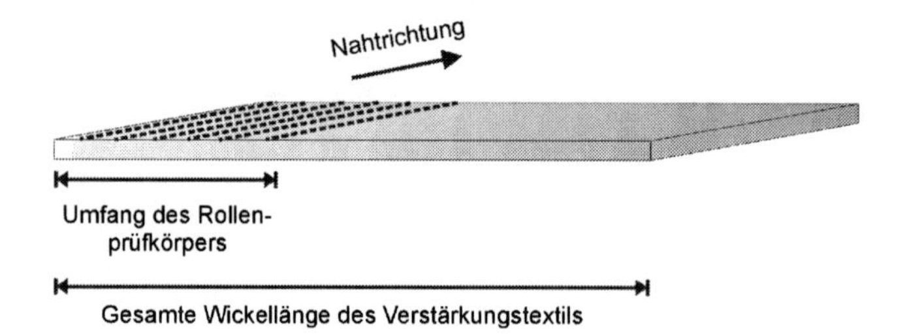


*Abb. 4-47: Nahtanordnung in den Verstärkungstextilien*
*Fig. 4-47: Seam Arrangement in Fibre reinforced Textiles*

Es wurden multiaxiale Carbongelege aufgrund ihrer gestreckten Faserlagen verwendet. Die zukünftige äußere Oberfläche des Rollenprüfkörpers wurde mit Quernähten mit dem Aramidnähfaden t-ara-002 mittels Doppelsteppstichtechnologie vernäht. Stich- und Nahtabstand betrugen 3 mm. Aufgrund der geringen benötigten Gelegebreiten von 22 mm fransten die zu wickelnden Gelegestücke sofort aus. Bei Carbongelegen mit geringer Fasereinbindung in das Verstärkungstextil lösten sich beim Transport die Verstärkungsfasern sofort aus dem Textilverbund heraus.

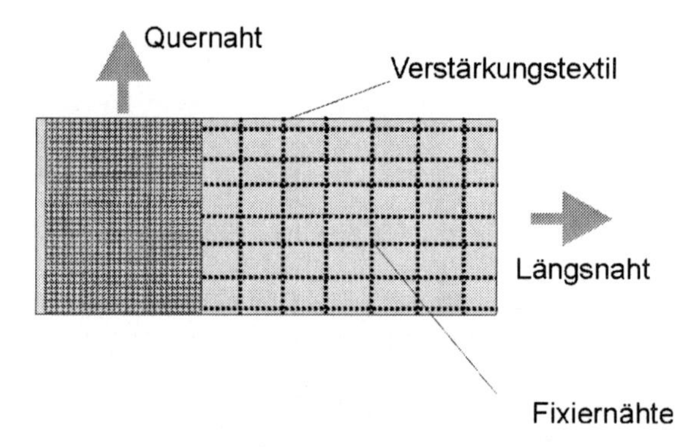


*Abb. 4-48: Modifizierte Nahtanordnung*
*Fig. 4-48: Modified Seam Arrangement*

Zur Verminderung dieses Ausfaserns bzw. Ausfransens wurde das Verstärkungstextil zusätzlich mit Fixiernähten versehen (Abb. 4-48). Außerdem wurden die Stichdichte und der Nahtabstand auf 2 mm verringert. So konnte ein höheres Faservolumen in Normalenrichtung zur Rollenprüfkörperoberfläche erreicht werden.

*Abb. 4-49: Schädigung nahtverstärkter CFK-Rollenprüfkörper*
*Fig. 4-49: Damage of the Seam reinforced CFRP-Roller-Test-Specimen*

Versuche mit den vernähten CFK-Rollenprüfkörpern erzielten Gegenlastfestigkeiten ohne Schlupf von 3000 N. Bei einer Schlupferhöhung auf 24 % versagte die Oberfläche bei einer Gegenlast von 200 N nach 4 Stunden Laufzeit (Abb. 4-49). Die erreichte Lastwechselzahl betrug bei 5,6 x $10^7$. Die Nahtverstärkungen wurden dabei zerstört, und die Carbonfasern des multiaxialen Geleges haben ebenfalls nachgegeben. Überdies hat sich das Epoxidmatrixvolumen reduziert.

Die Beanspruchbarkeit auf Schlupf (5 und 24 %) der eingebrachten Nähfadensysteme war nicht ausreichend. Nach kurzer Zeit versagte bei einer Querlast von 400 N und 2000 N die Bauteiloberfläche. Das Carbongelege konnte nicht genügend Kräfte aufnehmen. Hier könnte durch eine Variation der Nähparameter, den Einsatz von multiaxialen Gelegen mit höheren Fasereinbindungen und belastbaren Nähfäden das Potential der CFK-Rollenprüfkörper verbessert werden. Durch die Fixiernähte konnte das Materialhandling zwischen den einzelnen Herstellungsstufen verbessert werden. Der Einsatz von 3D-Verstärkungstextilien in der Rollenprüfkörperoberfläche sollte berücksichtigt werden.

Die Untersuchungen an den CFK-Zahnrädern haben gezeigt, dass im Vergleich zu Stahlzahnrädern bei einem Schlupf von 0 % nur Festigkeiten in Form von Linienlasten von 66 % erreicht werden können [fva02]. Die untersuchten Stahlrollenprüfkörper weisen eine Linienlast von 1421 N/mm und die entwickelten CFK-Rollenprüfkörper von 952 N/mm auf. Diese Festigkeiten waren aber höher als CFK-Rollenprüfkörper mit Stahlbeschichtung (Linienlast 827 N/mm) sowie SKC-Beschichtung (Linienlast 374 N/mm). Die Rollenprüfkörper aus Polyamid besaßen im Vergleich dazu die geringsten Linienlasten (193 N/mm). Das Festigkeitspotential für CFK-Zahnräder ist noch nicht ausgereizt. Zukünftig sollte die Realisierung der Zähne eines CFK-Zahnrades untersucht werden.

## 4.6 Bewertung der eingesetzten Messtechnologien

In den vorherigen Unterkapiteln wurden Ergebnisse und Aussagen von Offline-Untersuchungen hinsichtlich der Nahtbildung in FVK vorgestellt. Es wurden Zugfestigkeit, elastisches Zugverhalten und Schlingenfestigkeiten unterschiedlicher Nähfäden ermittelt. Die Reibung der Nähfäden im Oberfadeneinlauf einer Doppelsteppstichnähmaschine wurde bestimmt. Es wurden Nadeleinstichkraftmessungen an Verstärkungstextilien durchgeführt. Weiterhin wurden die textilen Nahtfestigkeiten direkt an vernähten Verstärkungstextilien untersucht. An vernähten FVK-Probekörpern wurden statische und dynamische Zugversuche unternommen. Ebenso wurde die statische Biegesteifigkeit ermittelt. Die statische und dynamische interlaminare Scherfestigkeit wurde untersucht. Interlaminare Schälkräfte wurden an vernähten FVK-Bauteilen detektiert. Die Nahtverläufe in FVK-Bauteilen wurden mittels mikroskopischer Untersuchungen erfasst. Die Eignung von carbonverstärkten FVK- Zahnrädern wurde anhand von Rollenprüfversuchen getestet.
Zusammenfassend für dieses Kapitel 4 soll nun eine kurze Bewertung der vorgestellten Messtechnologien bzw. Prüfverfahren im Hinblick auf ihre Anwendung und Eignung für vernähte FVK gegeben werden (Abb. 4-50).

| Prüfmethode | Einsatz | Bewertung |
|---|---|---|
| Nähfadenzugfestigkeit | Vorauswahl hochfester Nähfäden für FVK | + |
| Elastisches Zugverhalten der Nähfäden | Vorauswahl verarbeitbarer Nähfäden | + |
| Nähfadenschlingenfestigkeit | Vorhersage der interlaminaren Schälbelastbarkeit | + |
| Reibungsuntersuchungen im Nähprozess | Abschätzung der Nähfadenreibbelastung | + |
| Nadeleinstichkräfte | Nadelbelastung im Nähprozess | +- |
| Nahtfestigkeiten im textilen Zustand | Bestimmung der Festigkeit des Nähfadens in der Naht | - |
| Stat. und dyn. Zugversuch am vernähten FVK-Bauteil | Belastungsvermögen des FVK-Bauteils auf Zug | + |
| Stat. Biegeversuch am vernähten FVK-Bauteil | Belastungsvermögen des FVK-Bauteils auf Biegung | + |
| Interlaminarer Scherversuch am vernähten FVK-Bauteil | Belastungsvermögen des FVK-Bauteils auf interlaminare Scherung | + |
| Interlaminarer Schälversuch am vernähten FVK-Bauteil | Belastungsvermögen des FVK-Bauteils auf interlaminares Schälen | + |
| Lichtmikroskopie + REM | Beurteilung der Naht im FVK-Bauteil | + |
| Rollenprüfstand | Beurteilung des Belastungsvermögens als Zahnrad | + |

*Abb. 4-50: Bewertung der vorgestellten Prüfverfahren*
*Fig. 4-50: Benchmarking of the presented Test Methods*

Die Bestimmung der Nähfadenfestigkeit ermöglicht die Vorauswahl geeigneter hochfester Nähfäden für FVK. Wichtig dabei ist eine Abstimmung auf die Materialeigenschaften des Verstärkungstextils. Die Ermittlung der elastischen Dehnungen und Restdehnung ermöglicht eine Abschätzung, ob das Fadenmaterial den Nähprozess ohne Schäden übersteht. Aus der Nähfadenschlingenfestigkeit kann für einige Nähfäden die interlaminare Schälfestigkeit unter Berücksichtigung der Nähparameter voraus berechnet werden (Gl. 4-4). Durch Untersuchungen der Nähfäden mit einzelnen Reibpartnern aus dem Nähfadeneinlauf kann die Reibbelastung im Nähprozess ermittelt werden. Anhand dieser Untersuchungen kann mittels der Nähfadenfestigkeiten bestimmt werden, inwieweit der Nähfaden durch Reibung geschädigt wird. Online-Reibungsuntersuchungen wären im Nähprozess aufgrund ihrer Aussagekraft zu bevorzugen. Die Nadeleinstichkraftuntersuchungen sind sehr wichtig zur Beurteilung der Belastbarkeit der Nadel durch Verstärkungstextilien. Die Nadeldicke kann somit abgestimmt werden auf die notwendige Belastung. Dadurch entstehen nicht übergroße Perforationen im Verstärkungstextil. Die Nadeleinstichkraftuntersuchungen allerdings sind nicht bedeutend zur Beurteilung der Nahtfestigkeit von vernähten FVK-Bauteilen. Die Bestimmung der Nahtfestigkeiten im textilen Zustand ist zur

Abschätzung der Nahtfestigkeit vernähter FVK nicht sinnvoll. Durch Faserschädigungen und Textildeformationen können keine Ergebnisse mit diesem Versuch erzielt werden. Durch statische und dynamische Zugversuche kann die Einsatzmöglichkeit vernähter FVK-Bauteile auf Zugbelastung geprüft werden. Das Gleiche gilt für Biegeuntersuchungen, interlaminare Scher- und interlaminare Schäluntersuchungen. Durch Mikroskopische Untersuchungen (Lichtmikroskopie und REM) kann der Nahtverlauf im FVK-Bauteil bestimmt werden. Besonders bedeutsam sind hier die Untersuchungen bzgl. harzreicher Zonen und der Haftung der Matrix am Verstärkungstextil und am Nähfaden. Zusätzlich wird die Lage der Überkreuzungspunkte der Doppelsteppstichnaht bestimmt. Durch Rollenprüfversuche wird die Belastbarkeit des vernähten FVK-Materials als Zahnrad ermittelt. Letztere Versuchsart ist eine Prüfung für Spezialanwendungen.

Durch die vorgestellten Prüfverfahren besteht die Möglichkeit, das Grundpotential vernähter FVK-Bauteile zu bestimmen. Die Ergebnisse haben gezeigt, dass die mechanischen In-plane-Eigenschaften sich teilweise verschlechtern oder unverändert bleiben. Die interlaminaren Out-of-plane Eigenschaften werden zum Teil durch Nähte verbessert. Hier muss weiterhin untersucht werden, welchen Einfluss die Nahtanordnung auf die Festigkeiten hat. Untersuchungen zum Stoßverhalten bzw. Impactverhalten vernähter FVK sollten in Ergänzung zu den anderen Versuchen durchgeführt werden. Es existieren nur Analysen in der Literatur [mou97a, san00] zur experimentellen Bestimmung und zur Simulation der Impact-Belastbarkeit von vernähten FVK. Diese Untersuchungen sind allerdings nicht auf alle textilverstärkten FVK-Bauteile anwendbar. Ferner muss analysiert werden, inwieweit Nähte positiv oder negativ die Harzimprägnierung und Aushärtung zum FVK-Bauteil beeinflussen.

Nachteilig ist allerdings die notwendige Fülle von Versuchen zur Bestimmung der mechanischen Festigkeiten vernähter FVK-Bauteile. Hier wären Simulationstechnologien denkbar, welche die Versuchsanzahl reduzieren könnten. Allerdings muss dazu das mikromechanische und makromechanische Versagen von vernähten FVK-Bauteilen bekannt sein. Ansätze dazu liefert das nachfolgende Kapitel 5.

# 5 Versagensverhalten vernähter Faserverbundkunststoffe

In diesem Kapitel werden Beispiele für das Versagensverhalten vernähter FVK-Bauteile aufgezeigt. Am Beispiel der statischen Zugversuche an vernähten multiaxialen Glasgelegen aus Kapitel 4.5 wird die theoretische Ausgangsfestigkeit ermittelt. Die Ursachen der Abweichung der berechneten theoretischen statischen Zugfestigkeit von der experimentell bestimmten Zugfestigkeit werden erörtert. Zusätzlich wird ein mathematisches Modell zur Vorhersage der Reduktion der Zugfestigkeit vernähter FVK gebildet.

## 5.1 Versagen vernähter Faserverbundkunststoffe

Generell existieren in FVK verschiedene Versagensarten. Es wird das Bruchversagen in Faserbruch (FB), Zwischenfaser- oder Matrixbruch (ZFB) und Delamination unterteilt (Abb. 5-1).

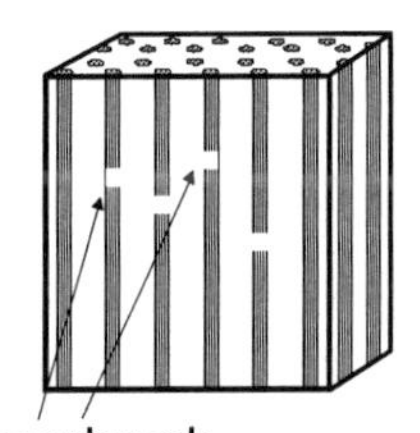


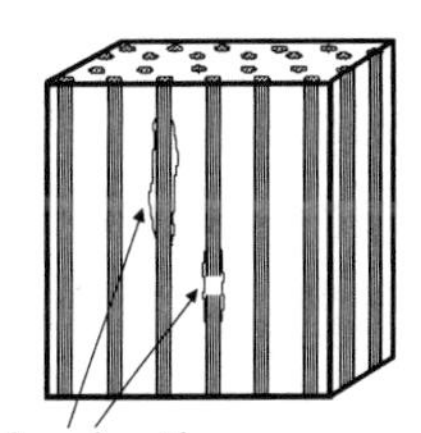


*Abb. 5-1: Versagensarten von FVK*
*Fig. 5-1: Failure Types of FRP*

Beim Faserbruch erfolgt das Brechen mehrerer Fasern über einen Bereich von mehreren Millimetern bis Zentimetern im FVK-Bauteil gleichzeitig [puc96]. Der Zwischenfaserbruch ist durch den Bruch des Matrixmaterials - bei duroplastischen Werkstoffen häufig ein Epoxidharzsystem - gekennzeichnet. Diese Bruchart kann teilweise auch längs der Grenzfläche zwischen Faser und Matrix auftreten [puc96]. Merkmal von Delaminationen ist das Ablösen mehrerer faserverstärkter Ebenen des FVK-Bauteils voneinander. Hierbei löst sich die Matrix großflächig von den Verstärkungsfasern. Ursache für Faserbrüche ist beispielsweise ein Überschreiten der maximalen Zugfestigkeit in Richtung der Verstärkungsfasern. Zwischenfaserbrüche werden durch hohe Querspannungen (Zug oder Druck) senkrecht zur Faserhauptachse verursacht. Die maximale Belastbarkeit der Matrix wird überschritten. Delaminationen entstehen durch Bauteilspannungen senkrecht zu den faserverstärkten Ebenen im FVK-Bauteil oder durch Druckpsannungen.

Die Zugbelastungen in Abb. 5-1 erfolgten in Richtung der Faserorientierung. Bevor Faserbrüche, Zwischenfaserbrüche und Delamination zu erkennen sind, bilden sich im Material Mikrorisse aus. Ursache dieser Mikrorisse sind hohe innere Bauteilspannungen oder sehr kleine Imperfektionen in der Matrix bzw. Faser (z. B. Lufteinschlüsse oder Faserschädigungen) [mos92, puc96]. Innere Bauteilspannungen können durch einen unsymmetrischen Aufbau der Verstärkungslagen verursacht werden. Durch die weitere Belastung der Mikrorisse bilden sich Makrorisse aus. Sie setzen die Bauteilfestigkeit noch weiter herab (vgl. Kap. 4.5). Die vorgestellten Versagensarten treten meist unter Zugbelastung auf.

Unter Druckbelastung ist häufig ein Knicken der Fasern in der Matrix zu erkennen. Auch hier können die Fasern brechen. Zusätzlich krümmen sich die Faserlagen und bewirken Delaminationen (Buckling) [cox96a]. Durch die Druckbeanspruchung in Faserrichtung wölben sich die parallelen Faserlagen. Es entstehen große Spannungen in der Matrix. Die Matrix versagt (Abb. 5-2).

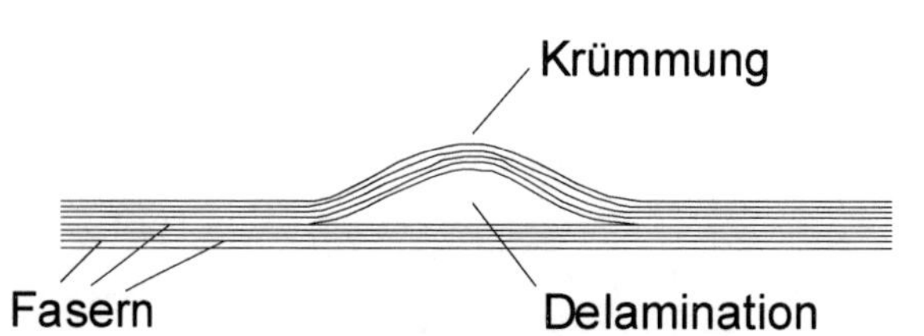


*Abb. 5-2: Knicken und Krümmen der Fasern in FVK unter Druckbelastung*
*Fig. 5-2: Buckling of Fibres in FRP under Pressure Load*

Neben dem Versagen unter Zug- oder Druckbelastung existieren Versagensarten unter Schäl- bzw. Scherbelastung. Exemplarisch wird an dieser Stelle das Versagen von FVK-Probekörpern unter Schäl- bzw. Scherbelastung Modus I (vgl. Kap. 4.5) betrachtet (Abb. 5-3). Hierbei greifen Normalspannungen senkrecht zur Hauptfaserrichtung an. Vor dem Rissgrund bilden sich zunächst Mikrorisse aus [fri89]. Sie resultieren aus den inneren Spannungen durch die Schälbelastung. Die max. Belastbarkeit der Matrix wird erreicht. Die Mikrorisse setzen die Matrixfestigkeit weiter herab.

Durch die Mikrorisse wird die Matrix zwischen den Verstärkungsfasern plastisch deformiert. Zwischen den Fasern bilden sich kleine Seitenrisse aus. Der Makroriss kann sich so weiter ausbilden. Einzelne Verstärkungsfasern können den Makroriss überbrücken (Bridging). Dieses führt zu Festigkeitsschwankungen. Der Riss breitet sich dadurch nicht mit einer gleichmäßigen Geschwindigkeit aus.

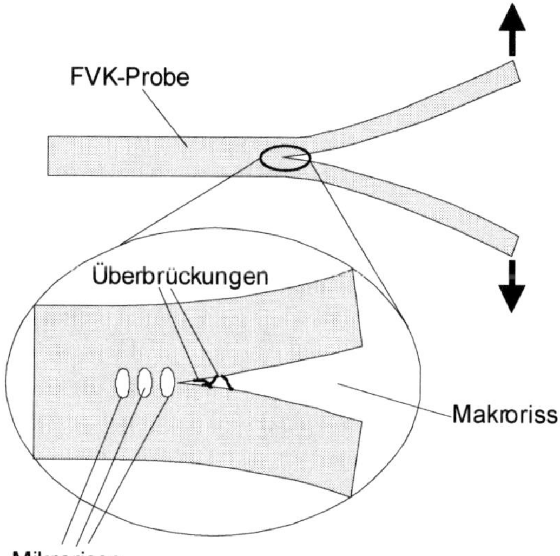


*Abb. 5-3: Versagen von FVK-Bauteilen unter Schälbelastung Modus I*
*Fig. 5-3: Failure of FRP-Components under Peeling Load Mode I*

Unter Scherbelastung entwickeln sich ebenfalls Risse im FVK-Bauteil, die Fasern lösen sich von der Matrix ab und Delaminationen entstehen.

Im Rahmen dieser Arbeit werden nur statische Versagensarten erörtert. Wie bereits beschrieben, existieren mehrere Versagensarten unter diversen Belastungsarten. In der Realität treten nie einzelne Belastungsarten getrennt auf. Zug-, Druck-, Biege- und Scherbelastung treten fast immer gleichzeitig im FVK-Bauteil auf (Luft- und Raumfahrt, Fahrzeugbau, ...).

In vernähten FVK-Bauteilen treten die vorgestellten Versagensarten ebenfalls auf. Unter dynamischer Zugbelastung bilden sich in vernähter FVK-Proben zuerst Risse aus. Diese Risse entstehen vornehmlich in harzreichen Zonen im FVK-Bauteil. Anschließend lösen sich die Verstärkungsfasern und die Nähfäden von der Matrix ab [kha96]. Diese Ablösungen verlaufen durch die Matrix und in den Grenzflächen zwischen Faser und Matrix. Zum Abschluss brechen die Verstärkungsfasern und die Nähfäden.

Unter Scherbelastung erfolgt ebenfalls ein Ablösen der Verstärkungsfasern und der Nähfäden von dem Matrixmaterial [mou97a]. Delaminationen können ebenfalls entstehen. Modellvorstellungen zum Versagen vernähter FVK-Bauteile unter Scherbelastungen nach Modus I oder II existieren bereits [jai95, jai98, mou99, mou99a]. Im Modus I - der Scherbelastung - existieren zwei Modellvorstellung zum Versagen: das Prinzip des Nähfadenauszugs (Modell 1) und des Fadenbruchs während der Makrorissbildung (Modell 2). Mikrorisse bilden sich auch hier vor dem Makrorisswachstum.

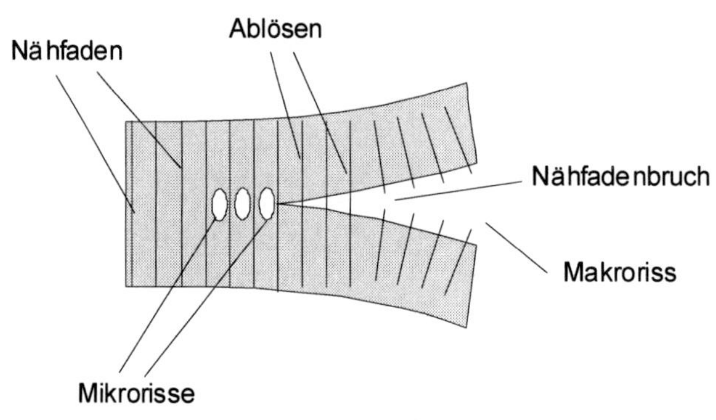


*Abb. 5-4: Versagensmodell 1 vernähter FVK-Bauteile unter Schälbelastung Modus*
*Fig. 5-4: Failure Model 1 of stitched FRP-Components under Peeling Load Mode I*

Bei dem Modell 1 unter Scherbelastung des Modus I (Abb. 5-4) löst sich der Nähfaden teils aus der Matrix heraus, dehnt sich und bricht. Aufgrund der Dehnung und Matrixablösung des Nähfadens ist ein Bridging-Effekt durch die Nähfäden unmöglich. Die Haftung zwischen Nähfaden und Matrix hat sich stark verkleinert. Kräfte können daher nicht übertragen werden. In der Modellvorstellung 2 unter Scherbelastung des Modus I erfolgt der Nähfadenbruch direkt bei der Makrorissentstehung. Der Nähfaden löst sich nur teilweise aus der Matrix heraus. Hierbei tritt eine Reibung zwischen Nähfaden und Matrix in dem teilabgelösten Bereich auf. Eine elastische Dehnung ist möglich. Weil der Nähfaden sich nicht komplett herausgelöst hat, sind Bridging-

Effekte möglich. Die Nähfäden können Kräfte noch übertragen und die Rissausbreitungsgeschwindigkeit kurzfristig verringern. Ursache für das Herauslösen der Nähfäden ist die plastische Matrixscherdeformation unter der Schälbelastung. Die Herauslösung kann durch die entstandenen Mikrorisse gefördert werden.

Unter der Scherbelastung nach Modus II parallel zur Hauptfaserorientierungsebene tritt ein etwas anderes Versagen der Nähfäden auf (Abb. 5-5). Die Belastung kann im 3-Punkt-Biegeversuch erzielt werden. Durch die Verformung werden Mikrorisse verursacht. Sie erzeugen einen Makroriss. Durch die bogenförmige Verformung gleiten die Nähfäden untereinander ab. Daher werden sie gedehnt. Zum Schluss bricht der Nähfaden im ersten Bereich des Makrorisses aufgrund einer hohen Scherdeformation [jai98].

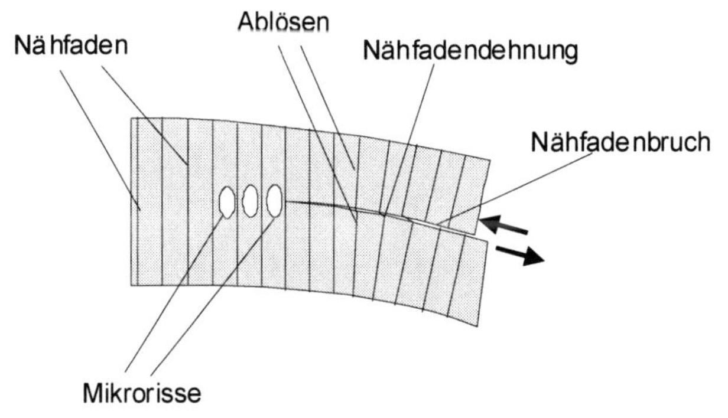


*Abb. 5-5: Versagen vernähter FVK-Bauteile unter Scherbelastung Modus II*
*Fig. 5-5: Failure of stitched FRP-Components under Shear Load Mode II*

Die vorgestellten Versagensmodelle sind theoretisch. In der Literatur wird der Einfluss des Nähfadenmaterials vernähter FVK-Bauteile auf das Versagensverhalten nicht beschrieben. Interessant wären sicherlich auch Angaben zum Einfluss der Nähparameter. Aus den Erläuterungen dieses Unterkapitels wird im Folgenden ein mikromechanisches Modell möglicher Einflussursachen bzw. -faktoren auf die Festigkeit vernähter FVK abgeleitet. Dazu ist es von großer Bedeutung, den gebildeten Nähstich im harzimprägnierten FVK-Bauteil zu betrachten (Abb. 5-6 und Abb. 5-7).

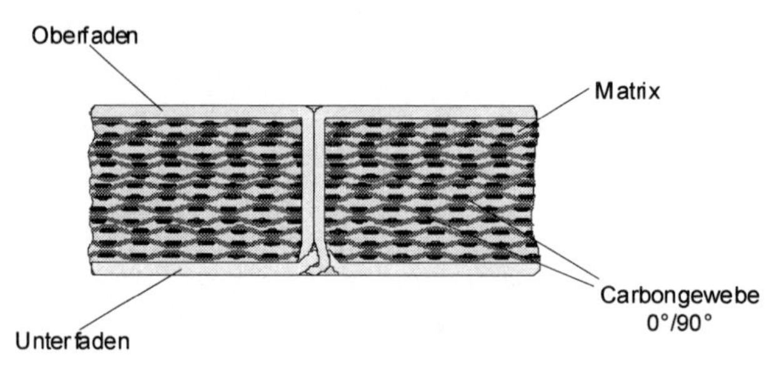


*Abb. 5-6: Nähstich im harzimprägnierten FVK-Bauteil mit Gewebeverstärkung*
*Fig. 5-6: Stitch in the Resin impregnated FRP-Component with Woven Fabric Reinforcing*

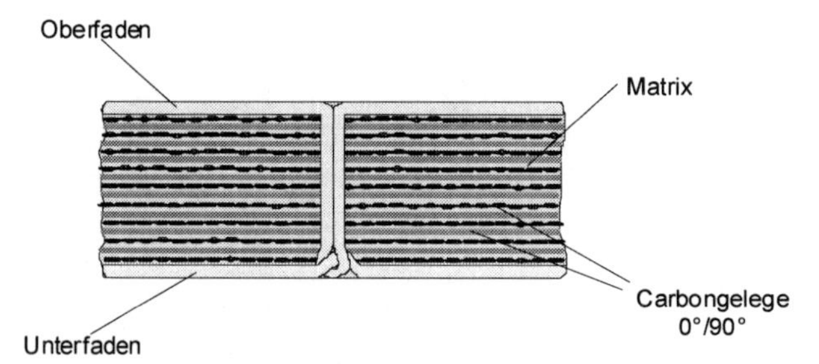


*Abb. 5-7: Nähstich im harzimprägnierten FVK-Bauteil mit multiaxialer Gelegeverstärkung*
*Fig. 5-7: Stitch in the Resin impregnated FRP-Component with multi-axial Layer Fabric Reinforcing*

Deutlich ist in beiden Abbildungen zu erkennen, dass durch die eingetragenen Nähfäden die Nadel im Nähprozess das Verstärkungstextil beiseite drängt bzw. die einzelnen Fasern im Verstärkungstextil durchstechen muss. Die mikroskopischen Untersuchungen aus Kapitel 4.5 haben gezeigt, dass der Nähfaden gut in das Matrixsystem eingebunden ist. Allerdings wird der Nähfaden selbst aufgrund der Kompaktheit nicht durchtränkt. Daher ist der Nähfaden an sich einerseits für Verstärkungen im Harzsystem verantwortlich, andererseits kann er auch die Festigkeiten herabsetzen, wenn die umgebenen Verstärkungsfasern höhere Festigkeiten besitzen. Dieser Umstand ist auch abhängig von der Faser- und Nahtorientierung zueinander.

Neben der Faserfestigkeit und der Matrixfestigkeit in FVK-Bauteilen ist die Grenzflächenhaftung zwischen Faser und Matrix bedeutend. Bei einem Faserbruch wird die

Last über Schubspannungen über diese Grenzfläche mit Hilfe der Matrix an andere benachbarte Fasern übertragen. Bei einer schlechten Grenzflächenhaftung wird diese Übertragung verschlechtert. Das Bauteil versagt eher. Hinsichtlich der Naht in FVK-Bauteilen hat die Grenzflächenhaftung zwischen Nähfaden und Matrix nur dann eine Bedeutung, wenn mittels einer hohen Stichdichte eine Verstärkung des FVK-Bauteils erzielt werden soll. Im Rahmen dieser wissenschaftlichen Arbeit werden allerdings nur Fügenähte betrachtet. Sie weisen eine nicht so hohe Stichdichte bezogen auf eine Fläche auf. Die Grenzflächenhaftung zwischen Nähfaden und Matrix hat hier eine geringere Bedeutung. Allerdings ist eine gleichmäßige Matrixbenetzung von Nähfaden und Verstärkungsfasern wichtig. Eine schlechte Anbindung des Faser- und Fadenmaterials an die Matrix führt ebenfalls zu einer geringeren Bauteilfestigkeit. Bedeutend ist sicherlich für die Gesamtfestigkeit der prozentuale Anteil der Faserschädigung bzw. Faserverdrängung der Verstärkungstextilien durch die Nähnadel im Nähprozess. Dies wird im nächsten Abschnitt durch ein einfaches mathematisches Berechnungsbeispiel veranschaulicht.

## 5.2 Mathematische Bestimmung der statischen Zugfestigkeit vernähter Faserverbundkunststoffe mit multiaxialer Gelegeverstärkung

Für die Festigkeitsberechnung werden in Analogie zum Kapitel 4.5.1 die Faserorientierungen des Verstärkungstextils und der Lagenaufbau angenommen. Prämisse sei eine gestreckte Faserlage in den einzelnen Gelegelagen. Eine Faserverdrängung durch den Wirkfaden wird vernachlässigt. Dadurch kann eine Gelegelage im FVK-Bauteil wie eine Lage eines UD-Laminates betrachtet werden. Dazu wird angenommen, dass die einzelnen Schichten optimal miteinander verklebt sind. Die Dehnung in Richtung der Bauteilhöhe ist linear. Schubverformungen senkrecht zur Bezugsebene sind gering. Des Weiteren werden die Dehnungen senkrecht zur Bezugsebene vernachlässigt. Es wird die theoretische Zugfestigkeit des Zugprobekörpers der statischen Zugfestigkeitsversuche aus Kapitel 4.5.1 bestimmt. Die in diesem Abschnitt berechneten Ergebnisse wurden mit Hilfe eines Tabellenkalkulationsprogramms durchgeführt.

Hierzu sind mehrere Schritte notwendig [fvwNN, iflNN]:

1. Bestimmung der Steifigkeitskennwerte einer multiaxialen Gelegeschicht (Einzelschicht) im FVK-Bauteil
2. Berechnung der Steifigkeiten einer Einzelschicht
3. Polartransformation der Steifigkeiten der Einzelschicht in die Probekörperkoordinaten
4. Berechnung der FVK-Probekörpersteifigkeiten
5. Bestimmung der Festigkeit des FVK-Probekörpers.

Ausgehend von der mikromechanischen Betrachtung der Faseranordnung im FVK-Bauteil wird die Festigkeit im gesamten FVK-Bauteil bestimmt. Der Aufbau der textilen Verstärkungslagen und die Faserorientierungen sind in Abb. 5-8 zu erkennen. Zur Berechnung der einzelnen Schichteinflüsse an der Bauteilfestigkeit wird die Bezugsebene zwischen den Schichten 4 und 5 (90° und 0°) angeordnet. Als Einzelschicht wird jede Lage des multiaxialen Geleges betrachtet.

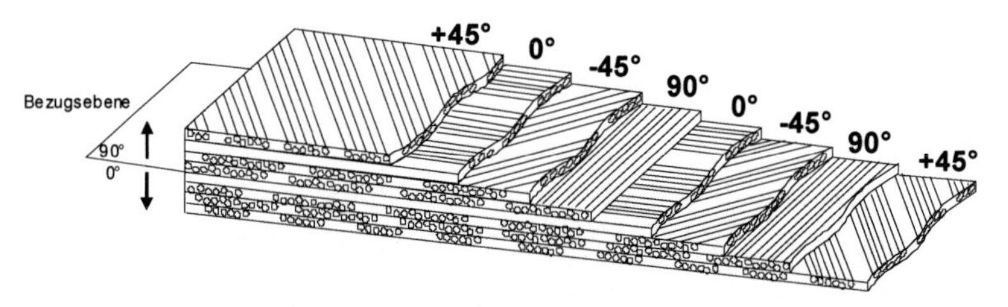


*Abb. 5-8: Lagenorientierung im zu untersuchenden FVK-Bauteil*
*Fig. 5-8: Layer Orientation in the FRP-Component*

| | $E_{\parallel}$ in N/mm² | $E_{\perp}$ in N/mm² | $G_{\#}$ in N/mm² | $\nu$ |
|---|---|---|---|---|
| Multiaxiales Glasgelege (Faser) | 73000 | 73000 | 30932,2 | 0,18 |
| Epoxidharz (Matrix) | 3000 | 3000 | 1111,11 | 0,35 |

*Abb. 5-9: Materialfestigkeitskennwerte*
*Fig. 5-9: Material Strength Parameters*

Die Materialkennwerte von Verstärkungsfaser und Matrix sind in Abb. 5-9 dargestellt. Die E-Moduli parallel ("**E**$_{\parallel}$") und senkrecht ("**E**$_{\perp}$") zur Faserorientierung, der Schubmodul ("**G**$_{\#}$") und die Querkontraktionszahl ("ν") wurden den Datenblättern der Gelege- und Matrixhersteller entnommen [cib00, sae00].

Zunächst erfolgen die Berechnungen für die Einzelschichten. Alle Berechnungsformeln sind Vorlesungen [fvwNN, iflNN] entnommen. Bei der mikromechanischen Betrachtung wird angenommen, dass sich die Fasern in der Matrix nach Jones prismenförmig verteilen [fvwNN]. Die E-Moduli lassen sich mit Hilfe folgender Formeln berechnen:

Gl. 5-1 $$E_{\parallel} = E_{\parallel F} \times \varphi_F + E_{\perp F}(1 - \varphi_F)$$

Gl. 5-2 $$E_{\perp} = \frac{E_{\perp F} \times E_{\perp M}}{E_{\perp F}(1 - \varphi_F) + E_{\perp M} \times \varphi_F}$$

Gl. 5-3 $$G_{\#} = \frac{G_{\# F} \times G_{\# M}}{G_{\# F}(1 - \varphi_F) + G_{\# M} \times \varphi_F}$$

Gl. 5-4 $$\upsilon_{\parallel\perp} = \upsilon_{\parallel\perp F} \times \varphi_F + \upsilon_{\parallel\perp M} \times (1 - \varphi_F) \ ;$$

$E_{\parallel}$: E-Modul des Einzelschichtverbundes parallel zur Faserorientierung

$E_{\perp}$: E-Modul des Einzelschichtverbundes senkrecht zur Faserorientierung

$E_{\parallel F}$: E-Modul der Glasfaser parallel zur Faserorientierung

$E_{\perp F}$: E-Modul der Glasfaser senkrecht zur Faserorientierung

$E_{\parallel M}$: E-Modul der Matrix parallel zur Faserorientierung

$E_{\perp M}$: E-Modul der Matrix senkrecht zur Faserorientierung

$G_{\#}$: Schubmodul des Einzelschichtverbundes

$G_{\# F}$: Schubmodul der Glasfaser

$G_{\# M}$: Schubmodul der Matrix

$\nu_{\parallel\perp}$: Querkontraktionszahl des Einzelschichtverbundes

$\nu_{\parallel\perp F}$: Querkontraktionszahl der Glasfaser

$\nu_{\parallel\perp M}$: Querkontraktionszahl der Matrix

$\varphi_F$: Faservolumengehalt des FVK-Bauteils (=0,526).

Das Einsetzen der Werte in die Gleichungen Gl. 5-1, Gl. 5-2, Gl. 5-3 und Gl. 5-4 liefert die Ergebnisse für die Materialkennwerte des Einzelschichtverbundes:

Gl. 5-5 $E_{\parallel} = 39820\ N/mm^2$

Gl. 5-6 $E_{\perp} = 6053{,}07\ N/mm^2$

Gl. 5-7 $G_{\#} = 2254{,}26\ N/mm^2$

Gl. 5-8 $\nu_{\parallel\perp} = 0{,}261$ .

Die Fasern in multiaxialen Gelegen liegen gestreckt vor. Daher kann auf die einzelne harzimprägnierte Gelegeschicht (Einzelschichtverbund) als UD-Laminat angesehen werden. Hierzu existieren Berechnungsgrundlagen zur Bestimmung der Steifigkeiten in den Einzelschichten [fvwNN, iflNN]. Die folgenden Formeln basieren auf der Annahme, dass das Hook´sche Gesetz auf die Einzelschichten angewendet werden darf:

Gl. 5-9 $$c_{\parallel} = \frac{E_{\parallel}}{1 - \upsilon^2_{\parallel\perp} \frac{E_{\perp}}{E_{\parallel}}}$$

Gl. 5-10 $$c_{\perp} = \frac{E_{\perp}}{1 - \upsilon^2_{\parallel\perp} \frac{E_{\perp}}{E_{\parallel}}}$$

Gl. 5-11 $$c_{\#} = G_{\#}$$

Gl. 5-12 $$c_{\parallel\perp} = \upsilon_{\parallel\perp} \times c_{\perp}$$

$c_{\parallel}$: Steifigkeit des Einzelschichtverbundes in Faserorientierung (Dehnung in Faserorientierung)

$c_{\perp}$: Steifigkeit des Einzelschichtverbundes senkrecht zur Faserorientierung (Dehnung quer zur Faser)

$c_{\parallel\perp}$: Steifigkeit des Einzelschichtverbundes parallel senkrecht zur Faserorientierung

$c_{\#}$: Steifigkeit des Einzelschichtverbundes für Schubbeanspruchung

$\nu_{\parallel\perp}$: Querkontraktionszahl des Einzelschichtverbundes

$E_{\parallel}$: E-Modul des Einzelschichtverbundes parallel zur Faserorientierung

$E_\perp$: E-Modul des Einzelschichtverbundes senkrecht zur Faserorientierung

$G_\#$: Schubmodul des Einzelschichtverbundes.

Das Einsetzen der Ergebnisse aus Gl. 5-5, Gl. 5-6, Gl. 5-7 und Gl. 5-8 in die Gleichungen Gl. 5-9, Gl. 5-10, Gl. 5-11 und Gl. 5-12 liefert die Steifigkeiten der einzelnen UD-Schicht:

Gl. 5-13 $c_{\parallel} = 40235{,}30\ \text{N/mm}^2$

Gl. 5-14 $c_{\perp} = 6116{,}20\ \text{N/mm}^2$

Gl. 5-15 $c_{\#} = 2254{,}26\ \text{N/mm}^2$

Gl. 5-16 $c_{\parallel\perp} = 1593{,}76\ \text{N/mm}^2$ .

Aus diesen Werten läßt sich durch eine Polartransformation der Steifigkeiten mit Berücksichtigung der Einzelschichtdicke die Gesamtsteifigkeitsmatrix bilden [fvwNN, ifINN]. Die Berechnungen sind im Anhang aus Kapitel 12.4 ersichtlich. Sie liefern folgende Gesamtsteifigkeitsmatrix :

Gl. 5-17
$$[C_{ges}] = \left[\begin{array}{ccc|ccc} 22688{,}86 & 7034{,}55 & 0 & 1535{,}36 & 0 & 0 \\ 7034{,}55 & 22688{,}86 & 0 & 0 & -1535{,}36 & 0 \\ 0 & 0 & 7827{,}15 & 0 & 0 & 0 \\ \hline 1535{,}36 & 0 & 0 & 2492{,}17 & 1074{,}64 & -575{,}76 \\ 0 & -1535{,}36 & 0 & 1074{,}64 & 2492{,}17 & -575{,}76 \\ 0 & 0 & 0 & -575{,}76 & -575{,}76 & 1169{,}75 \end{array}\right]$$

Aus der Gesamtsteifigkeitsmatrix lässt sich durch die Besetzung des 4. Quadranten erkennen, dass das FVK-Bauteil auf jede Dehnung mit einer Krümmung und umgekehrt reagiert. Dieser Umstand ist auf den zur Bezugsebene unsymmetrischen Lagenaufbau zurückzuführen. Im Rahmen der in Kapitel 4.5.1 durchgeführten Versuche wurde eine Bruchdehnung von 3 % ermittelt. Diese wird auch vom Hersteller der Matrix angegeben. Mit $\varepsilon = 0{,}03$ in Zugrichtung der Prüfanlage, einer Abminderung für UD-Gelege von $\eta = 0{,}8$ nach Oery [oer89], dem Element $c_{11ges}$ =

22688,86 N/mm$^2$ und einer Gesamtdicke des FVK-Probenkörpers $t_{ges}$ = 1,2mm ergibt sich für die theoretische Zugfestigkeit:

Gl. 5-18 $$\sigma_{Zug,max} = \eta \frac{C_{11ges} \times \varepsilon}{t_{ges}} = 453{,}78\ \text{N/mm}^2\ .$$

Dieser Wert liegt oberhalb der in Kapitel 4.5.1 experimentell bestimmten statischen Zugfestigkeit von 341 N/mm$^2$ (Abb. 4-26, statische Zugfestigkeit unvernähte Referenzprobe). Die Ursache liegt in einer zu gering angenommen Abminderung der laminierten multiaxialen Glasgelege im Vergleich zu UD-Laminaten. Die Wirkfäden beeinflussen im multiaxialen Glasgelege durch Abminderung der Zugfestigkeit stärker. Daher wird eine Abminderung von $\eta$=0,65 angenommen. Daraus resultiert folgende theoretische Zugfestigkeit für den FVK-Probekörper:

Gl. 5-19 $$\sigma_{Zug,max} = \eta \frac{C_{11ges} \times \varepsilon}{t_{ges}} = 368{,}69\ \text{N/mm}^2.$$

Die experimentell bestimmte Zugfestigkeit ist um 7,5% geringer als die theoretisch berechnete. Sicherlich sollte dabei auch berücksichtigt werden, dass für Abminderungsfaktoren für gelegeverstärkte FVK-Probenkörper in der Literatur nur sehr wenig Angaben zu finden sind. Hier sollten zukünftig Festigkeitsuntersuchungen erfolgen.

## 5.3 Mathematisches Modell zur Vorhersage der Reduktion der Zugfestigkeit durch Nähte in Faserverbundkunststoffen

Zur Bestimmung des Einflusses der Nadeldurchstiche auf die Festigkeit glasgelegeverstärkter FVK-Bauteile sind 4 Arbeitsschritte erforderlich:

1. Modellbildung der Festigkeitsminimierung durch den Nähfaden
2. Berechnung der Gelegelagenzugfestigkeit vernähter FVK
3. Bestimmung der reduzierten Gesamtsteifigkeitsmatrix vernähter FVK
4. Berechnung der reduzierten theoretischen Zugfestigkeit vernähter FVK.

Zur Modellbildung wird zur theoretischen Erklärung des Einflusses des eingetragenen Nähfadenmaterials im FVK-Bauteil das Mischungsmodell zur mikromechanischen Betrachtung nach Jones [fvwNN] herangezogen (Abb. 5-10). Die Verteilung der Fasern und der Matrix wird dabei in prismenartige Bereiche aufgeteilt. Die Gesamtbreite w entspricht daher:

Gl. 5-20

$$w = w_f + w_m$$

$$w = \varphi \times w + (1 - \varphi) \times w$$

w: Gesamtbreite des Faser-Matrix-Prisma

$w_f$: Breite des Faser-Prisma

$w_m$: Breite des Matrix-Prisma

$\varphi$: Faservolumengehalt.

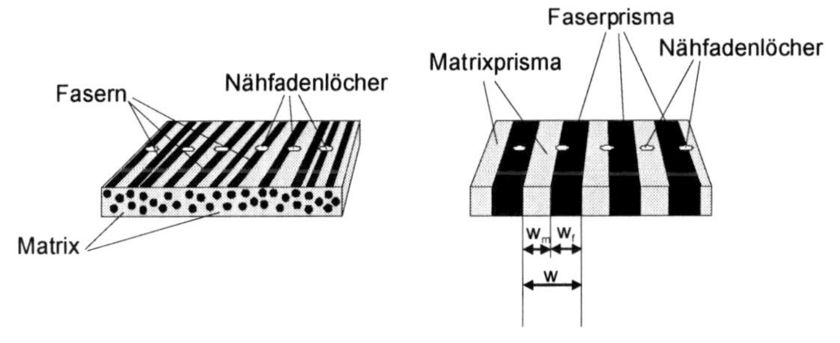


*Abb. 5-10: Prismenmodell nach Jones mit Nahtlöchern*
*Fig. 5-10: Prism Pattern of Jones with Seamholes*

Dabei gelten folgende Annahmen:

- Die einzelnen Glasgelegelagen besitzen eine gestreckte Faserlage
- Eine Faserverdrängung durch die Wirkfaden wird vernachlässigt (Verhalten wie UD-Laminat)
- Die einzelnen Schichten sind optimal miteinander verklebt
- Die Dehnung in Richtung der Bauteildicke ist linear
- Schubverformungen senkrecht zur Bezugsebene sind gering
- Es werden die Dehnungen senkrecht zur Bezugsebene vernachlässigt
- Nähfäden bewirken eine Verdrängung der Fasern im Verstärkungstextil und der Matrix
- Der Nähfaden ist in z-Richtung angeordnet und trägt nicht zur betrachteten Zugfestigkeit bei
- Die Nähfäden auf den Deckschichten des FVK-Bauteils werden vernachlässigt

- Faserverdrängungen durch die Überkreuzungspunkte von Ober- und Unterfaden werden vernachlässigt
- Die Nähfäden liegen gestreckt vor
- Ein Nähfadenloch entspricht dem doppelten Nähfadendurchmesser aufgrund der eingetragenen Oberfadenschlaufe (vgl. Kapitel 4)
- Es werden nur Quernähte betrachtet.

Die mikromechanische Herleitung der Gleichungen unter Modifizierung des Prismenansatzes von Jones erfolgt in Anlehnung an [fvwNN] und wird detailliert im Anhang in Kapitel 12.5 erläutert. Neu an dieser Modellvorstellung ist die Modifizierung nach Klopp durch die Berücksichtigung einer Faserverdrängung und eines Nähfadenvolumengehaltes Die E-Moduli, der Schubmodul und die Querkontraktionszahl einer einzelnen Glasgelegelage (Einzelschicht) lassen sich bestimmen aus:

Gl. 5-21 $$E_{II} = E_{IIF} \times \left(\varphi_F - v_{faser} \times \varphi_N\right) + E_{\perp F}\left(1 - \varphi_F - \left(1 - v_{faser}\right)\varphi_N\right)$$

Gl. 5-22 $$E_{\perp} = \frac{E_{\perp F} \times E_{\perp M}}{E_{\perp F}\left(1 - \varphi_F - \left(1 - v_{faser}\right)\varphi_N\right) + E_{\perp M}\left(\varphi_F - v_{faser} \times \varphi_N\right)}$$

Gl. 5-23 $$G_{\#} = \frac{G_{\#F} \times G_{\#M}}{G_{\#F}\left(1 - \varphi_F - \left(1 - v_{faser}\right)\varphi_N\right) + G_{\#M}\left(\varphi_F - v_{faser} \times \varphi_N\right)}$$

Gl. 5-24 $$\upsilon_{II\perp} = \upsilon_{II\perp F}\left(\varphi_F - v_{faser} \times \varphi_N\right) + \upsilon_{II\perp M} \times \left(1 - \varphi_F - \left(1 - v_{faser}\right)\varphi_N\right)$$

$E_{II}$: E-Modul des Einzelschichtverbund parallel zur Faserorientierung

$E_{\perp}$: E-Modul des Einzelschichtverbundes senkrecht zur Faserorientierung

$E_{IIF}$: E-Modul der Glasfaser parallel zur Faserorientierung

$E_{\perp F}$: E-Modul der Glasfaser senkrecht zur Faserrichtung

$E_{IIM}$: E-Modul der Matrix parallel zur Faserorientierung

$E_{\perp M}$: E-Modul der Matrix senkrecht zur Faserrichtung

$G_{\#}$: Schubmodul des Einzelschichtverbundes

$G_{\#F}$: Schubmodul der Glasfaser

$G_{\#M}$: Schubmodul der Matrix

$\nu_{II\perp}$: Querkontraktionszahl des Einzelschichtverbundes

$\nu_{II\perp F}$: Querkontraktionszahl der Glasfaser

$\nu_{II\perp M}$: Querkontraktionszahl der Matrix

$v_{faser}$: Anteil der Faserverdrängung durch den Nähfaden
(1 komplette Faserverdrängung, 0 komplette Matrixverdrängung)

$\varphi_N$: Nähfadenvolumengehalt des FVK-Bauteils

$\varphi_F$: Faservolumengehalt des FVK-Bauteils ( = 0,526).

Der Nähfadenvolumengehalt bestimmt sich aus dem Verhältnis des Nähfadenanteils im Probenquerschnitt zum gesamten Probenquerschnitt des FVK-Prüfkörpers. Exemplarisch wurde der Nähfadenvolumengehalt auf den gesamten FVK-Prüfkörper bezogen. Dabei wurden Nähfadenvolumengehalte unterhalb von 0,00004, das entspricht 0,004 %, ermittelt. Dieser Wert ist für die Modellvorstellung der Reduktion der Zugfestigkeiten durch die Veringererung des Faser- bzw. Matrixvolumens durch Nähfadenlöcher zu gering. Daher wird angenommen, dass die Zugfestigkeit des FVK-Bauteils wesentlich von der Querschnittsverringerung der tragenden Faser-Matrix-Struktur abhängt.
Die Berechnungen der Einzelsteifigkeiten der einzelnen Gelege-Lagen, die Polartransformation in das Koordinatensystem des FVK-Probenkörpers und die Bestimmung der theoretischen Zugfestigkeiten erfolgen analog zum vorherigen Unterkapitel 5.2. Allerdings wird für die vernähten FVK-Bauteile die experimentell bestimmte Bruchdehnung $\varepsilon$ = 0,0225 angewendet. Der Stichabstand beträgt 3 mm. Für die Nähfadenfeinheit von ca. 47 tex und das Nähfadenmaterial Aramid unter einer Abweichung von -7,5 % (vgl. Kapitel 5.2) ergibt sich ein linearer Zusammenhang nach diesem theoretischen Modell zwischen der Faserverdrängung $v_{faser}$ und der theoretischen Zugfestigkeit $\sigma_{zug,max}$ für eine Naht und ein leicht exponentiellen Zusammenhang für 3 Nähte.
Abb. 5-11 zeigt sehr deutlich, dass für Nähfadenlöcher in der Matrix ($v_{faser}$ = 0) die theoretische Zugfestigkeitsminderung geringer ist als für Nähfadenlöcher in der Faser ($v_{faser}$ = 1). Bei den beiden dargestellten Ausgleichsgeraden sind die linken theoretischen Zugfestigkeitswerte größer als auf der rechten Seite des Diagramms. Werte dazwischen werden durch ihren Anteil an der Faserverdrängung $v_{faser}$ und der Matrixverdrängung $v_{matrix}$ = 1-$v_{faser}$ definiert.

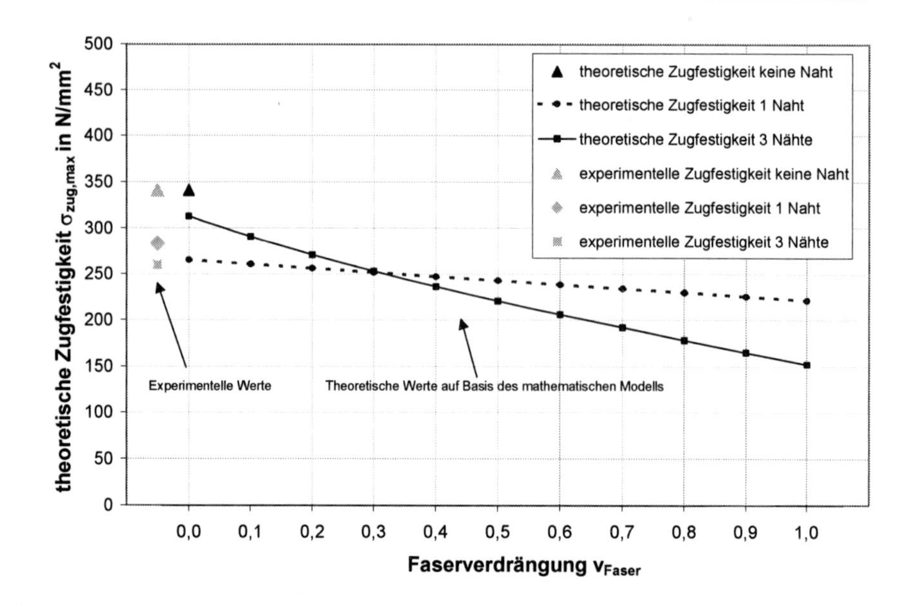


*Abb. 5-11: Theoretische Zugfestigkeit vernähter Glas-FVK-Bauteile*
*Fig. 5-11: Theoretical Tensile Strength of stitched Glass-FRP-Components*

Abb. 5-11 zeigt weiterhin sehr anschaulich die Abweichungen zwischen der theoretischen und experimentell ermittelten Zugfestigkeit vernähter FVK-Bauteile mit multiaxialen Glasgelegen. Die theoretisch ermittelte Zugfestigkeit für eine Quernaht liegt etwas unterhalb der experimentell bestimmten. Bei 3 Quernähten liegt der berechnete Wert oberhalb des aus dem Zugversuch ermittelten. Die wahren Fehler bezogen auf eine Faserverdrängung $v_{Faser} = 0$ durch den Nähfaden lassen sich zu $\delta(x)_{ohne\ Naht} = 0$ N/mm², $\delta(x)_{1\ Naht} = -18$ N/mm² sowie $\delta(x)_{3\ Nähte} = 53$ N/mm². Ein starker Abfall der Zugfestigkeit bei einer höheren Nahtanzahl ist dadurch erklärbar, dass der Restquerschnitt von Faser und Matrix geringer wird und sich daher der beanspruchte Querschnitt verkleinert. Das Modell berücksichtigt allerdings keine Anordnung der Nahtstiche paralleler Nähte. Bei einer parallelen Quernahtanordnung könnten theoretisch auch alle Nähfadenlöcher genau nebeneinander in Zugrichtung angeordnet sein. Dadurch würde sich dann z. B. der zu beanspruchende Restquerschnitt der FVK-Probe von 3 Quernähten ähnlich dem mit einer Quernaht verhalten.

Es wurde weiterhin die Auswirkung der theoretischen Zugfestigkeit bei Variation der Nähfadenfeinheit berechnet und grafisch dargestellt. Der Einfluss der Faser- oder Matrixverdrängung durch die Nähfäden muss zukünftig weiter untersucht werden.

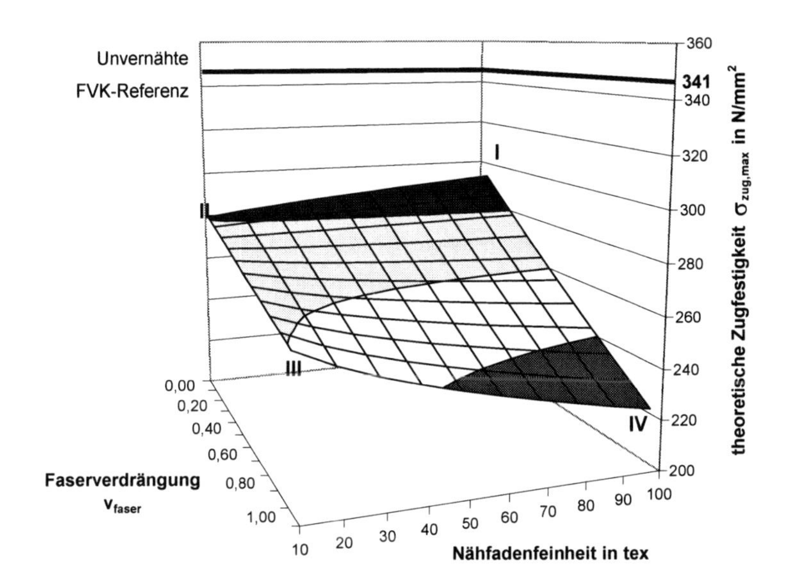


*Abb. 5-12: Theoretische Zugfestigkeit in Abhängigkeit der Nähfadenfeinheit für eine Quernaht*

*Fig. 5-12: Theoretical Tensile Strength dependent on the Stitching Thread Fineness/Count for one transversal Seam*

In Abb. 5-12 sind die theoretisch ermittelten Zugfestigkeiten für 1 Quernaht ohne eine Abminderung von 7,5 % aufgetragen. Der Zusammenhang zwischen der Faserverdrängung durch die Nähfadenlöcher und der Nähfadenfeinheit auf die theoretische Zugfestigkeit des FVK-Prüfkörpers ist gut zu erkennen. Exemplarisch werden 4 Punkte diskutiert:

- Punkt I stellt reine Matrixverdrängung durch den Nähfaden und gleichzeitig die höchste Matrixverdrängung durch einen groben Nähfaden dar
- Punkt II beschreibt ebenfalls reine Matrixverdrängung, aber bei kleinem Nähfadendurchmesser bzw. feinem Nähfaden
- Punkt III stellt die höchste Faserverdrängung bei feinem Nähfaden dar

- Punkt IV beschreibt die höchste Faserverdrängung mit grobem Nähfaden.

Die Punkte III und IV beschreiben die Festigkeitsherabsetzung durch starke Faserverdrängung. Aus Abb. 4-26 in Kapitel 4 ist der experimentell bestimmte statische Mittelwert für die Zugfestigkeit einer vernähten FVK-Probe mit einer Quernaht zu ersehen. Er liegt bei 270 N/mm$^2$. In Gl. 5-18 entspricht dies mit einer Nähfadenfeinheit von 50 tex einer Faserverdrängung $v_{Faser}$ von ca. 0,4. Die Festigkeiten des Punktes I ergeben einen hohen Diskussionsbedarf. Denn durch die Herabsetzung des Matrixanteils durch den Nähfaden wird die Festigkeit erhöht.

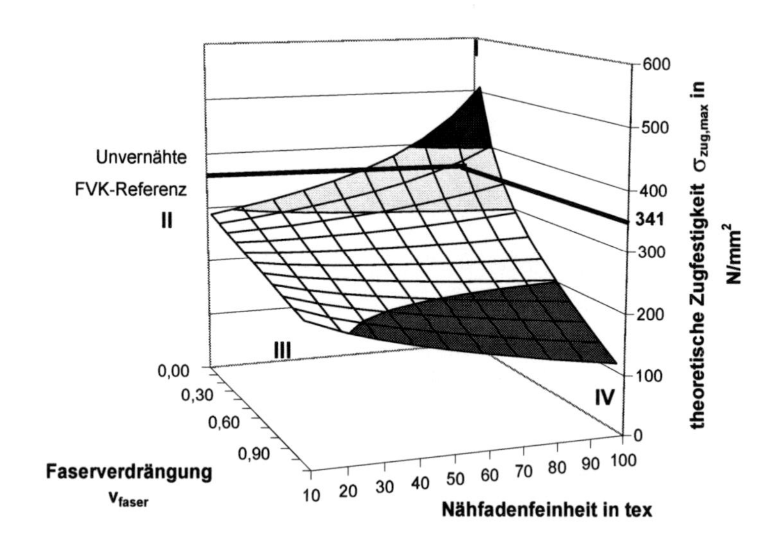


*Abb. 5-13: Theoretische Zugfestigkeit in Abhängigkeit der Nähfadenfeinheit für drei Quernähte*
*Fig. 5-13: Theoretical Tensile Strength dependent on the Stitching Thread Fineness/Count for three transversal Seams*

Dieser Umstand wird noch stärker veranschaulicht in der grafischen Darstellung der theoretischen Zugfestigkeit von 3 Quernähten (Abb. 5-13). Der experimentell bestimmte Wert für die Zugfestigkeit einer vernähten FVK-Probe mit 3 Quernähten entspricht 230 N/mm². Dies entspricht bei einer Nähfadenfeinheit von 50 tex einer Faserverdrängung $v_{Faser}$ von ca. 0,7. Weiterhin übersteigt der Punkt I in Gl. 5-19 die theoretische Zugfestigkeit ohne Naht („Unvernähte FVK-Referenz“: 345 N/mm²) und ohne Abminderung von 7,5 % in Höhe von $\sigma_{zug,max}$ = 453,78 N/mm² (Gl. 5-18). Diese Aussage führt zu einem Widerspruch des theoretischen Modells für 3 Quernähte im Vergleich zu den experimentell ermittelten unvernähten Referenzfestigkeiten. Daher muss zukünftig der Einfluss der Matrixverdrängung experimentell ermittelt werden, um mikromechanische, allgemeingültige Aussagen treffen zu können.

In Roth [rot02] wird ebenfalls ein Modell zur Beschreibung der Festigkeiten vernähter FVK auf Basis der klassischen Laminattheorie vorgestellt. Dabei wurden allerdings multiaxiale Carbongelege untersucht. Dies in dieser Arbeit aufgestellte Modell gilt zunächst nur für multiaxiale Glasgelege. Die Einflüsse des Nähfadendurchmessers sowie die Berücksichtigung einer anteiligen Faser- oder Matrixschädigung auf Basis des hier modifizierten Prismenmodells nach Jones werden dort nicht berücksichtigt.

Zusammenfassend lässt sich feststellen, dass ein einfaches Modell zur Beschreibung der Zugfestigkeitsreduktion durch Nähte in FVK für multiaxiale Glasgelege erstellt wurde. Für eine Nähfadenfeinheit von 50 tex wurden übereinstimmende Zugfestigkeitpunkte zwischen Ergebnisse aus dem Kapitel 4 und dem theoretischen Modell gefunden. Zukünftig sollte weiterhin mikromechanisch die Art und Weise der Faserverdrängung durch den Nähfaden experimentell untersucht werden. Zusätzlich muss der Einfluss paralleler Nahtlöcher auf die Verringerung des zu beanspruchenden Probenquerschnitts überprüft werden. Die theoretisch berechneten Ergebnisse müssen für andere Nähfadenmaterialien und Faserorientierungen experimentell validiert werden. Durch dieses einfache Modell kann jedoch der tendenzielle Einfluss von Nähten auf FVK-Bauteile abgeschätzt werden. Weiterhin bestätigen die einzelnen Versuchsreihen aus Kapitel 4.5.1, dass die Annahme des Einflusses durch eine Querschnittsreduktion richtig ist. Ein Indiz dafür ist, dass bei 70 % der Versuchsreihen der Materialbruch in der Nähe der Quernähte erfolgte. Allerdings brachen keine Proben an den Nähten. Das beweist allerdings auch, dass noch andere Einflüsse zur Festigkeitsreduktion vorliegen. Die Auswirkungen der Nähfäden aufgrund von mikromechanischen Lochleibungseinflüssen auf die Zugfestigkeitsreduktion sollte daher zukünftig untersucht werden. Ferner wären Abschätzungs- oder Berechnungsmodelle zur Bestimmung der interlaminaren Festigkeiten und Biegeeigenschaften vernähter FVK sinnvoll. Diese sollten mittels des mikromechanischen Ansatzes und nicht mittels einer Fülle von Kennwertdefinitionen und Kennwertermittlungen erstellt werden. Zusätzlich müssen für andere Verstärkungstextilarten - wie Gewebe, Maschenwaren oder Geflechte - andere Modelle entwickelt werden. Ursache ist eine andersartige mikromechanische Anordnung der Fasern in diesen Verstärkungstextilarten. Überdies müssen auch für die Fasertypen Aramid und Carbon andere Modelle entwickelt werden. Diese Fasertypen besitzen keine isotropen Festigkeiten in Faser- und Querrichtung wie Glasfasern [mos92]. Diese Sprödigkeit kann Ursache für größere Faserschädigungen im Nähprozess sein. Das hier entwickelte Modell könnte die Verformung des Bauteils vorhersagen. Hierzu muss die Nachgiebigkeitsmatrix aus der Steifigkeitsmatrix gebildet werden [iflNN].

# 6 Empfehlungen für eine prozessübergreifende Qualitätssicherung zur Herstellung vernähter Faserverbundkunststoffe

Damit das Produkt "vernähtes FVK-Bauteil" alle Anforderungen erfüllen kann, muss seine Qualität gewährleistet sein (vgl. Kapitel 4.1). Dazu müssen im Herstellprozess (Abb. 6-1 in Anlehnung an Kapitel 3) Merkmale überprüft werden.

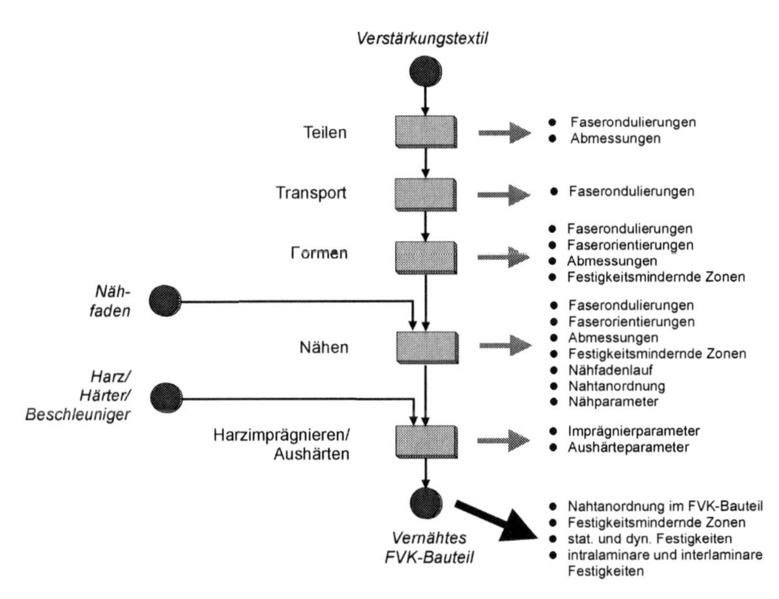


*Abb. 6-1: Vorschlag für eine prozessübergreifende Qualitätsüberwachung*
*Fig. 6-1: Proposal for a Process overlaping Quality Monitoring*

Abb. 6-1 beinhaltet einen einfachen Vorschlag zur Qualitätsüberwachung bzw. Qualitätssicherung zwischen den einzelnen Prozessstufen der Herstellung vernähter FVK-Bauteile. Es sollen dabei die Merkmale/Eigenschaften der Prozesse und Produkte ermittelt werden. Hierzu zählt auch die Erfassung der Eingangsproduktmerkmale des Verstärkungstextils, des Nähfadens und der eingesetzten Harzsysteme. In den Prozessstufen (vereinfachte Darstellung) "**Teilen**", "**Transport**", "**Formen**", "**Nähen**" und "**Harzimprägnieren/Aushärten**" erfolgt die Herstellung des Produktes "**vernähtes FVK-Bauteil**".

Der Prozess "**Teilen**" umfasst überwiegend die Schnitterstellung und das Trennen/Zuschneiden der Verstärkungstextilien auf die notwendige Größe und Menge. Dabei müssen Faserondulierungen (Faserdesorientierungen) vermieden werden. Ihr Entstehen wird visuell durch das Bedienpersonal überwacht. Optische, automatische Erfassungssysteme sind denkbar. Allerdings weisen Aramid, Glas und Carbon unterschiedliche Färbungen auf. Das erschwert die Entwicklung geeigneter Systeme. Nach dem Zuschnitt müssen die Abmessungen kontrolliert werden. Automatische Cutteranlagen arbeiten sehr genau. Hier ist eine Kontrolle nicht notwendig. Materialkanten sollten gesäumt werden, um ein Ausfransen der Fasern zu vermeiden.

Der "**Transport**" nach dem Zuschnitt zur Formgebung muß vorsichtig erfolgen. Zu große Reibungseffekte zwischen dem Transporthilfsmittel und dem Verstärkungstextil bewirken ebenfalls Faserondulierungen. Ein Aufwickeln bzw. Aufwinden muss vorsichtig auf Docken mit großen Durchmessern erfolgen. Ansonsten verrutschen die Faserlagen in den Verstärkungstextilien. Multiaxiale Gelege sind etwas anfälliger als Gewebe. Die Faserondulierungen können auch hier visuell ermittelt werden. Häufig werden dazu Verstärkungstextilien mittels Klebfolien (Adhäsionsfolien) fixiert. Der Einsatz von Gefriergreifersystemen ist ebenso möglich [sel98].

Während des "**Formens**" werden die Textilien übereinander angeordnet und beispielsweise zu einem T geformt. Hierbei werden ebenfalls Faserondulierungen verursacht. Diese können sich im Extremfall zu Falten ausbilden. Diese bewirken zusätzlich festigkeitsmindernde Zonen im späteren FVK-Bauteil. Die Faserondulierungen und das Potential zur Bildung festigkeitsmindernder Zonen können visuell erfasst werden. Die Abmessungen des geformten Körpers müssen kontrolliert werden. Dies kann durch intelligente Formhilfen unterstützend erfolgen. Beim Formen ist zu berücksichtigen, dass die geforderten Faserorientierungen beibehalten werden. Dies erfolgt durch die Berücksichtigung der erforderlichen Faserorientierungen vor dem Zuschnitt der Verstärkungstextilien im Prozess "Teilen". Die endgültige Faserorientierung wird erst im Prozessschritt "Formen" erzielt. Dazu sind Visualisierungshilfsmittel zur Darstellung der Faserorientierungen nach den Einzelprozessen "Teilen", Transport" und "Formen" notwendig.

Das T-Profil wird im anschließenden Nähprozess in seiner Form fixiert. In einem weiteren Nähprozessschritt wird es auf dem Basistextil aufgenäht. Während des "**Nä-**

**hens**" entstehen Faserondulierungen durch unterschiedliche Reibungskoeffizienten zwischen Verstärkungstextil, Nähmaschine und Zuführvorrichtungen. Weiterhin müssen die geforderten Faserorientierungen eingehalten werden. Daher sind im Nähprozess bzw. anschließend Faserondulierungen und Faserorientierungen visuell zu beurteilen. Auch festigkeitsmindernde Zonen müssen vermieden werden. Knicke und Falten können durch ein zu enges Setzen des Presserfusses im Nähprozess verursacht werden. Mindestradien müssen im vernähten Textilhalbzeug eingehalten werden. Es muss jedoch darauf geachtet werden, dass sich keine harzreichen Zonen aufgrund zu großer Abstände der Textillagen untereinander im Textilhalbzeug bilden. Weiterhin muss der Nähfadenlauf messtechnisch erfasst werden. Wie in Kapitel 4.1 gezeigt wurde, haben Reibung und Umlenkwinkel einen starken Einfluss auf eine Nähfadenschädigung. Die Nahtanordnung muss ebenfalls visuell überprüft werden. Durch die spätere Harzimprägnierung können noch Veränderungen der Nahtposition entstehen. Diese Änderungen können Einflüsse auf die interlaminaren Festigkeitseigenschaften vernähter FVK haben. Die Nähfäden müssen gestreckt vorliegen. Die Lage der Fadenverkreuzungen bzw. Überkreuzungspunkte in der Naht sollte ebenfalls geprüft werden. Sie kann ansonsten festigkeitsmindernde Zonen durch mittig im Textilhalbzeug angeordnete Überkreuzungspunkte bewirken. Daher müssen die Nähparameter, z. B. Fadenspannungen, Nähgeschwindigkeit und Presserfußdrücke, erfasst werden.

Die Imprägnier- und Aushärteparameter sind wichtig für eine Kontrolle der einzuhaltenden Parameter laut Herstellerangaben zur Erzielung bestimmter Matrixfestigkeiten. Die "**Harzimprägnierung und Aushärtung**" beeinflussen Abweichungen im Nahtverlauf (vgl. Kapitel 4.5.5).

Das "**fertig vernähte FVK-Bauteil**" muss hinsichtlich der Nahtanordnung geprüft werden. Außerdem können festigkeitsmindernde Zonen im vernähten FVK-Bauteil durch alle vorherigen Prozesse verursacht werden. Diese können zum Teil visuell oder mittels Durchlichtverfahren ermittelt werden. Problematisch sind Durchlichtverfahren im Einsatz bei CFK aufgrund der dunklen Faserfarbe. Daneben sollte der Faservolumengehalt experimentell bestimmt werden. Abweichungen des Faservolumengehaltes hinsichtlich der Vorgaben erklären Festigkeitsverringerungen. Ergänzend können Maßnahmen zur Erhöhung des Faservolumengehaltes eingeleitet werden. Zur Beurteilung des FVK-Bauteileinsatzes müssen statische, dynamische, intralaminare und interlaminare mechanische Eigenschaften in Abhängigkeit des Einsatzortes des vernähten FVK-Bauteils erfolgen. Sie dienen zum Nachweis der Belastbarkeit. Hierzu wurden in Kapitel 4.5 bereits einige Verfahren vorgestellt.

In der Herstellung vernähter Faserverbundkunststoffe müssen Erfahrungen gesammelt werden. Wie in Kapitel 4.5 gezeigt wurde, sind noch viele Untersuchungen zur genauen Beschreibung der Festigkeiten vernähter FVK erforderlich. Die Festigkeiten hängen von diversen Parametern ab. Diese Parameter können teils in Versuchen, aber auch durch theoretische Festigkeitsmodelle ermittelt werden. Daher sollte die Qualitätssicherung von vernähten FVK-Bauteilen aufgrund der Notwendigkeit von Erfahrungsgewinnung mit Hilfe von Wissensdatenbanken realisiert werden.

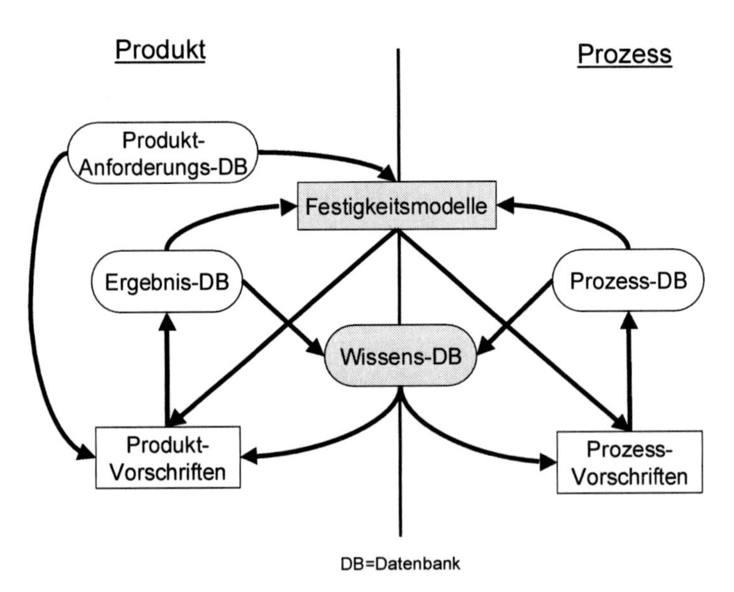


*Abb. 5-2: Qualitätssicherung durch Wissensmanagement*
*Fig. 5-2: Quality Assurance by Knowledge-Management*

Abb. 5-2 beinhaltet die Integration von anzulegenden Wissensdatenbanken und Festigkeitsmodellen in die Qualitätssicherung vernähter FVK-Bauteile. Dabei wird nach produkt- und prozessrelevanten Informationen unterschieden. In der "**Produkt-Anforderungs-Datenbank**" sind alle zu erfüllenden Merkmale des vernähten FVK-

Bauteils enthalten. Dies sind z. B. Zug-, Biege- und Impactfestigkeiten; des Weiteren die genauen Abmessungen und die max. Produktionskosten. In der "**Prozessdatenbank**" werden alle Prozessparameter und Prozessmerkmale erfasst. Zu nennen sind hier beispielhaft Nähgeschwindigkeit, Presserfußkraft, Fadenbremseneinstellung, Nähnadeltyp, Fadenzugkräfte, Stichabstand wie auch Prozessparameter der vorgelagerten und nachgelagerten Prozessstufen. Die "**Ergebnis-Datenbank**" beinhaltet alle internen Produktmerkmale. Hierzu zählen auch Produktmerkmale aus fehlgeschlagenen Versuchen. Neben den Produktmerkmalen aus den Eingangsprodukten werden auch die erzielten Produktmerkmale der Zwischenprodukte und des Endproduktes - das vernähte FVK-Bauteil - erfasst. Zu den Daten zählen z. B. beim Nähfaden das Fadenmaterial, die Feinheit und die Aufmachungsart des Garns neben der statischen Zugfestigkeit und Schlingenfestigkeit. Beim vernähten Textilhalbzeug ist z. B. auch die Nahtanzahl wichtig. Beim Endprodukt werden z. B. die erzielten Zug-, Biege- und Schälfestigkeiten ermittelt. Aus diesen Informationen der Ergebnis- und der Prozess-Datenbank werden die gesammelten Erfahrungen in eine "**Wissens-Datenbank**" übernommen. So können Erfahrungen konzentriert und später wieder aufgerufen werden. Aus diesen Erfahrungen und der Interaktion zwischen Produkt und Prozess werden "**Produkt- und Prozessvorschriften**" abgeleitet. Diese können z. B. erzielte Festigkeiten bei speziellen Nähfadenmaterialien sein. In die Produkt-Vorschrift wird das Nähfadenmaterial und in die Prozess-Vorschrift die Nähparameter des erfolgreichen Versuches übernommen. Die Produkt-Anforderungs-Datenbank bestimmt ebenfalls die Randbedingungen bzw. Inhalte für die Produkt-Vorschriftsdatenbank. In dem Tool "**Festigkeitsmodelle**" werden anhand geprüfter mathematischer Modelle zusätzlich Festigkeiten vernähter FVK-Bauteile theoretisch voraus berechnet. Hierzu erhält dieses Tool Informationen aus der Produkt-Anforderungs-, der Ergebnis- und der Prozess-Datenbank. So können mittels Berechnungsmodellen bzw. Simulationen im Vorhinein die Festigkeitseinflüsse durch die Prozess- und Produktparameter aller Stufen im Endprodukt vorbestimmt werden. Es kann die Anzahl der Versuche bzw. Festigkeitsuntersuchungen verringert werden. Dies hilft Kosten zu sparen. Hierzu sind allerdings anwendbare mathematische Modelle und Simulationen notwendig. Diese existieren zur Zeit noch nicht zur Anwendung in der Produktion. Aus diesem Grunde müssen kurzfristig noch eine Vielzahl von Untersuchungen zum Versagen von vernähten FVK-Bauteilen durchgeführt werden (vgl. Kapitel 5).

Ein Ansatz zur Umsetzung eines solchen Wissensdatenbank wurde im Sonderforschungsbereich der DFG „Textilbewehrter Beton – Grundlagen für die Entwicklung einer neuartigen Technologie“ (SFB 532) entwickelt [nn02]. Dort werden in zwei miteinander gekoppelten Datenbanken Produkt-, Material- sowie Festigkeitsinformationen und Simulationsgrundlagen (z. B. FEM-Elemente, Materialmodelle) hinterlegt. Mit den Simulationsprogrammen kann auf diese Datenbank zugegriffen werden. Im Vergleich zu dem in dieser Arbeit entwickelten Ansatz für eine Wissensdatenbank für vernähte FVK (Abb. 5-2) findet in der SFB 532 Datenbank keine zusätzliche Koppelung mit Produkt- bzw. Prozessvorschriften statt. Dieses ist jedoch bedeutend für eine Weiterentwicklung der vernähten FVK-Bauteile. Die Produkteigenschaften, insbesondere die mechanischen Festigkeiten, sind von den Herstellparametern abhängig (vgl. Kapitel 4). Änderungen bzw. Modifikationen im Herstellprozess müssen in der Wissensdatenbank daher berücksichtigt werden. Nach einer zukünftigen Modifizierung des in Kapitel 5 erarbeiteten Ansatzes zur Vorhersage der Zugfestigkeiten vernähter FVK muss dieses Vorhersagemodell in die Wissensdatenbank mit integriert werden. Weitere Modelle zur Vorhersage von anderen statischen und dynamischen mechanischen Festigkeiten und einer Impactbelastbarkeit vernähter FVK müssen zukünftig entwickelt werden und können anschließend ebenfalls in die Wissensdatenbank integriert werden.

Die beschriebenen Empfehlungen für eine Qualitätssicherung zur Herstellung vernähter FVK-Bauteile sind sehr allgemein und als Zukunftsvisionen zu verstehen. Allerdings können Teilbereiche sicherlich schon jetzt umgesetzt werden, um Wissensdatenbanken in der Forschung und Produktion für vernähte FVK zu installieren. Zur Erfassung von Prozess- und Produktmerkmalen existiert eine Vielzahl von Technologien. An dieser Stelle sei auf die Kapitel 3 und 4 dieser Arbeit verwiesen. Neben den eingesetzten Materialien muss für eine hohe mechanische Festigkeit neben belastungsgerechten Faserorientierungen eine Schädigung der Verstärkungstextilien und der Nähfäden im Nähprozess verringert werden.

# 7 Produktionskosten der Herstellung vernähter Textilhalbzeuge als Teilprozess der Faserverbundkunststoff-Fertigung

Wie bereits in den Kapiteln 2, 3, 4 und 5 gezeigt wurde, ist der Einsatz von Nähtechnologien in der Serienfertigung von Textilpreforms noch nicht Stand der Technik. Details über die mechanischen Festigkeiten von vernähten FVK sind noch nicht komplett untersucht worden, so dass die Kenntnisse erweitert werden müssen. Zur Zeit fehlen zur Gestaltung vernähter FVK-Bauteile noch Konstruktionsrichtlinien. Weiterhin sind die Erfahrungen des industriellen Einsatzes von Nähtechnologien in der Konfektionierung von Textilpreforms sehr gering. In diesem Kapitel soll nun ein Ausblick auf die wirtschaftliche Bedeutung der Nähtechnologien in der Herstellung von Textilhalbzeugen in den nächsten Jahren und eine Abschätzung der Produktionskosten anhand eines einfachen Beispiels für den Einsatz von Doppelsteppstichtechnologien und einseitige Nähtechnologien gegeben werden. Dies erfolgt im Vergleich zu bekannten Kosten des Handlaminierens bzw. Handlegens.

## 7.1 Zukünftige wirtschaftliche Bedeutung der Nähtechnologien in der Textilhalbzeugherstellung

Die Faserproduktion im Jahr 1999 ist in Abb. 7-1 dargestellt. Die produzierte Menge an Glasfasern übertrifft die Gesamtproduktionsmenge von Carbon- und Aramidfasern um das 5,6-fache. Diese Zahlen [nn00b, nn01a] sind allerdings nicht in Kurzfaser- und Endlosfaserproduktion (Endlosfilamentproduktion) unterteilt. Endlosfilamente werden zur Herstellung von Geweben, multiaxialen Gelegen, Geflechten und Maschenwaren benötigt. Weiterhin werden Glasfasern zum Beispiel auch zur Herstellung von Dämmwollen eingesetzt. Dennoch lässt sich aus dieser Abbildung indirekt ableiten, dass generell ein Bedarf an Spezialfasern für Faserverbundwerkstoffe vorhanden ist.

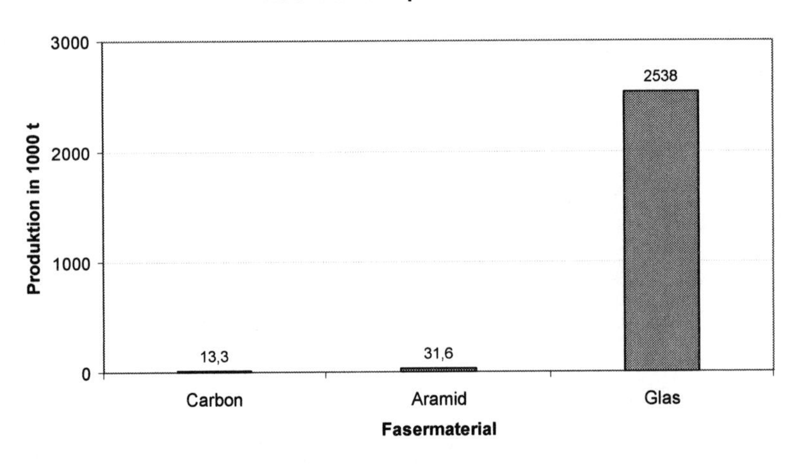


*Abb. 7-1: Faserproduktion Carbon, Aramid und Glas 1999 nach [nn00b, nn01a]*
*Fig. 7-1: Fibre Production of Carbon, Aramide and Glass in 1999 according to [nn00b, nn01a]*

Der Verbrauch an glasfaserverstärkten Kunststoffen in den USA wurde in der Literatur [nn01b] evaluiert (Abb. 7-2). Für 2005 wird ein weiterer Anstieg prognostiziert. Dieser Bedarf lässt sich auch für andere Industriestaaten ableiten. Im Bereich des Transportwesens und der Sportindustrie wird ein höherer Verbrauch an GFK-Produkten zukünftig zu verzeichnen sein. Durch die Entwicklung der Endverbraucherbenzinpreise inkl. steuerlicher Abgaben (Mehrwertsteuer, Umweltsteuer, Benzinsteuer) der letzten Jahre und die Diskussionen zur Einführung von Mautgebühren wird das Straßentransportwesen zum Einsatz von leichteren Materialien gezwungen. Ferner weist die Gesellschaft der Industrienationen durch ihre Sportaktivitäten in der Freizeitgestaltung einen hohen Bedarf auf. Hier werden zum Teil schon FVK, insbesondere GFK, eingesetzt, so dass dieser Markt in Zukunft ebenfalls expandieren wird. Den Anstieg des FVK-Marktes belegen auch Prognosen nach Byrne [byrNN] (Abb. 7-3).

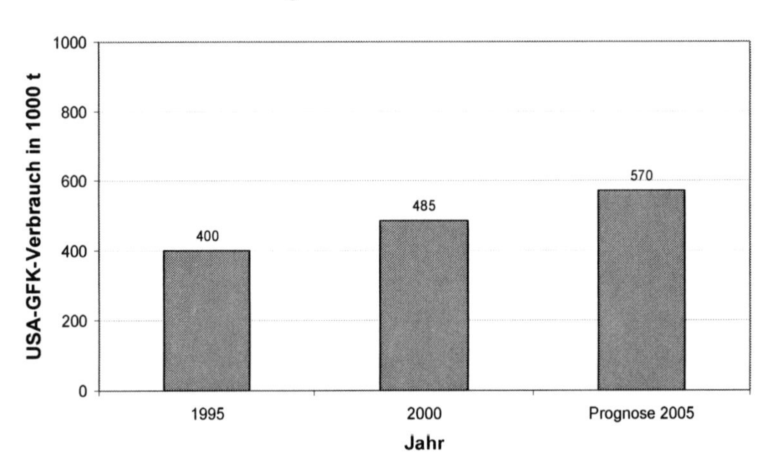


*Abb. 7-2:* *Verbrauch von glasfaserverstärkten Kunststoffen der USA nach [nn01b]*
*Fig. 7-2:* *Consumption Glass Fibre reinforced Polymers in the United States of America according to [nn01b]*

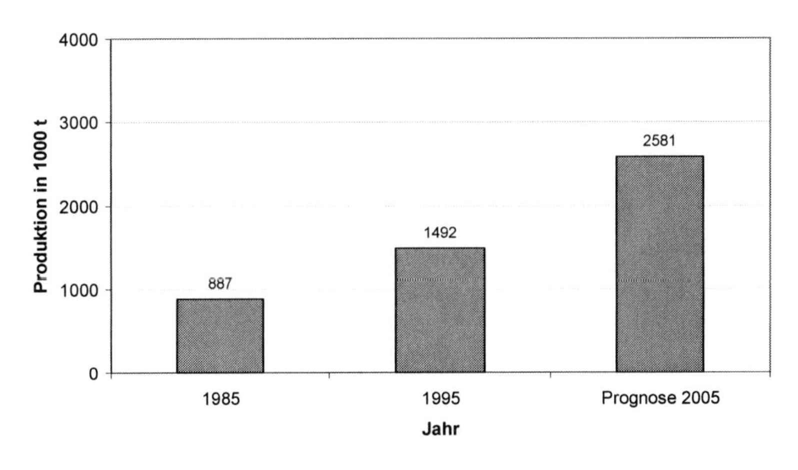


*Abb. 7-3:* *Weltweiter FVK-Verbrauch nach [byrNN]*
*Fig. 7-3:* *Worldwide Consumption of FRP according to [byrNN]*

Generell sollte bei den vorgestellten Prognosen berücksichtigt werden, dass politische und wirtschaftliche Einflüsse die vorhergesagte zukünftige Entwicklung der FVK-Produktion negativ beeinflussen können.

Für die zukünftige Fertigung komplexer FVK-Bauteile mit speziellen mechanischen Eigenschaften wird die Konfektionierung von Textilhalbzeugen mittels Nähtechnologien wichtig sein. Somit wird auch ihre wirtschaftliche Bedeutung weiter zunehme.Daher erfolgt im folgenden Abschnitt eine stark vereinfachte Berechnung der Herstellungskosten unter Einsatz einer Doppelsteppstichtechnologie zur Fertigung von Textilpreforms.

## 7.2 Kostenkalkulation für die Textilhalbzeugherstellung

Am Beispiel eines Textilpreforms aus multiaxialen Glasgelegen mit Stringerversteifungen (Abb. 7-4) werden nun die entstehenden Kosten der Herstellung verdeutlicht. Dies sind in erster Linie Investitions-, Material-, Lohn- und Energiekosten. Die genaue Berechnung der Kosten ist in Kapitel 12.6 im Anhang dargestellt. Die Kostenkalkulation erfolgt teilweise auf Basis von durchgeführten Umfragen. Die Kalkulationen erfolgen im Vergleich von Handlegen, konventionelles Nähen und einseitiges Nähen.

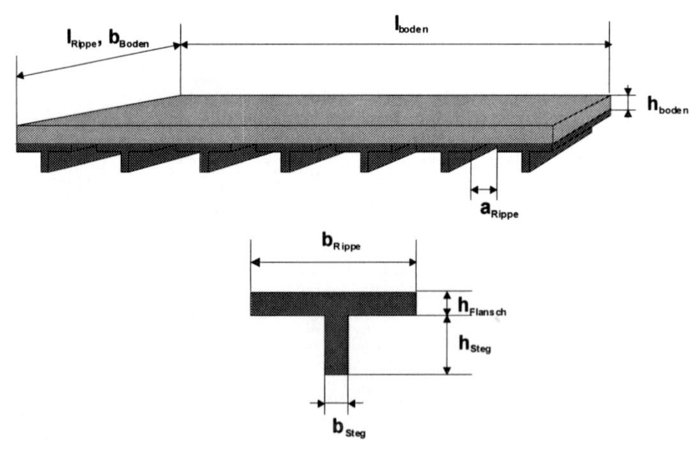


*Abb. 7-4: Anordnung des vernähten Textilpreforms*
*Fig. 7-4: Arrangement of the stitched Textilpreform*

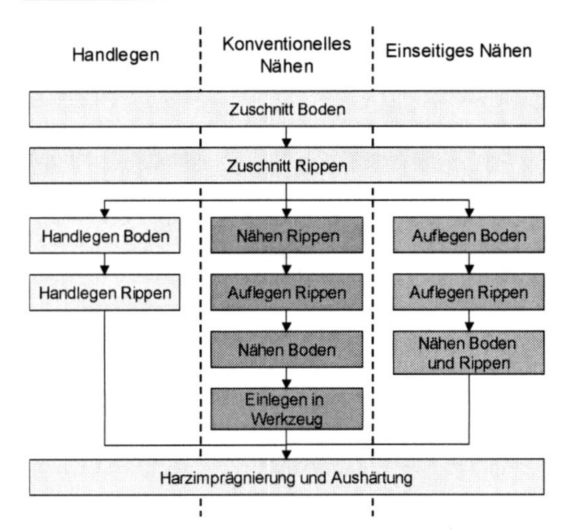


*Abb. 7-5: Vergleich der Arbeitsabläufe*
*Fig. 7-5: Comparison of the Work Flow*

Ein grober Vergleich der Arbeitsabläufe der drei genannten Verfahren ist aus Abb. 7-5 ersichtlich. Alle Verfahren besitzen zu Beginn das Zuschneiden des multiaxialen Geleges für die Bodenfläche und die Rippenversteifungen.

Beim Handlegen werden zunächst der Boden und dann die Rippen in das Werkzeug eingelegt und durch das Werkzeug fixiert.

Beim konventionellen Nähen werden zunächst die Rippen fixiert bzw. genäht. Anschließend werden die Rippen einzelnen auf den Boden aufgenäht. Im Anschluss wird das Textilpreform in das Werkzeug zur Harzimprägnierung und zum Aushärten eingelegt.

Beim einseitigen Nähen werden die Rippen direkt auf den Boden im Werkzeug aufgelegt und durch das Werkzeug fixiert. Im weiteren Arbeitsschritt werden alle Nähte durch den einseitigen Nähkopf im Werkzeug erzeugt. Dies ist eine Annahme, denn zur Zeit werden noch Textilpreforms zunächst in einer Aufspannform einseitig vernäht und dann in das Werkzeug eingelegt. Forschungsvorhaben beschäftigen sich aber schon mit dem Nähen im späteren Harztränkungs- und Aushärtungswerkzeug (BMBF-INTEX).

Mit konventionellen Nähverfahren kann nicht im Werkzeug genäht werden, weil dort das Nähgut und nicht der Nähkopf geführt wird. Weiterhin können große Abmessungen nicht ohne Faserondulierungen in dem Verstärkungstextil mittels konventioneller Nähtechnologien vernäht werden.

Im Anschluss an die Textilhalbzeugherstellung aller drei vorgestellter Verfahren wird im Autoklaven mittels Infusions- oder Injektionsverfahren das duroplastische Harz eingebracht und ausgehärtet.

Zur Herstellung des Textilhalbzeugs wird dies bei der Verarbeitung auf der Langarmdoppelsteppstichnähmaschine (konventionelles Nähen) geklappt. Der Nachteil der Faserondulierungen wird dabei in Kauf genommen. Hierzu folgt ein Vergleich eine Kostenkalkulation für den Einsatz einseitiger Nähtechnologien.

Die Investitionskosten für die Doppelsteppstichtechnologie unterteilen sich in Aufwendungen für die Nähmaschine, die Textilzuführung und die Transportvorrichtung bzw. Lagerboxen (Abb. 7-6). Die Nähmaschine ist zum Vernähen von schweren Textilien ausgelegt. Die Textilzuführung hat die Aufgabe, die Verstärkungstextilien bei der Herstellung der Versteifungsprofile zu klappen und sie der Nähmaschine zuzuführen. Die Lagerbox dient zur Zwischenlagerung und zum Transport der Zwischenprodukte.

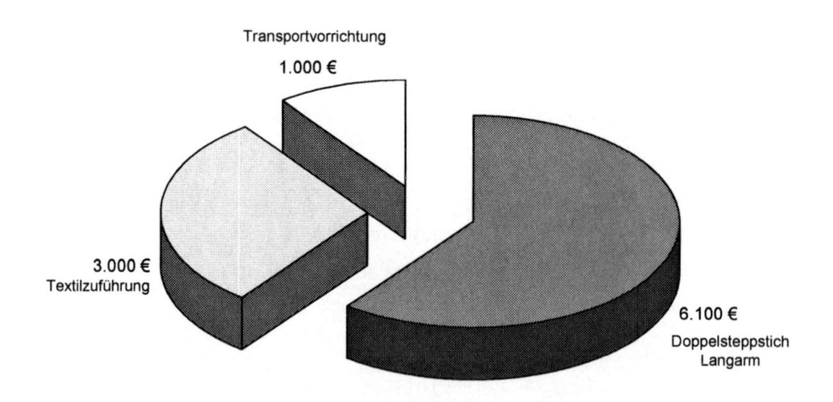


*Abb. 7-6: Anschaffungskosten einer Doppelsteppstichnähanlage*
*Fig. 7-6: Initial Costs for a Lockstitch-Installation*

Die gesamten Anschaffungskosten für die Doppelsteppstichtechnologie belaufen sich auf 10.100 € (Abb. 7-6). Dabei wurden nur die reinen Anlagenkosten berücksichtigt.

Die Investitionskosten für die einseitige Nähtechnologie unterteilen sich in Aufwendungen für den einseitigen Nähkopf, den Roboter plus Steuerung zur Aufnahme und Bewegung des Nähkopfes, die Textilzuführung bzw. Nähguthalterung und die Transportvorrichtung bzw. Lagerboxen (Abb. 7-7). Die Textilzuführung bzw. Halterung hat die Aufgabe, die Verstärkungstextilien bei der Herstellung der Versteifungsprofile zu halten und in einem zweiten Schritt die geklappten Versteifungsprofile auf dem Basistextil für den Nähvorgang zu fixieren. Die Lagerbox dient zur Zwischenlagerung und zum Transport der Zwischenprodukte. Die gesamten Kosten betragen 98.000 €

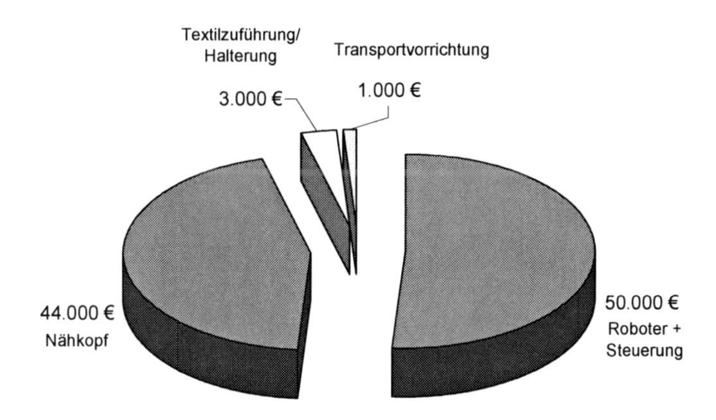


*Abb. 7-7: Anschaffungskosten einer einseitigen Nähanlage*
*Fig. 7-7: Initial Costs for a One-sided-Stitching-Technology-Installation*

Im Vergleich zur Doppelsteppstichtechnologie sind die Investitionskosten der einseitigen Nähtechnologie aufgrund des Nähkopfes und der Robotertechnologie höher.

In der kalkulatorischen Abschreibung wird die Wertminderung der anzuschaffenden Technologien in Form einer linearen Abschreibung der Investitionskosten auf eine Laufzeit von 8 Jahren und zusätzlich Raumkosten berücksichtigt.

Die Materialkosten beinhalten die Kosten für das Verstärkungstextil und die Nähfäden. Die Lohnkosten umfassen die Arbeitszeit einer Fachkraft zum Zuschneiden und Vernähen der Verstärkungstextilien. Die Fachkraft besitzt Fachkenntnisse in der Faserverbundkunststofftechnologie. Die Energiekosten sind der Aufwand für die notwendige elektrische Energie der Nähanlage und der Textilzuführung. Wartungsmittelkosten wurden nicht berücksichtigt.

Die Kosten zur Herstellung von Textilpreforms mit einer Losgröße von 1000 Stück sind aus Abb. 7-8 zu ersehen. Das betrachtete Textilpreform besteht aus multiaxialen Glasgelegen mit Stringerversteifungen und wird mit Hilfe des Doppelsteppstichnähverfahrens hergestellt.

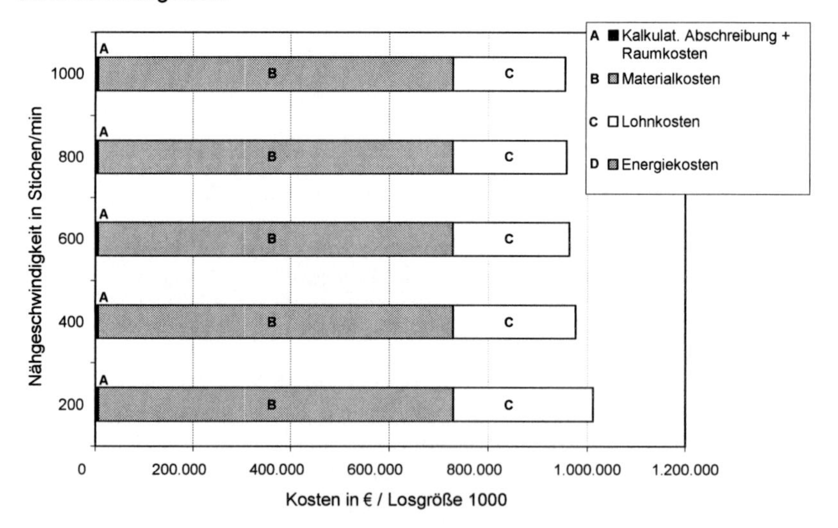


*Abb. 7-8: Herstellungskosten für 1000 mittels Doppelsteppstich vernähte Textilpreforms*

*Fig. 7-8: Manufacturing Costs for 1000 double lockstitched Textilpreforms*

In Abb. 7-8 werden die Kosten in Abhängigkeit einer Nähgeschwindigkeitserhöhung dargestellt. Die Materialkosten (722.826,15 €) bleiben konstant. Die kalkulatorische Abschreibung inklusive Raumkosten sinken von 6.696,23 € bei einer Stichgeschwindigkeit von 200 Stichen/min auf 5.366,48 € bei 1000 Stichen/min. Durch die höhere Produktionsgeschwindigkeit werden die Raumkosten und die Abschreibungskosten bezogen auf die Herstellung von Textilpreforms mit einer Losgröße von 1000 verringert. Die Energiekosten sind im Vergleich zu den gesamten Kosten sehr gering (vgl. Kapitel 12.6). Die Lohnkosten verringern sich durch die Erhöhung der Nähgeschwindigkeit und einer daraus resultierenden verkürzten Nähzeit von 282.000 € bei einer Nähgeschwindigkeit von 200 Stichen/min auf 226.000 € bei 1000 Stichen/min. Höhere Nähgeschwindigkeiten verringern lediglich die Hauptzeit.

Die Kosten zur Herstellung von Textilpreforms mit einer Losgröße von 1000 mit Hilfe das Roboter basierte einseitigen Nähverfahrens sind aus Abb. 7-9 zu ersehen. Es werden multiaxiale Glasgelege mit Stringerversteifungen wiederum betrachtet. In Abb. 7-9 werden die Kosten Abhängigkeit einer Nähgeschwindigkeitserhöhung dargestellt.

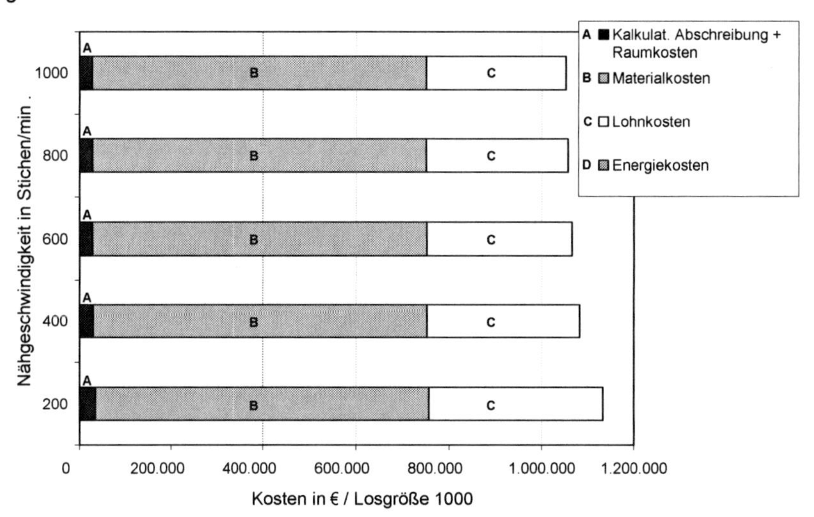


*Abb. 7-9: Herstellungskosten für 1000 einseitig vernähte Textilpreforms*
*Fig. 7-9: Manufacturing Costs for 1000 one-sided stitched Textilpreforms*

Die Materialkosten (722.826,15 €) bleiben konstant. Die kalkulatorische Abschreibung inklusive Raumkosten sinken von 33.953,94 € bei einer Stichgeschwindigkeit von 200 Stichen/min auf 27.211,31 € bei 1000 Stichen/min. Durch die höhere Produktionsgeschwindigkeit werden die kalkulatorischen Abschreibungskosten und die Raumkosten bezogen auf die Herstellung von Textilpreforms mit einer Losgröße von 1000 Stück verringert. Die Energiekosten sind im Vergleich zu den gesamten Kosten gering (vgl. Kapitel 12.6 im Anhang). Die Lohnkosten verringern sich durch die Erhöhung der Nähgeschwindigkeit und einer daraus resultierenden verkürzten Nähzeit von 376.000,00 € bei einer Nähgeschwindigkeit von 200 Stichen/min auf 301.333,33 € bei 1000 Stichen/min für das Roboter gestützte einseitige Nähverfahren.

Aufgrund der höheren kalkulatorischen Abschreibung und der Raumkosten für das einseitige Nähverfahren und der höheren Lohnkosten basierend auf einen erforderlichen höher qualifizierten Mitarbeiter zur Roboterprogrammierung liegen die Herstellkosten im Vergleich Doppelsteppstichnähverfahren und einseitige Nähverfahren beim einseitigen Nähverfahren höher. Die Materialkosten sind in beiden Verfahren gleich, weil die gleichen Nahtanordnungen und Abmessungen für das Textilpreform/Textilhalbzeug gewählt wurden. Bei den Materialkosten wurde ein Verschnitt von 30% des Verstärkungstextils mit berücksichtigt.

Zum Vergleich der Nähverfahren gegenüber Handlaminierverfahren wurden die Kosten gegenüber gestellt (Abb. 7-10). Die einzelnen Kosten für die Nähverfahren und die Berechnungen für das Handlegen werden in Kap. 12.6 im Anhang bestimmt. In diesem Vergleich der Verfahren wird das Textilpreform aus Abb. 7-4 zu Grunde gelegt. Zusätzlich erfolgt die Harzimprägnierung und Aushärtung von Hand und im Autoklaven. Diese Kosten werden jedoch nicht berücksichtigt. In Abb. 7-10 werden die reinen Herstellkosten ohne Harzimprägnierung und Aushärtung berücksichtig. Ebenso sind keine Anschaffungskosten bzw. kalkulatorische Abschreibung inklusive Raumkosten für Zuschnittanlagen enthalten. Der Zuschnitt erfolgt von Hand.

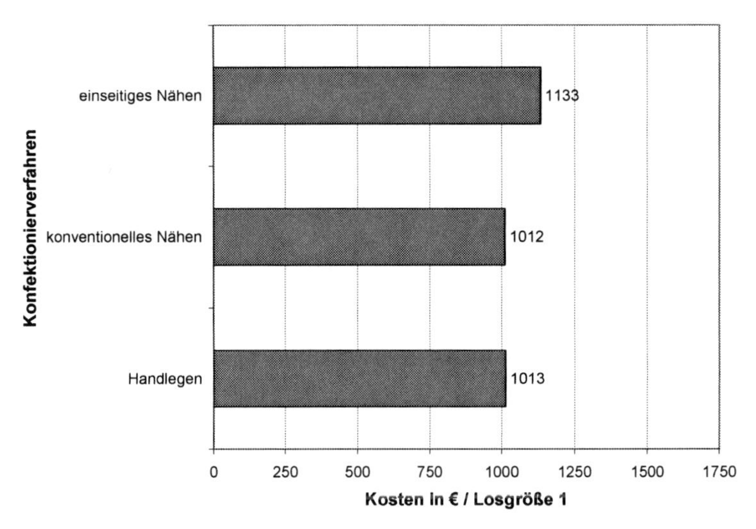


*Abb. 7-10: Vergleich der Herstellungskosten für 1 Textilpreform*
*Fig. 7-10: Comparison of the manufacturing Costs for 1 textile Preform*

Im Vergleich des Handlegens zu konventionellen Nähverfahren (Doppelsteppstich) und Roboter gestützten einseitigen Nähverfahren weisen Handlegen und konventionelle Nähverfahren ähnliche Herstellkosten in Höhe von 1012 bzw. 1013 € auf. Die einseitigen Nähverfahren liegen ca. 120 € pro erstelltes Textilpreform darüber. Der Kostenvergleich zeigt, dass der Einsatz von konventionellen Nähverfahren nicht unwirtschaftlicher im Vergleich zum Handlegen ist. Die einseitigen Nähverfahren sollten nur dort eingesetzt werden, wo die Qualität des Bauteils – z. B. spezielle mechanische Festigkeiten – dies erfordern. Es muss allerdings auch bedacht werden, dass bei höheren Losgrößen bei einseitigen Roboter gestützten Nähverfahren Herstellkosten durch eine bessere Ausnutzung des Bedien- bzw. Beschickpersonals gesenkten werden könnten. Dies ist allerdings abhängig von der Komplexität des Bauteils. Weiterhin sind Losgrößen von 1000 für FVK-Bauteile für die Luft- und Raumfahrt sehr groß. Aufgrund der zur Zeit noch geringen industriellen Erfahrungen mit dem Einsatz von konventionellen oder einseitigen Nähtechnologien kann zur Zeit keine befriedigende Aussage den Einfluss der Losgröße auf die Herstellkosten bei der Textilpreformherstellung getroffen werden.

## 7.3 Nutzwertanalyse

Die Abb. 7-11 beinhaltet eine Bewertung des Einsatzes der Verfahren Handlegen, konventionelles Nähen/Doppelsteppstich und Roboter gestütztes einseitiges Nähen. Durch das Vernähen können im Vergleich zum Handlegen auch 3D-Verstärkungen erzielt werden. Beim konventionellen Nähen muss bei der Herstellung von Textilpreforms mit großen Abmessungen das Nähgut geklappt werden. Dies führt zu Faserondulierungen. Beim Handlegen als auch beim Roboter gestützten einseitigen Nähen können große Abmessungen ohne Klappungen hergestellt werden. Für sehr große Abmessungen müssen teilweise neue Handhabungsgeräte entwickelt werden (vgl. Kap. 6, Eisgreifer).

| | **Handlegen** | **Konventionelles Nähen** | **Roboter gestütztes Nähen** |
|---|---|---|---|
| Spezielle mechanische Eigenschaften | - | + | + |
| Bauteilabmessungen | + | - | ++ |
| Gesamte Herstellungskosten | + | + | - |
| Materialkosten | - | - | - |
| Reproduzierbarkeit | - | +- | +- |
| Prozesssicherheit | - | +- | + |

*Abb. 7-11: Vergleich der Wirtschaftlichkeit der Verfahren zur Konfektionierung von Textilpreforms*
*Fig. 7-11: Comparison of the Economy of the Tayloring Processes for the Manufacturing of Textile Preforms*

Das Handlegen und das konventionelle Nähen besitzen die geringeren Herstellungskosten. Daher sollte das Roboter gestützte einseitige Nähen zur Erzielung spezieller mechanischer Eigenschaften in Textilhalbzeugen mit großen Abmessungen eingesetzt werden. Bei den Roboter gestützten einseitigen Nähverfahren besitzen neben den hohen Materialkosten sowie Lohnkosten die kalkulatorische Abschreibung einen sehr großen Einfluss auf die Höhe der Herstellkosten (vgl. Kapitel 7.2). Die Lohnkosten sind beim Roboter gestützten einseitigen Nähverfahren aufgrund der notwendigen höheren Qualifikation der Mitarbeiter zur Roboterprogrammierung bzw. Bedienung ebenfalls im Vergleich zum Handlegen und konventionellen Nähen größer. Die Energiekosten sind bei allen 3 Verfahren im Vergleich zu den restlichen Kosten sehr gering. Die Materialkosten seien an dieser Stelle extra nochmals erwähnt, weil sie durch eine bessere Zuschnittgestaltung ein großes Potenzial an Kosteneinsparung liefern und bei allen drei Verfahren gleich negativ zu Buche schlagen.

Bei allen Betrachtungen muss berücksichtigt werden, dass es sich bei der Herstellung von Hochleistungs-FVK sehr häufig um Einzelteil- oder Kleinserienfertigungen handelt. Bei der Investition in Maschinen- und Anlagentechnologien muss daher das Flexibilitätspotenzial der anzuschaffenden Technologien bedacht werden. Kostenreduzierungen können durch eine ausgewogene Wahl der einzusetzenden Verstärkungstextilien und Fasermaterialien beeinflusst werden. Hierbei ist es allerdings wichtig, dass die Anforderungen an die mechanischen Festigkeiten bei der Auswahl berücksichtigt werden. Der Steigerung der Nähgeschwindigkeit sind Grenzen gesetzt. Spröde Materialien lassen sich nur bei geringeren Geschwindigkeiten vernähen. Die Nähanlagen müssten dazu modifiziert werden. Hierzu sind weitere zukünftige Untersuchungen zur Verarbeitbarkeit notwendig. Eine Verringerung der Zuschnittzeit der Verstärkungstextilien und Minimierung des Verschnitts beim Zuschneiden könnte durch die Anschaffung von Einzellagenzuschnittanlagen erzielt werden. Jedoch müssen diese Investitionskosten in einem ausgewogenen Verhältnis zur Verringerung der Lohnkosten durch eine Erhöhung der Nähgeschwindigkeit und Verringerung der benötigten Zuschnittzeit stehen.

Die vorgestellten Berechnungen zeigen, dass die Produktionskosten zur Herstellung vernähter Textilpreforms für FVK ermittelt werden können. Der hier vorgestellte Betrachtungsansatz kann als eine Grundlage zur wirtschaftlichen Betrachtungsweise der Nähtechnologien in der Textilhalbzeugherstellung gesehen werden.

# 8 Ausblick auf Prozess und Qualität der Nahtbildungsprozesse für Faserverbundkunststoffe

Kurzfristig müssen innerhalb der nächsten 3 bis 5 Jahre beim Vernähen von Faserverbundkunststoffen der Nähprozess verbessert und die Wirkzusammenhänge zwischen Verstärkungstextil, Nähfaden, Nahtanordnung und Matrixsystem auf die Bauteilfestigkeit weiter untersucht werden. Im Nähprozess muss eine Verringerung der Umlenkstellen angestrebt werden. Außerdem sollten die Reibelemente durch neue Werkstoffe und Oberflächentechnologien verbessert werden. Aktive Nähfadengebersysteme könnten in die Nähprozesse integriert werden. Zusätzlich werden intelligente Zuführsysteme benötigt, um komplexe 3D-Textilhalbzeuge konfektionieren zu können. Überdies sind aber auch Nähfäden erforderlich, die einerseits hochfest sind und andererseits Querbelastungen im Nähprozess standhalten. Der Einfluss der Schädigung der Nähfäden durch den Nähprozess muss zukünftig untersucht werden. Die mikromechanischen Einflüsse der gesamten Herstellungskette auf die makromechanischen FVK-Bauteilfestigkeiten müssen analysiert werden. Zur Auslegung vernähter FVK-Bauteile müssen die Berechnungsmodelle weiter entwickelt werden, die nicht nur auf empirischen Versuchsergebnissen basieren, sondern die grundlegenden Wirkzusammenhänge beinhalten. Ansätze zur Beschreibung des 3D-Versagensverhaltens von FVK-Bauteilen liefert zum Beispiel Puck [puc96]. Durch Berechnungsmodelle werden die Bauteilkonstrukteure in die Lage versetzt, Simulationsmethoden zur Vorherbestimmung der Bauteilfestigkeiten zu erstellen. Diese müssen natürlich mittels realer Festigkeitsuntersuchungen bzw. -nachweise validiert werden. Besonders wichtig ist die Ermittlung der mechanischen Belastbarkeit vernähter Bauteile hinsichtlich interlaminarer und intralaminarer dynamischer und stoßartiger Belastungen. Darüber hinaus müssen auch die statischen Festigkeiten hinsichtlich dem Nähfadenmaterial, der Nähparametervariation und der Nahtrichtung ermittelt werden. Insbesondere die statische Zug-, Druck-, Biegefestigkeit sowie Interlaminares Schälen sollte untersucht werden. Zusätzlich muss der Einfluss der Abweichungen der 3D-Nähfadenanordnung in Nähten von FVK auf die Festigkeitsschwankungen ermittelt werden. Dies kann z. B durch Lichtmikroskopie oder REM erfolgen. Diese Festigkeitskenntnisse sind Grundvoraussetzung zur Bildung von Berechnungsmodellen und Simulationen. Hieraus sollten Wissensdatenbanken entwickelt werden. Letztere bilden dann die Basis zur Konfektionierung vernähter komplexer FVK-Bauteile. Hierzu muss aber auch der Einsatz von anderen Verstärkungstextilien, wie z. B. Geflechten, Gewirken und 3D-Textilien, neben multiaxialen Gelegen und Geweben untersucht werden.

Neben der Verbesserung des Nähprozesses müssen auch Zuschnitt- und Handlingsysteme für Verstärkungstextilien entwickelt werden, die die unterschiedlichen Anforderungen insbesondere für 3D-Verstärkungstextilarten berücksichtigen. Dabei werden auch Softwarelösungen zur Schnittgestaltung benötigt. Zur Zeit existieren Schnittgestaltungslösungen für flächige Verstärkungstextilien. In diese Lösungen müssen zukünftig auch das unterschiedliche Drapierverhalten von Verstärkungstextilien und die Schnittgestaltung von 3D-Verstärkungstextilien und Abstandstextilien integriert werden. So bestünde zeitnah die Möglichkeit, komplexe vernähte FVK-Bauteile aus verschieden Verstärkungstextilarten zu konfektionieren und spezielle mechanische Eigenschaften zu kreieren.

Langfristig müssen die vorhandenen konventionellen (Steppstich, Kettenstich, Blindstich) als auch die einseitigen Nähverfahren (ITA, Altin, KSL-Bogenstich) und das einseitige Tufting-Verfahren in einer Nähzelle integriert werden. So können diverse Nahtarten und Nähaufgaben in einer Bearbeitungsstation konzentriert und durchgeführt werden. Dies ist besonders empfehlenswert für Hochleistungs-FVK-Bauteile. Durch die unterschiedlichen Nähverfahren lassen sich die Nähaufgaben Säumen (Versäubern), Fixieren, Fügen, Fügen mit Kraftleitung und 3D-Verstärken verbinden. Denkbar ist heute schon der Einsatz einer quasiisotropen Naht zur Erhöhung der Scher-, Schäl-, Druck- und Zugfestigkeiten senkrecht zur Hauptverstärkungsebene. Hierzu müssen zum Transport zwischen den einzelnen Verarbeitungsstationen Handhabungsgeräte entwickelt werden, die die Verstärkungstextilien nicht schädigen. Denkbar sind zukünftig portal- oder robotergestützte Handhabungssysteme.

Zur Verringerung der Herstellkosten müssen zukünftig bezahlbare Automatisierungstechnologien entwickelt werden. Weiterhin müssen Untersuchungen mit dem Ziel der Verringerung des Verschnittes von 30 % beim Zuschnitt von Verstärkungstextilien durchgeführt werden.

Kurzfristig wird der Einsatz der Nähtechnologien für FVK-Bauteile in der Luft- und Raumfahrt ansteigen, sofern die Grundlagen zur Festigkeitsberechnung geschaffen werden. Für die Automobilindustrie ist die Herstellung von FVK-Bauteilen für Struktur- und Sicherheitsbauteile ebenso interessant, sofern die mechanischen Eigenschaften speziell durch die Nähtechnologien eingestellt werden können. Faserverbundkunststoffe besitzen die Möglichkeit, Steifigkeiten einstellen zu können. Für den Fußgänger oder Rad- bzw. Zweiradfahrerschutz bei Verkehrsunfällen könnten durch die Kombination unterschiedlicher mechanischer Eigenschaften durch unterschiedliche Verstärkungstextilien ebenso neue Anwendungsgebiete für FVK gefunden werden. Durch die Konfektionierung könnten ebenso Windkraftanlagen mit neuen Flügelformen hergestellt werden. Durch die Entwicklung von Krafteinleitungs- bzw. Verbindungspunkten mittels Nähtechnologien könnten unterschiedliche Materialien, wie Metall, Faserverbundkunststoffe oder Beton miteinander verbunden werden. Hierbei könnten form- und kraftschlüssige kraftleitende Verbindungen erzeugt werden. Ein Anwendungsgebiet unter Beachtung der Korrosionsproblematik wäre die Luft- und Raumfahrt. Hier sind vereinfachte Anbindungen verschiedener Werkstoffe wichtig. Durch die Kombination von FVK und Beton könnten zukünftig auch für Industriebauten maschinenschwingungsdämpfende Gebäude erstellt werden. Neben neuen Produkten könnten Nähte in FVK Folgeprozesse verbessern helfen. Durch spezielle Textilhalbzeuganordnungen und Kombination von Verstärkungstextilarten könnte die Harzverteilung im Textilhalbzeug verbessert werden.

Zukünftig ist es für den Konstrukteur von FVK-Bauteilen wichtig, Konstruktionsrichtlinien bzw. –hinweise für die Gestaltung von vernähten FVK-Bauteilen zu erhalten. Hierbei muss der Herstellungsprozess ganzheitlich von der Auslegung, über der Faserherstellung, der Verstärkungstextilfertigung, der Harzimprägnierung und Aushärtung sowie der Nachbearbeitung betrachtet werden.

Neben der weiteren Untersuchung der theoretischen Wirkzusammenhänge zwischen den einzelnen Werkstoffkomponenten und den Herstellungsstufen vernähter FVK-Bauteile können neue Produkte entwickelt werden. Dazu sind maschinenbauliche Weiterentwicklungen inklusive einer hohen Automatisierung notwendig. Die Automatisierung muss hierbei zur Erhöhung der Flexibilität bei der Produktherstellung dienen. FVK-Struktur-Bauteile besitzen in fast allen Fällen keine hohen Stückzahlen in der Fertigung, sondern sie werden in einer niedrigen Stückzahl bis hin zu Einzelanfertigungen hergestellt. Hier muss die Automatisierungstechnik helfen, die hohen Bauteilqualitäten zu garantieren. Hierzu müssen die Produktionskosten unterschiedlicher Verfahren zur Herstellung vernähter FVK weiterhin ermittelt werden.

Durch die Prozessverbesserungen und die daraus resultierende verbesserte Prozessbeherrschung erhöht sich die Qualität vernähter FVK-Bauteile. Mit Hilfe der Nähverfahren sind Faserverbundwerkstoffe die Werkstoffe der Zukunft. Hierzu müssen allerdings die Herstellungsprozesse in der gesamten Herstellungskette betrachtet werden.

# 9 Zusammenfassung

Diese Arbeit präsentiert den Einsatz konventioneller Nähtechnologien in Faserverbundkunststoffen. Mittels einer Prozessstrukturierung des Doppelsteppstich- und des einseitigen ITA-Nähverfahrens wurde ein Modell über die Wirkzusammenhänge zwischen Verstärkungstextil, Nähfaden und Nähprozess erstellt. Als wesentlicher Faktor zur Schädigung des Nähfadens konnten mit Hilfe des Modells Reibungseinflüsse und starke Umlenkwinkel ausgemacht werden. Der Nähfaden wird im Nähprozess zugbelastet, biegebelastet und tordiert. Die Gesamtbelastung besteht aus einer Überlagerung von statischen und dynamischen Einzelbelastungen.

Die Analyse der Nähprozesse ist ebenfalls bedeutend zum Verständnis der Nahtbildung in den Nähverfahren. Die Analyse der Nahtbildung erfolgte mit Hilfe von Festigkeitsuntersuchungen an Nähfäden und dem vernähten FVK-Bauteil. In Ergänzung zu den durchgeführten Reibmessungen der Nähfäden unter nähprozessähnlichen Gegebenheiten wurde die Annahme validiert, dass die Fadenleit-Elemente im Nähprozess die Nähfadenkräfte wesentlich beeinflussen. Eine Abhängigkeit dieser Kräfte vom Nähfadenmaterial wurde nachgewiesen. Zur Beurteilung des Nadeleinflusses auf den Nähprozess wurde durch Nadeleinstichkraftuntersuchungen festgestellt, dass die Fixierfäden bei multiaxialen Gelegen und die Verschiebefestigkeit der Fasern im Textil stark zur Streuung der Nadeleinstichkräfte beitragen. Dieser Umstand ist bedeutend zur Erzielung gleicher Nahtqualitäten bei unterschiedlichen Verstärkungstextilien.

Der Streifenzugversuch an vernähten Verstärkungstextilien ist zur Beurteilung der Nahtqualität in Verstärkungstextilien ungeeignet. Die Festigkeitsuntersuchungen vernähter FVK-Bauteile ergaben, dass die Nahtanzahl eine Verringerung der statischen Zugfestigkeit bewirkt. Im Vergleich dazu verändern Nähte bei den untersuchten Materialien nicht die dynamische Zugschwellfestigkeit. Bei den statischen Biegeuntersuchungen konnte keine Änderung der Biegefestigkeit durch Nähte bei den ausgesuchten Probematerialien erzielt werden. Die statische interlaminare Scherfestigkeit kann durch Nähte in FVK erhöht werden. Hier spielt auch die Nahtanordnung eine wichtige Rolle. Die Ergebnisse der dynamischen interlaminaren Scherfestigkeit konnten nicht eindeutig interpretiert werden. Hierzu fehlten die mikromechanischen Wirkzusammenhänge bei der Beanspruchung von vernähten FVK-Bauteilen zur Beurteilung. Das interlaminare Schälverhalten wird durch Nähte verbessert. Wichtig ist hierbei jedoch die Auswahl eines geeigneten Nähfadenmaterials. Bei der Schälfestigkeit von Quernähten wurde festgestellt, dass ein mathematischer Zusammenhang zwischen interlaminarer Schälkraft und den Schlingenfestigkeiten der Nähfäden besteht. Diese mathematische Aussage muss für andere technische Nähfäden zukünftig validiert werden. Die mikroskopischen Aufnahmen der Nähte in FVK-Probekörpern haben gezeigt, dass die Nähfäden nicht immer gestreckt vorliegen. Weiterhin variieren die Positionen der Überkreuzungspunkte und die Lage der Schlaufen. Dies kann eine Ursache für hohe Streuungen der Festigkeitswerte in z-Richtung vernähter FVK-Bauteile sein. Eine Erhöhung der Oberflächenfestigkeit von CFK-Zahnrädern durch den Einsatz der Nähtechnologie konnte nicht erzielt werden. Zur genauen Beschreibung der Einflüsse von Nähten in FVK-Bauteile sind zukünftig grundlagenorientierte Untersuchungen notwendig.

Die Reduktion der statischen Zugfestigkeit vernähter FVK-Bauteile wurde anhand der Entwicklung eines mathematischen Modells beschrieben. Dieses Modell stellt einen ersten Ansatz zur Beschreibung der Festigkeitsreduktion durch eine mikromechanische Betrachtungsweise dar. Es muss zukünftig noch verfeinert werden.

Zur Sicherung der Qualität vernähter FVK wurde eine Vision einer Qualitätssicherungsmaßnahme auf Basis des Einsatzes von Wissensdatenbanken vorgestellt.

Die exemplarische Produktionskostenberechnung zeigt auf, dass der einseitige nähtechnische Prozess in der FVK-Herstellung kostenintensiv bleibt, weil zur Zeit keine hohen Produktionsstückzahlen in der Herstellung von FVK-Strukturbauteilen vorliegen. Durch die Kostenabschätzung im Vergleich des Handlegens, konventionellen und einseitigen Nähens wird gezeigt, dass der Einsatz von einseitigen Spezialnähverfahren nur zur Erzielung besonderer mechanischer Eigenschaften in FVK-Bauteilen mit großen Abmessungen vorteilhaft ist. Den höchsten Anteil an den Herstellkosten besitzen Material- und Lohnkosten. Die Herstellungskosten für reines Handlegen und konventionelles Nähen liegen auf einem ähnlichen Niveau und sind niedriger als für den Einsatz einseitiger Nähtechnologien. Die Materialkosten können durch eine Verringerung des Verschnitts beim Zuschnitt der Verstärkungstextilien

herabgesetzt werden. Eine Automatisierung der Herstellprozesse für Textilpreforms/Textilhalbzeuge könnte zukünftig die Lohnkosten verringern, sofern die Kosten der Automatisierung nicht den eingesparten Lohnkosten übersteigen.
Zukünftiges Ziel in der Entwicklung vernähter FVK-Bauteile muss die Weiterentwicklung vorhandener mathematischer Berechnungsmodelle zur Festigkeitsbestimmung auf Grundlage mikromechanische Betrachtungen sein. Dadurch können Simulationstechnologien entwickelt werden, welche den experimentellen Versuchsaufwand verringern können. Die zur Zeit existierenden Nähanlagen zur Konfektionierung von Verstärkungstextilien müssen hinsichtlich einer reproduzierbaren Nahtqualität und Erzielung spezieller mechanischer 3D-Eigenschaften weiter entwickelt werden. Hierbei muss für die Industrie der Einsatz dieser Nähanlagen durch Wirtschaftlichkeitsprüfungen hinsichtlich Einzelteilfertigung, Kleinserienfertigung, Personalbedarf und Anlagentechnologien im Vergleich zu anderen Verfahren zur Herstellung komplexer Textilhalbzeuge erfolgen.

Zusammenfassend lässt sich feststellen, dass der Einsatz der Nähtechnologie in der FVK-Herstellung Einflüsse auf die Bauteilfestigkeiten haben kann. Die Festigkeiten werden durch das Verstärkungstextil, den Nähfaden, die Faserorientierung und das Matrixmaterial beeinflusst. Durch eine zukünftige gesicherte Aussage über Festigkeitszuwachs oder -minderung und einzusetzende Anlagentechnologien inklusive Konstruktionshinweisen für die Gestaltung und Fertigung vernähter FVK-Bauteile wird sich langfristig die Nähtechnologie in unterschiedlichen Sparten zur Herstellung von FVK etablieren.

## Conclusion

This thesis describes the application of conventional stitching technologies for Fibre Reinforced Plastics/Polymers (FRP). By the means of a process structuring of the conventional double lockstitch principle and the one-sided ITA-Stitching principle a new model for the interrelationship between reinforcing textile, stitching thread and stitching/sewing process had been developed. The output of this model is the main influence of the damaging of the stitching thread. The stitching thread could be damaged by friction forces and great deviating angles. The stitching thread loads caused by the different stitching technologies are tensile, bending and torque loads. The complete load consists of a superposition of static and dynamic single loads.
The analysing of the stitching processes are important for the understanding of the seam forming in the different stitching processes. This analysis is based by means of strength tests of stitching threads and stitched FRP components. In addition to the realized friction force measurement of sewing threads under process like conditions the assumption of the influence of the thread guide elements on the sewing thread forces has been validated. A dependency of these sewing thread forces on the thread material was detectable. The influence of the needle on the stitching/sewing process was evaluated by means of the investigation of the needle penetration forces. The fixation threads of multi-axial layer fabrics and the displacement strength of the threads in the reinforcing textile increase the coefficient of variation of the needle penetration forces. This knowledge is important for the manufacturing of reproducible seam quality in FRP components.
The strip test on stitched reinforcing textiles is not suitable for the evaluation of the seam quality in reinforcing textiles for FRP. Static tensile strength tests of stitched FRP showed a reduction of the tensile strength depended on the count of parallel seams. Compared to this the dynamic tensile strength indicated by means of the pulsating tensile strength number did not show a strength reduction. Static bending tests display not a change of the bending strength using seams in FRP components. The static interlaminar shear strength increases using stitching in FRP manufacturing. The results of the dynamic interlaminar shear strength were not explicable. Therefore the micro mechanical actions under loadings in stitched FRP components must be

well known. The interlaminar peeling strength will be improved by seams in FRP. For this improvement the correct sewing thread material must be selected. A mathematical relationship between interlaminar peeling force of the FRP component and the loop efficiency of the sewing thread material was detected. It has to be validated for further thread materials in future investigations. The microscope tests indicate not dawned sewing threads in FRP components in the investigated stitches of different seams. The locations of the crossover points of the upper and lower/bobbin thread as well as the arrangement of the seam loops vary, too. This could be a reason for the detected higher coefficient variation of the mechanical strength in z-direction of stitched FRP components. A increase of the surface mechanical strength of carbon fibre reinforced plastics (CFRP) horn gears could not be realized by manufacturing seams in the reinforcing textiles. For the correct description of the influences of seams in FRP components new fundamental oriented investigations are necessary.

The reduction of the static tensile strength by seams in FRP components could be described by a new developed mathematical model. This mathematical model is a first description of the decrease of the static tensile strength based on a micro mechanical view. This model has to be refined in future investigations.

For the securing of the quality of stitched FRP a vision of a quality assurance arrangement based on knowledge data bases has been introduced.

The exemplary manufacturing cost calculation indicated a cost intensive one-sided stitching process in the FRP manufacturing. The number of FRP structural component piece numbers is lower compared to other industries. The costs calculation for hand laying, conventional and one-sided stitching show, that one-sided stitching technologies should only be used to reach special mechanical 3D strengthness concerning the higher manufacturing costs of this one-sided technology. The highest fraction on the manufacturing costs are the material and labour costs. The manufacturing costs for hand laying and conventional stitching are on the same level and are lower than the manufacturing costs of one-sided stitching. The material costs could be decreased by means of the reduction of the cutting waste of reinforcing textiles. The further automation of the tailoring of reinforcing textiles to 3D textile preforms could decrease the labour costs. The automation costs should not be higher then the reduced labour costs.

A future target has to be the development and improvement of mathematical models for the strength prediction of stitched FRP components based on micro mechanical actions. Thereby further simulation technologies can be developed and reduce the amount of practical mechanical strength tests for stitched FRP components. The available stitching technologies for reinforcing textiles must be improved concerning reproducible seam qualities and special mechanical 3D strength. The application of this stitching technologies must be further estimated by means of economic calculations concerning single lot manufacturing, small-lot manufacturing, staff requirement and technology facilities compared to other existing processes for the manufacturing of complex textile performs.

The application of stitching technologies in the FRP manufacturing can be realized. At present, the influence of the stitching technologies on the mechanical strength of FRP components can only be detected with measurement technologies in the complete manufacturing chain. The reinforcing textile, the sewing thread, the fibre orientation and the matrix material influence the mechanical strength of the FRP component. A future precise statement of the mechanical strength increase or strength reduction and stitching facilities including design information concerning the dimensioning and manufacturing of stitched FRP components will long-term establish stitching technologies in different application areas for the FRP manufacturing.

# 10 Verwendete Abkürzungen, Fachbegriffe und Variablen

## 10.1 Abkürzungen

| | |
|---|---|
| 2D | zweidimensional |
| 3D | dreidimensional |
| Abb. | Abbildung |
| bzw. | beziehunsgweise |
| CFK | Carbonverstärkter Faserverbundkunststoff |
| CFRP | Carbon Fibre Reinforced Polymer |
| CV-Wert | Variationskoeffizient |
| DE | Detaillierungsgebene im Phasenmodell der Produktion |
| DLR | Deutsches Zentrum für Luft- und Raumfahrt e. V. |
| DMS | Dehnmessstreifen |
| EP-Harz | Epoxidharz |
| FB | Faserbruch |
| FEM | Finite-Elemente-Methode |
| Fig. | Figure (Englisch) |
| FKV | Faserkunststoffverbund |
| FMEA | Fehler-Möglichkeits- und Einfluss-Analyse |
| FRP | Fibre Reinforced Polymer/Plastic, Faserverbundkunststoff |
| FVK | Faserverbundkunststoff |
| FVW | Faserverbundwerkstoff |
| Gl. | Gleichung |
| ILS | Interlaminare Scherfestigkeit |
| inkl. | inklusive |
| IPT | Institut für Produktionstechnologie der RWTH Aachen |
| ISS | Interlaminar Shear Stress (entspricht ILS) |
| ITA | Institut für Textiltechnik der RWTH Aachen |
| ITB | International Textile Bulletin |
| Kap. | Kapitel |
| K-D-Verhalten | Kraft-Dehnungs-Verhalten |

| | |
|---|---|
| KSL | Firma Keilmann Sondermaschinenbau Lorsch |
| MAG | Multiaxiales Gelege |
| max. | maximal |
| mech. | mechanisch |
| min. | minimal |
| N-Faden | Nadelfaden |
| O-Faden | Oberfaden |
| REM | Rasterelektronenmikroskop |
| RTM | Resin Transfer Moulding |
| SADT | Structured Analysis and Design Technique |
| SEM | Scanning Electron Microscope (engl.), siehe REM |
| SKC-Schicht | Beschichtung auf Epoxidharzbasis mit metallischen und keramischen Verstärkungspartikeln |
| S-RIM | Structural-Reaction-Injection-Moulding |
| therm. | thermisch |
| U-Faden | Unterfaden |
| UP-Harz | Ungesättigtes Polyesterharz |
| USA | United States of America |
| VE-Harz | Vinylesterharz |
| vgl. | vergleiche |
| WZL | Werkzeugmaschinenlaboratorium der RWTH Aachen |
| ZFB | Zwischenfaserbruch |
| z. B. | zum Beispiel |

## 10.2 Fachwortverzeichnis

| | |
|---|---|
| Aktor | wandelt Signale in Aktionen um |
| Aktuator | siehe Aktor |
| anisotrop | richtungsabhängig |
| Bridging | Verstärkungsfasern überbrücken den Makroriss im Rissgrund |
| Buckling | Faserkrümmung unter Druckbelastung mit anschließender welliger Delamination |
| Delamination | Lokale Ablösungen der Faserschichten |

| | |
|---|---|
| Drapierbarkeit | 3D-Verformungsverhalten von Textilien ohne Faltenwurf |
| Fachen | paralleles Aufspulen mehrerer Garne auf eine Spule zur Vorbereitung auf den Zwirnprozess |
| Faser | Glas-, Aramid- oder Carbonfaden im Verstärkungstextil |
| Faserbruch | Versagensbruch in mehreren Verstärkungsfasern |
| Faservolumen-gehalt | Volumenanteil der Fasern am Gesamtvolumen des FVK-Bauteils in % |
| Filament | Elementarfaden in Endlosfilamentgarn |
| Filamentgarn | Aus der Düse ersponnenes Garn nach dem Nass-, Schmelz- oder Trockenspinnverfahren |
| Flyer | Maschine zur Erstellung eines Vorgarns für den Ringspinnprozess |
| Flyerlunte | Materialspule des Flyers |
| Grenzfläche | Haftungszone zwischen Faser und Matrix |
| Grenzflächen-Haftung | Haftung zwischen der Grenzfläche von Faser und Matrix |
| in-plane | in-plane mechanical properties,<br>mechanische Eigenschaften in der Faserebene |
| interlaminar | zwischen Verstärkungsebenen |
| Interlaminare Scherfestigkeit | Scherfestigkeit senkrecht zur Faserverstärkungsebene (out-of-plane) |
| intralaminar | in den Verstärkungsebenen |
| Karde | Anlage zur Vereinzelung, Reinigung und Parallelisierung von Kurzfasern |
| Kops | Spule im Ringspinnprozess |
| Marktvolumen | realisierte Mengen oder Umsatz einer Produktgruppe |
| Nachtemperung | anschließende Wärmebehandlung zur Erzielung einer höheren Verkettung der Harzmoleküle |
| out-of-plane | out-of-plane mechanical properties,<br>mechanische Eigenschaften senkrecht zur Faserebene |
| Prepreg | Preimpregnated Fibres, vorimprägnierte Fasern |
| Relaxation | Entspannung des Bauteils unter konstanter Verformung |
| Rendite | Jährlicher Gesamtertrag eines angelegten Kapitals |
| Retardation | Verformung/Kriechen des Bauteils unter konstanter Spannung |
| Ringspinnen | Spinnverfahren zur Produktion von Garnen mit kurzen Faserlängen, keine Endlosfasern, mit einem umlaufenden Ring |

| | |
|---|---|
| Roving | breite Faserstränge mit einer hohen Anzahl von Einzelfasern |
| Sensor | wandelt Messgrößen in elektrische Signale um |
| Strecke | Anlage zum Verstrecken und Parallelisierung der Kurzfasern im Streckenband |
| Stringer | Mit Quer- oder Längsrippen versteifte Platte oder Schale |
| Textilhalbzeug | Halbzeug aus Verstärkungstextilien zur Weiterverarbeitung zum FVW-Bauteil |
| Textilpreform | Textiles Verstärkungshalbzeug für Faserverbundwerkstoffe |
| Tufting | Einbringen von Fadenschlaufen |
| UD-Laminat | unidirektional verstärktes Laminat, parallele Endlosfasern |
| Umsatz | Summe der verkauften und mit ihren jeweiligen Verkaufspreisen bewerteten Leistungen (Erlös) |
| vernähte FVK | Faserverbundkunststoffe, bei denen das Textilpreform vor der Harzimprägnierung vernäht wurde |
| Zwirnen | Verdrillung mindestens zweier Garne zur Verbesserung der Massengleichmäßigkeit und Erhöhung der Festigkeit |
| Zwischen-faserbruch | Versagensbruch in der Matrix bzw. in der Grenzfläche zwischen Faser und Matrix |

## 10.3 Symbole, Konstanten und Variablen

| | |
|---|---|
| $\lambda$ | Verhältnis Schmierstoff-Filmdicke zur mittleren Rauheit zweier Reibpartner |
| $\sigma$ | Rauheit |
| $\rho$ | Dichte des Aramidnähfadens |
| $\Delta l$ | Längenänderung des FVK-Probekörpers beim Zugbruch |
| $\Delta s$ | Scheränderung des Faser-Matrix-Prisma |
| $\Delta s_f$ | Scheränderung des Faser-Prisma |
| $\Delta s_{fn}$ | Scheränderung des Nähfadenprisma anteilig am Faser-Prisma |
| $\Delta s_m$ | Scheränderung des Matrix-Prisma |
| $\Delta s_{mn}$ | Scheränderung des Nähfadenprisma anteilig am Matrix-Prisma |
| $\Delta w$ | Gesamtbreitenänderung des Faser-Matrix-Prisma |
| $\Delta w_f$ | Breitenänderung des Faser-Prisma |
| $\Delta w_{fn}$ | Breitenänderung des Nähfadenprisma anteilig am Faser-Prisma |

| | |
|---|---|
| $\Delta w_m$ | Breitenänderung des Matrix-Prisma |
| $\Delta w_{mn}$ | Breitenänderung des Nähfadenprisma anteilig am Matrix-Prisma |
| $\mu$ | Reibungszahl |
| $A$ | Querschnittsfläche des FVK-Probekörpers |
| $A_F$ | Querschnittsfläche der Fasern in der Einzelschicht bzw. im FVK-Bauteil |
| $A_{Flansch}$ | Fläche an multiaxialen Glasgelege für den Rippenflansch |
| $A_{fvk}$ | Querschnittsfläche FVK-Probekörper |
| $A_{ges}$ | Gesamtfläche des multiaxialen Glasgeleges mit Verschnitt |
| $A_M$ | Querschnittsfläche der Matrix in der Einzelschicht bzw. im FVK-Bauteil |
| $A_N$ | Querschnittsfläche des Nähfadens in der Einzelschicht bzw. im FVK-Bauteil |
| $A_{Naht}$ | Nähfadenfläche im FVK-Probenquerschnitt |
| $a_{Rippe}$ | Rippenabstand |
| $A_{Rippe}$ | Fläche an multiaxialen Glasgelege für eine Versteifungsrippe |
| $A_{Steg}$ | Fläche an multiaxialen Glasgelege für den Rippensteg |
| $a_{Stich}$ | Stichabstand |
| $A_{Textilpreform}$ | Fläche des Verstärkungstextils für das Textilpreform ohne Verschnitt |
| $A_{Verschnitt}$ | Verschnitt beim Verstärkungstextilzuschnitt |
| $b$ | FVK-Probenbreite |
| $b_{boden}$ | Bodenbreite |
| $b_{fvk}$ | FVK-Probekörperbreite |
| $b_{Rippe}$ | Rippenbreite |
| $b_{steg}$ | Stegbreite |
| $c_{\#}$ | Steifigkeit des Einzelschichtverbundes für Schubbeanspruchung |
| $C_{ges}$ | Gesamtsteifigkeitsmatrix des FVK-Probekörpers |
| $c_{\parallel}$ | Steifigkeit des Einzelschichtverbundes parallel zur Faserorientierung |
| $c_{\parallel\perp}$ | Steifigkeit des Einzelschichtverbundes parallel senkrecht zur Faserorientierung |

| | | |
|---|---|---|
| $c_{ij}$ | $i,j \parallel i,j \in [1;3] \wedge \in \mathbb{N}$ | Einzelsteifigkeiten des Scheibenquadranten |
| | $i,j+3 \parallel i,j \in [1;3] \wedge \in \mathbb{N}$ | Einzelsteifigkeiten des Koppelquadranten |
| | $i+3,j \parallel i, j \in [1;3] \wedge \in \mathbb{N}$ | Einzelsteifigkeiten des Koppelquadranten |
| | $i+3,j+3 \parallel i,j \in [1;3] \wedge \in \mathbb{N}$ | Einzelsteifigkeiten des Plattenquadranten |

| | |
|---|---|
| $c_{\perp}$ | Steifigkeit des Einzelschichtverbundes senkrecht zur Faserorientierung |
| $d_n$ | Nähfadendurchmesser |
| $E_{II}$ | E-Modul des Einzelschichtverbundes parallel zur Faserorientierung |
| $E_{IIF}$ | E-Modul der Glasfaser parallel zur Faserorientierung |
| $E_{IIM}$ | E-Modul der Matrix parallel zur Faserorientierung |
| $E_{konv\ Näh}$ | Energieverbrauch der Doppelstepp-Nähanlage |
| $E_{Näh}$ | Energieverbrauch Nähmaschine |
| $E_{Zuführung}$ | Energieverbrauch Textilzuführung |
| $E_{\perp}$ | E-Modul des Einzelschichtverbundes senkrecht zur Faserorientierung |
| $E_{\perp F}$ | E-Modul der Glasfaser senkrecht zur Faserorientierung |
| $E_{\perp M}$ | E-Modul der Matrix senkrecht zur Faserorientierung |
| F | Durchbiegung |
| f | Fadenanzahl im Versuch zur Bestimmung der Schlingenfestigkeit |
| $f_h$ | feinheitsbezogene Höchstzugkraft |
| $F_{HS}$ | Schlingen-Höchstzugkraft |
| $f_{HS}$ | feinheitsbezogene Schlingen-Höchstzugkraft |
| $F_{HZK}$ | Höchstzugkraft des Nähfadens |
| $F_{II}$ | Zugkraft bzw. Zugbelastung |
| $F_N$ | Normalkraft |
| $F_R$ | Reibungskraft |
| $G_{\#}$ | Schubmodul des Einzelschichtverbundes |
| $G_{\#F}$ | Schubmodul der Glasfaser |
| $G_{\#M}$ | Schubmodul der Matrix |
| $G_{Faden\ ges}$ | Gesamtgewicht des Nähfadenverbrauchs |
| $G_{Flächengewicht}$ | Flächengewicht Textilpreform |

| | |
|---|---|
| $G_{ges}$ | Gesamtes Gewicht des FVK-Bauteils |
| $G_{Textilpreform}$ | Gewicht Textilpreform |
| $h$ | Schmierstoff-Filmdicke |
| $h_{boden}$ | Bodenhöhe |
| $h_{Flansch}$ | Flanschhöhe |
| $h_{gelege}$ | Gelegehöhe |
| $h_{steg}$ | Steghöhe |
| $K_{Abschreibung\ ein}$ | Abschreibungskosten einseitige Nähtechnologie |
| $K_{Abschreibung\ konv}$ | Abschreibungskosten konventionelle Nähtechnologie |
| $K_{ein\ ges}$ | Gesamte Anschaffungskosten der Roboter gestützten einseitigen Nähtechnologie |
| $k_{ein\ Stunde}$ | Stundenlohn einseitige Nähtechnik |
| $K_{Energie\ Textil\ ein}$ | Energieverbrauch zur Herstellung eines Textilpreform mittels einseitiger Nähtechnik |
| $K_{Energie\ Textil\ konv}$ | Energieverbrauch zur Herstellung eines Textilpreform mittels konventioneller Nähtechnik |
| $K_{Faden}$ | Materialkosten Nähfaden |
| $k_{Faden}$ | gewichtsbezogene Einzelkosten Nähfaden |
| $K_{Gelege}$ | Materialkosten multiaxiales Glasgelege |
| $k_{Gelege}$ | flächenbezogene Einzelkosten Gelege |
| $K_{Halterung}$ | Kosten Halterung für die Roboter gestützte einseitige Nähtechnologie |
| $K_{Handlegen}$ | Kosten Handlegen |
| $k_{Handlegen}$ | Kosten Handlegen pro kg FVK-Bauteil |
| $K_{kalk\ Ab+Raum\ ein}$ | Kalkulatorische Abschreibekosten inklusive Raumkosten der einseitigen Nähtechnik |
| $K_{kalk\ Ab+Raum\ konv}$ | Kalkulatorische Abschreibekosten inklusive Raumkosten der konventionellen Nähtechnik |
| $K_{konv\ ges}$ | Gesamte Anschaffungskosten der konventionellen Doppelsteppstichnähtechnik |
| $K_{konv\ Nähmaschine}$ | Einzelkosten Nähmaschine |
| $k_{konv\ Stunde}$ | Stundenlohn Doppelsteppstichnähtechnik |
| $k_{kwh}$ | Energiekosten für eine kwh Stromenergie |
| $k_{Lagerbox}$ | Einzelkosten Lagerbox |

| | |
|---|---|
| $K_{Lohn\ ein\ Textil}$ | Lohnkosten Textilherstellung einseitige Nähtechnologie |
| $K_{Lohn\ konv\ Textil}$ | Lohnkosten Textilherstellung konventionelle Nähtechnologie |
| $K_{Material\ Textil}$ | Gesamtmaterialkosten |
| $K_{Nähkopf}$ | Kosten des einseitigen Nähkopfes |
| $K_{Raum\ ein}$ | Raumkosten einseitige Nähtechnologie |
| $K_{Raum\ ein}$ | Raumkosten einseitige Nähtechnik |
| $K_{Raum\ konv}$ | Raumkosten konventionelle Nähtechnologie |
| $K_{Raum\ konv}$ | Raumkosten konventioneller Doppelsteppstich |
| $k_{Raum\ Monat}$ | Monatliche Raumpauschale |
| $K_{Roboter}$ | Kosten Roboter und Steuerung für den einseitigen Nähkopf |
| $k_{Textilzuführung}$ | Einzelkosten Textilzuführung konventionelle und Roboter gestützte einseitige Nähtechnik |
| $l$ | Ursprungslänge des FVK-Probekörpers |
| $l_{Boden}$ | Bodenlänge |
| $l_{Faden\ Fl\ B}$ | Nähfadenlänge für das Aufnähen der Rippe auf den Boden (Flansch-Boden) |
| $l_{Faden\ ges}$ | gesamte Nähfadenlänge |
| $l_{Faden\ Steg}$ | Nähfadenlänge für das Nähen des Stegs |
| $l_{Naht\ Rippe}$ | Nahtlänge Rippe |
| $l_{rippe}$ | Rippenlänge |
| $n_{Boden}$ | Anzahl der Gelegelagen im Boden |
| $n_{Gelege\ Fl\ B}$ | Gelegelagen Flansch |
| $n_{Gelege\ Flansch}$ | Anzahl der Gelegelagen im Rippenflansch |
| $n_{Gelege\ Steg}$ | Anzahl der Gelegelagen im Rippensteg |
| $n_{naht}$ | Anzahl der Quernähte |
| $n_{Naht\ Fl\ B}$ | Nahtanzahl Flansch-Boden |
| $n_{Naht\ Steg}$ | Nahtanzahl Steg |
| $n_{Rippe}$ | Anzahl der Versteifungsrippen |
| $n_{stich}$ | Anzahl der Nähstiche auf der FVK-Probenkörperbreite (ganzzahlig) |
| $r_{ein\ ges}$ | Raumbedarf einseitige Nähtechnik inkl. Halterung, Transportbox und Bedienflächen |
| $r_{HS}$ | feinheitsbezogenes Schlingen-Höchstzugkraft-Verhältnis |

| | |
|---|---|
| $r_{konv\ ges}$ | Raumbedarf konventionelle Nähtechnik inkl. Zuführung, Transportbox und Bedienflächen |
| $s$ | Stichabstand der Quernaht |
| $SR_{HZK}$ | Schälresistenz basierend auf der Nähfaden-Höchst-Zugkraft |
| $SR_{SCH}$ | Schälresistenz basierend auf der Nähfaden-Schlingenfestigkeit |
| $t_{Abschreibung}$ | Zeitdauer der Abschreibung in Jahren |
| $T_{Faden}$ | Feinheit des Nähfaden |
| $t_{ges}$ | FVK-Probekörperhöhe |
| $t_{Jahr}$ | Monatsanzahl eines Jahres |
| $t_{Naht\ Fl\ B}$ | Nahttiefe Flansch-Boden |
| $t_{Naht\ Steg}$ | Nahttiefe Steg |
| $T_t$ | Garn-/Fadenfeinheit |
| $T_{tex}$ | Nähfadenfeinheit |
| $t_{Textil}$ | Gesamtzeit zur Herstellung eines Textilpreforms |
| $t_{Wochen}$ | Wochenanzahl eines Monats |
| $t_{Wochen\ Durch}$ | Durchschnittliche Wochenarbeitszeit |
| $U_{Umrechnung}$ | Umrechnungskurs $ in € |
| $v_{faser}$ | Anteil der Faserverdrängung durch den Nähfaden |
| $v_{matrix}$ | Anteil der Matrixverdrängung durch den Nähfaden |
| $v_{näh}$ | Nähgeschwindigkeit |
| $w$ | Gesamtbreite des Faser-Matrix-Prisma |
| $w_f$ | Breite des Faser-Prisma |
| $w_m$ | Breite des Matrix-Prisma |
| $\varepsilon_{II}$ | Dehnung des Einzelschichtverbundes in Faserorientierung |
| $\varepsilon_{IIF}$ | Dehnung der Faser in Faserorientierung |
| $\varepsilon_{IIM}$ | Dehnung der Matrix in Faserorientierung |
| $\varepsilon_{\perp}$ | Dehnung des Einzelschichtverbundes quer zur Faserorientierung |
| $\varepsilon_{\perp F}$ | Dehnung Faser quer zur Faserorientierung |
| $\varepsilon_{\perp M}$ | Dehnung Matrix quer zur Faserorientierung |
| $\gamma$ | Scherung des Einzelschichtverbundes |

| | |
|---|---|
| $\gamma_f$ | Scherung der Faser |
| $\gamma_m$ | Scherung der Matrix |
| $\varphi$ | Winkel der Faserorientierung in Bezug auf das Gesamtkoordinatensystem |
| $\varphi$ | Faservolumengehalt |
| $\varphi_f$ | Faservolumengehalt |
| $\varphi_N$ | Nähfadenvolumengehalt des FVK-Bauteils |
| $\nu_{IIF}$ | Querkontraktionszahl der Faser |
| $\nu_{IIM}$ | Querkontraktionzahl der Matrix |
| $\nu_{II\perp}$ | Querkontraktionszahl des Einzelschichtverbundes |
| $\nu_{II\perp F}$ | Querkontraktionszahl der Glasfaser |
| $\nu_{II\perp M}$ | Querkontraktionszahl der Matrix |
| $\sigma_{II}$ | Spannung des Einzelschichtverbundes parallel zur Faserorientierung |
| $\sigma_{II\,F}$ | Spannung in den Fasern des Einzelschichtverbundes parallel zur Faserorientierung |
| $\sigma_{II\,M}$ | Spannung in der Matrix des Einzelschichtverbundes parallel zur Faserorientierung |
| $\sigma_{zug,max}$ | theoretische Zugfestigkeit |
| $\sigma_{zug,max,\,näh}$ | theoretische Zugfestigkeit vernähter FVK-Bauteile |
| $\sigma_{\perp}$ | Spannung des Einzelschichtverbundes senkrecht zur Faserorientierung |
| $\sigma_{\perp F}$ | Spannung in den Fasern senkrecht zur Faserorientierung des Einzelschichtverbundes |
| $\sigma_{\perp M}$ | Spannung in der Matrix senkrecht zur Faserorientierung des Einzelschichtverbundes |

# 11 Literaturverzeichnis

[ada95] Adanur, S. ; Tsao, Y. P. ; Wam, C. W.
Improving Fracture Resistance of laminar textile Composites
by third Direction Reinforcement
Composites Engineering 5 (1995), H. 9, S. 1149-1158

[amaNN] N.N.
Flechtfäden von Cousin Filterie/Amann
- Firmenschrift Amann
ohne Jahresangabe

[amaNNa] N.N.
Spezial-Nähfäden von Cousin Filterie / Amann
- Firmenschrift Amann
ohne Jahresangabe

[bae94] Bäckmann, R.
Nähen in der Technik - technische Nähte
Seminar Technische Konfektion, Ingenieurbüro und Unternehmensberatung
- Firmenschrift Bäckmann IUB
Heimbuchenthal: 13. Dezember, 1994

[bae96] Bäckmann, R.
Basis für Nähprozeß-Controlling - Unterfadenüberwachung an
Doppelsteppstich-Nähmaschinen
Bekleidung + Wear 14 (1996), S. 44-47

[bae98] Bäckmann, R.
Basis für Nähprozeß-Controlling - Unterfadenüberwachung an
Doppelsteppstich-Nähmaschinen, Teil II
Bekleidung + Wear 23 (1998), Heft 12, S. 12-14

[bat97] Bathgate, R. G. ; Wang, C. H. ; Pang, F.
Effects of Temperature on the Creep Behaviour
of woven and stitched Composites
Composite Structures 38 (1997), H.1-4, S. 435-445

[byrNN] Byrne, Chr.
Technical Textilies: A Model of World Market Prospects to 2005
- Firmenschrift David Rigby Associates
Manchester, GB: ohne Jahresangabe

[cal00] Callhoff, C.
Verbesserung textiler Fertigungsverfahren durch neue fadenkontaktierende
Bauteile
Dissertation RWTH Aachen, Fakultät für Maschinenwesen,
Institut für Textiltechnik
Aachen: Shaker, 2000

[car89] Carlsson, L. A. ; Pipes, R. B.
Hochleistungsfaserverbundwerkstoffe
Stuttgart: B. G. Teubner, 1989

[che99] Cherif, Ch.
Drapierbarkeitssimulationen von Verstärkungstextilien für den Einsatz in
Faserverbundkunststoffen mit der Finite-Elemente-Methode
Dissertation RWTH Aachen, Fakultät für Maschinenwesen,
Institut für Textiltechnik
Aachen: Shaker, 1999

[cib00] N.N.
Produktbeschreibung heißhärtendes Epoxidharzsystem
- Firmenschrift Ciba Spezialitätenchemie GmbH
keine Ortsangabe: 2000

[cib98] N.N.
Araldite Epoxy Matrix Systems
- Firmenschrift Ciba Specialty Chemicals
keine Ortsangabe: 1998

[comNN] N.N.
Available Standard Yarns
- Firmenschrift COMTEX Textile Composites GmbH
ohne Orts- sowie Jahresangabe

[cox96] Cox, B. N. ; Massabo, R. ; Kedward, K. T.
Suppression of Delaminations in curved Structures by Stitches
Composites Part A 27a (1996), S. 1133-1138

[cox96a] Cox, B.N. ; Flanagan, G.
Handbook of Analytical Methods for textile Composites
Version 1.0
- Firmenschrift Rockwell Science Center
1996

[culNN] N.N.
Textilglas-Produkte Garnveredelung
B+H/R7326/0599/0109
- Firmenschrift Culimeta Textilglas-Technologie GmbH & Co. KG

[din74] DIN 53 397, September 1974
Prüfung von glasfaserverstärkten Kunststoffen - Bestimmung der interlaminaren Zugfestigkeit
- Norm
Berlin: Beuth, 1974

[din75] DIN 53 398, September 1975,
Prüfung von glasfaserverstärkten Kunststoffen - Biegeschwellversuche
- Norm
Berlin: Beuth, 1975

[din77] DIN EN 61, November 1977
Glasfaserverstärkte Kunststoffe - Zugversuch
- Norm
Berlin: Beuth, 1977

[din77a] DIN 53 452, April 1977
Prüfung von Kunststoffen - Biegeversuch
- Norm
Berlin: Beuth, 1977

[din77b] DIN EN 63, November 1977
Glasfaserverstärkte Kunststoffe - Biegeversuch - Dreipunkt-Biegeverfahren
- Norm
Berlin: Beuth, 1977

[din78] DIN 50 100, Februar 1978
Werkstoffprüfung - Dauerschwingversuch - Begriffe Zeichen Durchführung Auswertung
- Norm
Berlin: Beuth, 1978

[din81] DIN 53 835 Teil 2, August 1981
Prüfung von Textilien - Prüfung des zugelastischen Verhaltens - Garne und Zwirne aus Elastofasern, mehrmalige Zugbeanspruchung zwischen konstanten Dehngrenzen
- Norm
Berlin: Beuth, 1981

[din81a] DIN 53 835 Teil 3, August 1981
Prüfung von Textilien - Prüfung des zugelastischen Verhaltens - Garne und Zwirne, einmalige Zugbeanspruchung zwischen konstanten Dehngrenzen
- Norm
Berlin: Beuth, 1981

[din81b] DIN 53 835 Teil 4, August 1981
Prüfung von Textilien - Prüfung des zugelastischen Verhaltens - Garne und Zwirne, einmalige Zugbeanspruchung zwischen konstanten Kraftgrenzen
- Norm
Berlin: Beuth, 1981

[din82] DIN 53 399 Teil 2, November 1982
Prüfung von faserverstärkten Kunststoffen - Schubversuch an ebenen Probekörpern
- Norm
Berlin: Beuth, 1982

[din86] DIN 65 148, November 1986
Luft- und Raumfahrt - Prüfung von faserverstärkten Kunststoffen - Bestimmung der interlaminaren Scherfestigkeit im Zugversuch
- Norm
Berlin: Beuth, 1986

[din87] DIN 53 835 Teil 1, Januar 1987
Prüfung von Textilien - Prüfung des zugelastischen Verhaltens - Grundlagen
- Norm
Berlin: Beuth, 1987

[din87a] DIN 53 457, Oktober 1987
Prüfung von Kunststoffen - Bestimmung des Elastizitätsmoduls im Zug-, Druck- und Biegeversuch
- Norm
Berlin: Beuth, 1987

[din88] DIN 65 382, Dezember 1988
Luft- und Raumfahrt - Verstärkungsfasern für Kunststoffe - Zugversuch an imprägnierten Garnprüfkörpern
- Norm
Berlin: Beuth, 1988

[din89] DIN 65 378, November 1989,
Luft- und Raumfahrt - Faserverstärkte Kunststoffe - Prüfung von unidirektionalen Laminaten - Zugversuch quer zur Faserrichtung
- Norm
Berlin: Beuth, 1998

[din89a] DIN 65 375, November 1989
Luft- und Raumfahrt - Faserverstärkte Kunststoffe - Prüfung von unidirektionalen Laminaten - Druckversuch quer zur Faserrichtung
- Norm
Berlin: Beuth, 1989

[din89b] DIN EN 2377, Oktober 1989
Luft- und Raumfahrt - Glasfaserverstärkte Kunststoffe - Prüfverfahren zur Bestimmung der scheinbaren interlaminaren Scherfestigkeit
- Norm
Berlin: Beuth, 1989

[din91] DIN 65 380, November 1991, Entwurf
Luft- und Raumfahrt - Faserverstärkte Kunststoffe - Prüfung von unidirektionalen Laminaten und Gewebe-Laminaten - Druckversuch
- Norm
Berlin: Beuth, 1991

[din92] DIN 53 843 Teil 1, November 1992
Prüfung von Textilien - Schlingenzugversuch - Garne
- Norm
Berlin: Beuth, 1992

[din92a] DIN 53 843 Teil 2, November 1992
Prüfung von Textilien - Schlingenzugversuch an Spinnfasern
- Norm
Berlin: Beuth, 1992

[din92b] DIN 53 868, April 1992
Prüfung von Textilien - Bestimmung des Nahtschiebewiderstandes von Geweben
- Norm
Berlin: Beuth, 1992

[din92c] DIN 65 563, Februar 1992, Entwurf
Luft- und Raumfahrt - Faserverstärkte Kunststoffe - Bestimmung der interlaminaren Energiefreisetzungsrate
- Norm
Berlin: Beuth, 1992

[din92d] DIN 65 071 Teil 2, Dezember 1992
Luft- und Raumfahrt - Faserverstärkte Formstoffe - Herstellung von Prüfplatten aus flächenförmigen Verstärkungsstoffen
- Norm
Berlin: Beuth, 1992

[din94] DIN 65 586, November 1994, Entwurf
Luft- und Raumfahrt - Faserverstärkte Kunststoffe -
Schwingfestigkeitsverhalten von Faserverbundwerkstoffen im
Einstufenversuch
- Norm
Berlin: Beuth, 1994

[din96] DIN EN ISO 527-1, April 1996
Kunststoffe - Bestimmung der Zugeigenschaften - Teil 1: Allgemeine
Grundsätze
- Norm
Berlin: Beuth, 1996

[din96a] DIN EN ISO 527-2, Juli 1996
Kunststoffe - Bestimmung der Zugeigenschaften - Teil 2: Prüfbedingungen
für Form- und Extrusionsmassen
- Norm
Berlin: Beuth, 1996

[din96b] DIN EN 6033, April 1996, Entwurf
Luft- und Raumfahrt - Kohlenstoffaserverstärkte Kunststoffe - Bestimmung
der interlaminaren Energiefreisetzungsrate Mode I, $G_{IC}$
- Norm
Berlin: Beuth, 1996

[din96c] DIN EN ISO 6721-1, Dezember 1996
Kunststoffe - Bestimmung dynamisch-mechanischer Eigenschaften - Teil 1:
Allgemeine Grundlagen
- Norm
Berlin: Beuth, 1996

[din96d] DIN EN ISO 6721-2, Dezember 1996
Kunststoffe - Bestimmung dynamisch-mechanischer Eigenschaften - Teil 2: Torsionspendel-Verfahren
- Norm
Berlin: Beuth, 1996

[din96e] DIN EN ISO 6721-3, Dezember 1996
Kunststoffe - Bestimmung dynamisch-mechanischer Eigenschaften - Teil 3: Biegeschwingung Resonanzkurven-Verfahren
- Norm
Berlin: Beuth, 1996

[din97] DIN EN ISO 527-4, Juli 1997
Kunststoffe - Bestimmung der Zugeigenschaften - Teil 4: Prüfbedingungen für isotrop und anisotrop verstärkte Kunststoffverbundwerkstoffe
- Norm
Berlin: Beuth, 1997

[din97a] DIN EN ISO 178, Februar 1997
Kunststoffe - Bestimmung der Biegeeigenschaften
- Norm
Berlin: Beuth, 1997

[din97b] DIN EN 2562, Mai 1997
Luft- und Raumfahrt - Kohlenstoffverstärkte Kunststoffe - Unidirektionale Laminate - Biegeprüfung parallel zur Faserrichtung
- Norm
Berlin: Beuth, 1997

[din97c] DIN EN 2563, März 1997
Luft- und Raumfahrt - Kohlenstoffverstärkte Kunststoffe - Unidirektionale Laminate - Bestimmung der scheinbaren interlaminaren Scherfestigkeit
- Norm
Berlin: Beuth, 1997

[din98] DIN EN ISO 13936-1, Mai 1998, Entwurf
Textilien - Bestimmung des Schiebewiderstandes von Garnen in Gewebenähten - Teil 1: Verfahren mit festgelegter Nahtöffnung
- Norm
Berlin: Beuth, 1998

[din98a] DIN EN ISO 13936-2, Mai 1998, Entwurf
Textilien - Bestimmung des Schiebewiderstandes von Garnen in Gewebenähten - Teil 2: Verfahren mit festgelegter Kraft
- Norm
Berlin: Beuth, 1998

[din98b] DIN EN ISO 14125, Juni 1998
Faserverstärkte Kunststoffe - Bestimmung der Biegeeigenschaften
- Norm
Berlin: Beuth, 1998

[din98c] DIN EN ISO 14130, Februar 1998
Faserverstärkte Kunststoffe - Bestimmung der scheinbaren interlaminaren Scherfestigkeit nach dem Dreipunktverfahren mit kurzem Balken
- Norm
Berlin: Beuth, 1998

[din99] DIN EN ISO 13935-1, April 1999
Textilien - Zugversuche an Nähten in textilen Flächengebilden und Konfektionstextilien - Teil 1: Bestimmung der Höchstzugkraft von Nähten mit dem Streifen-Zugversuch
- Norm
Berlin: Beuth, 1999

[din99a] DIN EN ISO 13935-2, April 1999
Textilien - Zugversuche an Nähten in textilen Flächengebilden und Konfektionstextilien - Teil 2: Bestimmung der Höchstzugkraft von Nähten mit dem Grab-Zugversuch
- Norm
Berlin: Beuth, 1999

[dor95] Dorrity, J. L.
New Developments for Seam Quality Monitoring in Sewing Applications
"1995 IEEE Annual Textile" Fibre and Film Industry Technical Conference, Charlotte/USA, 3.-4. Mai 1995, S. 1-9

[dor96] Dorrity, J. L. ; Olson, L. H.
Thread Motion Ratio used to monitor Sewing Machines
International Journal of Clothing Science and Technology 8 (1996), Heft 1/2, S. 24-32

[dra93] Dransfield, K. ; Baillie, C. ; Mai, Y.-W.
On Stitching as a Method for Improving the Delamination Resistance of CFRP´s
Konferenzbericht "Advanced Composites 93, International Conference on advanced Materials (ICACM)", 15.-19. Februar 1993, Wollongong/AUS, S. 351-357

[dra98] Dragcevic, Z. ; Dubravko, R. ; Trgovec, L.
Investigation of operative logical Movement Groups in Garment Sewing
International Journal of Clothing Science and Technology 10 (1998), Heft 3/4, S. 234-243

[dub97] Hrsg. Beitz, W. ; Grote, K.-H.
Taschenbuch für den Maschinenbau/Dubbel
begründet von H. Dubbel, 19. Auflage
Berlin, Heidelberg, New York, Barcelona, Budapest, Hongkong, London, Mailand, Paris, Santa Clara, Singapur, Tokio: Springer, 1997

[dwo89] Dworatschek, S.
Grundlagen der Datenverarbeitung, 8. Auflage
Berlin, New York: Walter de Gruyter, 1989

[ebe93] Eberle, H. ; Hermeling, H. ; Hornberger, M. ; Menzer, D. ; Ring, W.
Fachwissen Bekleidung
Haan-Gruiten: Europa-Lehrmittel, Nourney Vollmer, 1993

[ehr92] Ehrenstein, G. W.
Faserverbund-Kunststoffe
München, Wien: Hanser, 1992

[ekb94] Ekbert, H. ; Trieml, J. ; Blank, H.-P.
Qualitätssicherung für Ingenieure
Düsseldorf: VDI-Verlag, 1993, 1994

[fbi02] Jussen, B. ; Klopp, K. ; Diesinger, D.
Qualitätssicherung durch Reproduzierbarkeit der Nähergebnisse
Institut für Nähtechnik e. V., Institut für Textiltechnik der RWTH Aachen
Köln: Forschungsgemeinschaft Bekleidungsindustrie e. V., 2002
- Unveröffentlichter Forschungsbericht

[fer94] Ferreira, F. B. N. ; Harlock, S. C. ; Grosberg, P.
A Study of Thread Tensions on a Lockstitch Sewing Machine (Part 1)
International Journal of Clothing Science and Technology 6 (1994), Heft 1, S. 14-19

[fri89] Friedrich, Kl. (Hrsg.)
Application of Fracture Mechanics to Composite Materials
Composite Materials 6
Amsterdam: Elsevier Science Publishers, 1989

[fva02] Weck, M. ; Gries, T. ; Mandt, D. ; Klopp, K. ; Lange, S.
"Faserverbundzahnräder"
Kohlenstoffverstärkte Kunststoffzahnräder für den Einsatz in Leistungsgetrieben
Abschlussbericht zum AIF FVA-Vorhaben 359 I - III
Frankfurt: Forschungsvereinigung Antriebstechnik e. V., 2002
- Forschungsbericht

[fvwNN] N.N.
Ringvorlesung Faserverbundwerkstoffe I + II
Vorlesungsumdruck, Fakultät für Maschinenwesen,
RWTH Aachen, ohne Jahresangabe

[gab97] N.N.
Gabler-Wirtschafts-Lexikon, 14. Auflage
Wiesbaden: Gabler, 1997

[gna91] Gnauck, B. ; Fründt, P.
Einstieg in die Kunststoffchemie, 3. Auflage
München, Wien: Hanser, 1991

[gri95] Gries, Th.
Anforderungsgerechte Dünnschichtsysteme für fadenführende Textilmaschinenelemente
Institut für Textiltechnik, Fakultät für Maschinenwesen, RWTH Aachen
Dissertation 1995
Aachen: Shaker, 1995

[gueNN] N.N.
Gütermann Die Naht
Nähtechnische Informationen von Gütermann 86
- Firmenschrift Gütermann AG, Gutach-Breisgau
ohne Jahresangabe

[gueNNb] N.N.
Produkte Service Logistik Beratung
Gütermann, denn der Faden macht die Naht
- Firmenschrift Gütermann AG; Gutach-Breisgau
ohne Jahresangabe

[hae55] Häntsche, R.
Bindungslehre in der Schaftweberei
Stuttgart: C. E. Poeschl, 1955

[hec99] Heckner, R.
Doppelkettenstich und Doppelsteppstich für das Nähen von Gurten und Airbags
Technische Textilien 42 (1999), Heft Februar, S. 58-60

[hen94] Henning, K. ; Kutscha, S.
Informatik im Maschinenbau, 4. Auflage
Berlin, Göttingen, Heidelberg: Springer, 1994

[her00] Herzberg, C. ; Rödel, H. ; Födisch, J. ; Märker, M.
Nähen von Composites mit programmierbarer Rundnäheinrichtung
Technische Textilien 43 (2000), S.124-128

[hil00] Hillebrand, C.
IKB Branchenbericht November 2000
Technische Textilien - Impulsgeber für die Textilindustrie
- Firmenschrift Deutsche Industriebank AG
2000

[hin02] Hinrichsen, J.
A380 – Flagship Aircraft for the New Century
SAMPE Journal 38 (2002), Heft 3, S. 8-12

[hoe93] Hörsting, K. ; Wulfhorst, B.
3-D-Konturengewirke zur rationellen Herstellung von Strukturelementen aus Faserverbundwerkstoffen
in: Deutsches Wollforschungsinstitut an der RWTH Aachen e. V. (Hrsg.), DWI Reports 113 (1994), S. 503-511

[hue96] Czichos, H. (Hrsg.)
Hütte: die Grundlagen der Ingenieurswissenschaften,
30. Auflage
Berlin, Heidelberg, New York: Springer, 1996

[iflNN] N.N.
Formelsammlung zur Klausur Faserverbundwerkstoffe I und II
Institut für Leichtbau, Fakultät für Maschinenwesen, RWTH Aachen, März 1997

[ipfNN] N.N.
Tailored Fibre Placement
- Firmenschrift Institut für Polymerforschung Dresden e. V.,
Hightex Verstärkungsstrukturen GmbH, Dresden
ohne Jahresangabe

[ita01] Gries, Th. ; Michaeli, W. ; Reimerdes, H.-G.
Entwicklung notwendiger Grundlagen für die wirtschaftliche Fertigung von großen, komplexen sphärisch gekrümmten Faserverbundstrukturen mit integrierten Versteifungselementen,
Institut für Textiltechnik, Institut für Leichtbau, Institut für Kunststoffverarbeitung, Fakultät für Maschinenwesen, RWTH Aachen,
Forschungsantrag DFG, 2001

[itaNN] N.N.
Vernähen von Verstärkungstextilien für Faserverbundwerkstoffe
- Firmenschrift Institut für Textiltechnik der RWTH Aachen (ITA)
ohne Jahresangabe

[jai95] Jain, L. K. ; Mai, Y.-W.
Determination of Mode II Delamination Toughness
of stitched laminated Composites
Composites Science and Technology 55 (1995), S. 241-253

[jai98] Jain, L. K. ; Dransfield, K. A. ; Mai, Y.-W.
On the Effects of Stitching in CFRP's-II.
Mode II Delamination Toughness
Composites Science and Technology 58 (1998), S. 829-837

[kam94] Kamata, Y., Kato, T., Sakamoto, K., Ando, Y., Inada, M.
Simultaneous Measurement of Needle Thread Tension and Needle Thread Movement
International Symposium on Fiber Science and Technology ISF94, 26.-28. Oktober 1994, Yokohama, Japan, S. 498

[kei02] Keilmann, Robert
Innovative Verbindungstechniken für Technische Textilien
in: Deutsches Wollforschungsinstitut an der
RWTH Aachen e. V. (Hrsg.), DWI Reports 125 (2002), S. 339-344

[kha96] Shah Khan, M. Z. ; Mouritz, A. P.
Fatigue Behaviour of stitched GRP Laminates
Composites Science and Technology 56 (1996), S. 695-701

[klp00] Klopp, K. ; Moll, K.-U. ; Wulfhorst, B.
Stitching Process with one-sided Approach of the Textile for the Production of Reinforcing Textiles for Composites and other Technical Textiles
Vortrag "High-tex from Germany", Techtextile North America, 23.-25. März 2000, Atlanta, USA

[klp00a] Klopp, K. Moll, K.-U. ; Wulfhorst, B.
Nähtechnologie für technische Textilien und Faserverbundwerkstoffe
Technische Textilien 43 (2000), Heft November, S. 278-279

[klp01] Klopp, K. ; Laourine, E. ; Gries, Th.
Innovative Nähtechnologie als Fügeverfahren zur Herstellung von Faserverbundwerkstoffen
11. Internationales Techtextil-Symposium für Technische Textilien, Vliesstoffe und textilarmierte Werkstoffe, "Hightex for a better Living", 5.0 Innovative Automobiltextilien, 23.-26.4.2001, Frankfurt, D, n. p.

[klp01a] Klopp, K. ; Laourine, E. ; Wulfhorst, B.
Gerhard-Abozari, E. ; Hying, Kl.
Konventionelle und einseitige Nähtechnologien für Technische Textilien und Faserverbundwerkstoffe
in: Deutsches Wollforschungsinstitut an der RWTH Aachen e. V. (Hrsg.), DWI Reports 124 (2001), S. 439-445

[klp98] Klopp, K.
Systematische Prozeßanalyse als Basis für eine ganzheitliche Qualitätssicherung bei der Herstellung von elastanhaltigen Kombinationsgarnen
Institut für Textiltechnik, Fakultät für Maschinenwesen, RWTH Aachen, Diplomarbeit 1998

[kro98] Schwingungsuntersuchungen zur Optimierung des Nähguttransportes
Deutsche Nähmaschinen Zeitung International DNZ 118 (1998), Heft 2, S. 61-63

[kru51] Krüger, O.
Lehrbuch der Bindungslehre
Leipzig: Fachbuchverlag, 1951

[lao01] Laourine, E. ; Schneider, M. ; Pickett, A. K. ; Wulfhorst, B.
Numerische Auslegung und Herstellung von 3D-Geflechten für Faserverbundwerkstoffe
in: Deutsches Wollforschungsinstitut an der RWTH Aachen e. V. (Hrsg.), DWI Reports 124 (2001), S. 221-230

[lao02] Gries, Th. ; Laourine, E. ; Pickett, A.
Potentiale nähtechnischer Fügeverfahren für Faserverbundwerkstoffe
in: Deutsches Wollforschungsinstitut an der RWTH Aachen e. V. (Hrsg.), DWI Reports 125 (2002), S. 327-338

[lei93] Leiner, M.
Untersuchung zum Zusammenwirken von Nähmaschine und Faden
Forschungsberichte VDI-Reihe 11 Nr. 196
Düsseldorf: VDI, 1993

[lue78] Lünenschloß, J. ; Gerundt, S.
Einfluß der Paraffinierung auf die Nähnadeltemperatur beim Nähen von Maschenware
Melliand Textilberichte (1978), Heft 9, S. 730-734

[mey97] Meyer, J. ; von Thenen, M. ; Wulfhorst, B.
Analyse und Optimierung der Fadenlegung bei verwirkten multiaxialen Gelegen Wimag
Technische Textilien 40 (1997), Heft April, S. 100-103

[mge97] Gerig, M.
Einfluß von Strukturmerkmalen der Spinnfasergarne auf die Optik von Maschenwaren
Dissertation RWTH Aachen, Fakultät für Maschinenwesen,
Institut für Textiltechnik, 1997
Aachen: Shaker, 1998

[mic92] Michaeli, W.
Einführung in die Kunststoffverarbeitung, 3. Auflage
München, Wien: Carl Hanser, 1992

[mit00] Mitschang, P. ; Weimer Ch.
Nähtechnik bietet große Potenziale
BW Technics 1 (2000), Heft 1, S. 12-15

[mol00] Moll, K.-U.
Nähmaschine mit einseitigem Zugriff auf das Nähgut
ITB Vliesstoffe-Technische Textilien (2001), Heft 1, S. 38-41

[mol95] Moll, K.-U. ; Wulfhorst, B.
Neuartige textile Fügeverfahren für Faserverbundwerkstoffe
7. Internationales TechTextil Symposium 95,
Bd. 3.1: Neue Verbundtextilien und Composites,
Textilarmierte Werkstoffe, Teil 1, Vortrag 3.18,
Frankfurt am Main/D, 1995, n.p.

[mol96] Moll, K.-U. ; Wulfhorst, B.
Determination of Stitching as a new Method to reinforce
Composites in the third Dimension
TexComp 3, New Textiles for Composites
9.-11.12.1996, Aachen/D, 1996

[mol97] Moll, K.-U. ; Wirtz, Ch. ; Wulfhorst, B.
In-plane-Eigenschaften von FVW aus vernähten Verstärkungsgeweben
Technische Textilien 40 (1997), Heft November, S. 237-238

[mol97a] Moll, K.-U. ; Wulfhorst, B.
Quality Assessment during Stitching of Reinforcing Textiles for Composites
11. International Conference on Composite Materials (ICCM-11),
14.-18. Juni 1997, Gold Coast, AUS

[mol98] Moll, K.-U. ; Pickel, J ; Wulfhorst, B.
Nähen mit einseitigem Nähgutzugriff
Technische Textilien 41 (1998), S. 216-217

[mol99] Moll, K.-U.
Nähverfahren zur Herstellung von belastungsgerechten
Fügezonen in Faserverbundwerkstoffen
Dissertation RWTH Aachen, Fakultät für Maschinenwesen,
Institut für Textiltechnik
Aachen: Shaker, 1999

[mos92] Moser, K.
Faser-Kunststoff-Verbund
Düsseldorf: VDI, 1992

[mosNN] Mosinski, E.
Alles über Nähnähte
Düsseldorf, Leibzig: Zeitschriftenverlage RDBV, ohne Jahresangabe

[mou00] Mouritz, A. P. ; Cox, B.N.
A mechanistic Approach to the Properties of stitched Laminates
Composites Part A 31 (2000), S. 1-27

[mou97] Mouritz, A. P. ; Leong, K. H. ; Herszberg, I.
A Review of the Effect of Stitching on the in-plane mechanical Properties of Fibre reinforced Polymer Composites
Composites Part A 28A (1997), S. 979-991

[mou97a] Mouritz, A. P. ; Gallagher, J. ; Goodwin A. A.
Flexural Strength and Interlaminar Shear Strength of Stitched GRP Laminates Following Repeated Impacts
Composites Science and Technology 57 (1997), S. 509-522

[mou99] Mouritz, A. P. ; Baini, C. ; Herszberg, I.
Mode I Interlaminar Fracture Toughness Properties of advanced textile Fibreglass Composites
Composites Part A 30 (1999), S. 859-870

[mou99a] Mouritz, A. P. ; Jain, L. K.
Further Validation of the Jain and Mai Models for Interlaminar Fracture of stitched Composites
Composites Science and Technology 59 (1999), S. 1653-1662

[mre96] Reintjes, M.
Das Phasenmodell der Produktion als Werkzeug zur systematischen Analyse von Zusammenhängen am Beispiel der OE-Rotorspinnerei
Institut für Textiltechnik, Fakultät für Maschinenwesen, RWTH Aachen, Diplomarbeit 1996

[nes75] Nestler, R. ; Arnold, J. ; Trache, A.
Untersuchung über das Temperaturverhalten von Nähmaschinennadeln beim Nähen,
Textiltechnik 25 (1975), Heft 3, S. 179-186

[niu96] Niu, M. C. Y.
Composite Airframe Structures, 2. Auflage
Hongong: Conmilit Press, 1996

[nn00] N.N.
Einseitennähtechnik für Vernähen von Preforms
BW Technics 1 (2000), Heft 1, S. 20-21

[nn00a] N.N.
FB: Neue Sensormodule zur Nahtbildüberwachung
Bekleidung + Wear (2000), Heft 22, S. 22

[nn00b] N.N.
Globale Expansion von Hochleistungsfasern
Technische Textilien (43) 2000, Heft Mai, S.94

[nn01] N.N.
Nähprozessstörungen erkennen
Bekleidung + Wear (2001), Heft 8, S.26-27

[nn01a] N.N.
Weltweit mehr Glasfasern
Technische Textilien (44) 2001, Heft September, S. 177

[nn01b] N.N.
USA: mehr Textilglasfasern
Technische Textilien 44 (2001), Heft September, S.178

[nn02] N.N.
Sonderforschungsbereich 532
Textilbewehrter Beton
"Grundlagen für die Entwicklung einer neuartigen Technologie"
Arbeits- und Ergebnisbericht 2. Hj. 1999/2000/2001/1. Hj. 2002
- Forschungsbericht, RWTH Aachen, 2002

[nn77] N.N.
Infrarot-Detektor mißt Nadeltemperatur beim Nähen
DOB-HAKA Praxis 12 (1977), Heft 1, S. 83

[nn95] N.N.
Nahtkonstruktionen für den Beifahrer-Airbag
Technische Textilien 38 (1995), Heft November, S. 193-194

[nn96] N.N.
Untersuchungen über das Transportverhalten von Maschenstoffen an der Nähmaschine
Maschenindustrie 46 (1996), Heft 7, S. 588-591

[nn96a] N.N.
Untersuchungen über das Transportverhalten von Maschenstoffen an der Nähmaschine - Fortsetzung
Maschenindustrie 46 (1996), Heft 8, S. 662-662-663

[nn98] N.N.
Erarbeitung von Elementen für die Nähprozeßsimulation
Bekleidung + Wear 22 (1998), S. 38-40

[nn98a] N.N.
ITS-Charts: Nähgarne für technische Textilien
ITB Vliesststoffe Technische Textilien 44 (1998), Heft 3, S. 26-27

[nn98b] N.N.
ITS-Charts: Nähgarne für technische Textilien
ITB Vliesstoffe Technische Textilien 45 (1998), Heft 4, S. 44-45

[nn99] N.N.
Das Leben kann an einem seidenen Faden hängen
Maschen-Industrie 49 (1999), Heft 5, S. 96-97

[oda 97] Oda, T.
Advance of latest Technology in Development of Industrial Sewing Machines
26th Textile Research Symposium at Mt. Fuji "From Fibre Science to Apparel Engineering", Shizouka, J, 5.-7. August 1997, S. 164-170

[oer89] Öry, H. ; Reimerdes, H. G.
Faserverbundwerkstoffe Konstruktion Bemessung Fertigung Anwendung, Vorlesungsumdruck
Institut für Leichtbau, Fakultät für Maschinenwesen, RWTH Aachen 1989

[osa83] Osawa, M. ; Sato, H.
Measurement of Feed Dog Motion and dynamic Torque in Sewing Machines by means of an optical Lever Device
Journal of the Textile Machinery Society of Japan 29 (1993), Heft 3, S. 66-71

[pan99] Pang, F. ; Wang, C. H.
Activation Theory of Creep for woven Fabrics
Composites Part B 30 (1999), S. 613-620

[pfe96] Pfeifer, T.
Qualitätsmanagement - Strategien Methoden Techniken,
2. Auflage
München, Wien: Hanser, 1996

[pfe96a] Pfeifer, T.
Praxishandbuch Qualitätsmanagement
München, Wien: Hanser, 1996

[pmo00] Moll, P. ; Zöll, K.
Nähen von Hand und mit der Maschine - die unerlässlichen Voraussetzungen
Technische Textilien 43 (2000), Heft Mai, S. 117-119

[pmo97] Moll, P.
From Hand Sewing over Thomas Saint and Elias Howe to Robot Sewing Machines
26th Textile Research Symposium at Mt. Fuji "From Fibre Science to Apparel Engineering", Shizouka, J, 5.-7. August 1997, S. 181-188

[pmo99] Moll, P.
Industrienähmaschinen von 1949 bis 1999 - Erinnerungen und Visionen
Bekleidung + Wear BW 51 (1999), Heft 11, S. 64-71

[pol94] Polke, M.
Prozeßleittechnik, 2. Auflage
München: Oldenbourg, 1994

[pop81] Poppenwimmer, K.
Sewing Damage to Knits. What can be done about it?
Knitting Industry 101 (1981), Heft 2, S. 18-23

[pro94] Profos, P. ; Pfeifer, T. (Hrsg.)
Handbuch der industriellen Meßtechnik, 6. Auflage
München, Wien: Oldenbourg, 1994

[puc96] Puck, A.
Festigkeitsanalyse von Faser-Matrix-Laminaten
München, Wien: Carl Hanser, 1996

[puk 01] Pucknat, J.
Prüfung der dynamischen interlaminaren Scherfestigkeit und der zyklischen Winkelschälfestigkeit von vernähten mehrlagigen Glasgeweben
Studienarbeit, RWTH Aachen, Fakultät für Maschinenwesen,
Institut für Textiltechnik, 2001

[pyp99] Pyper, A.
Technische Nähgarne für spezielle Anwendungen
Technische Textilien (1999), Heft 1, S. 14-17

[rei01] Reimerdes, H.-G. ; Wallentowitz, H. ; Michaeli, W. ; Klocke, F. ; Eversheim, W. ; Kämpchen, M. ; Hintersteiner, R. ; Krumpholz, T. Borsdorf, R. ; Mutz, M. ; Walker, R.
Reparatur von FVK - Strategien und praktische Umsetzung
In Weck, M. (Hrsg.): Industrielle Anwendung der Faserverbundtechnik IV, Abschlußkolloquium des DFG Sonderforschungsbereichs 332 an der RWTH Aachen, 10. April 2001, Aachen, D

[reuNN] N.N.
Reutter Garne Monofil Polyester Polyamid
-Firmenschrift Reutter Garne, ohne Jahresangabe

[reuNNa] N.N.
Reutter Garne Profil
-Firmenschrift Reutter Garne, ohne Jahresangabe

[rie00] Rieder, O. ; Böttcher, H. H.
Nähmessanlage zur Beurteilung von technischen Nähten
Technische Textilien 43 (2000), Heft Mai, S. 132-134

[roe01] Rödel, H. ; Herzberg, C. ; Krywinski, S.
Computer-Aided Product Development and the Making-Up of Laminated 3D Preforms for Composites
In Deutsches Wollforschungsinstitut an der RWTH Aachen e. V. (Hrsg.): DWI Reports (124) 2001, S. 318-327

[roe96] Rödel, H.
Analyse des Standes der Konfektionstechnik in Praxis und Forschung sowie Beiträge zur Prozeßsimulierung
Dresden, Technische Universität Dresden, Habilitationsschrift
Aachen: Shaker, 1996

[rog98] Rogale, D. ; Dragcevic, Z.
Portable Computer Measuring Systems for automatic Process Parameter Acquisition in Garment Sewing Processes
International Journal of Clothing Science and Technology 10 (1998), Heft 4/4, S. 283-292

[rot02] Roth, Y. C. ; Himmel, N.
Modellierung des Deformationsverhaltens vernähter Hochleistungsfaserverbundstrukturen
8. Nationales Symposium SAMPE Deutschland e. V.,
Faserkunststoffverbunde: Von der Idee zur Fertigung, 7.-8. März 2002, Kaiserslautern, Deutschland, n. p.

[rup96] Rupp, J.
Fügetechniken für die Konfektion technischer Textilien
International Textile Bulletin 42 (1996), Heft 4, S. 5-8

[sae00] N.N.
Datenblatt Quadraxial-Glas-Gelege
- Firmenschrift Saertex Wagener GmbH & Co. KG, Saerbeck
2000

[sae92] Saechtling, H.
Kunststoff Taschenbuch, 25. Ausgabe
München, Wien: Hanser, 1992

[san00] Sankar, B. V. ; Zhu, H.
The Effect on the Low-Velocity Impact Response of
delaminated Composite Beams
Composites Science and Technology 60 (2000), S. 2681-2691

[schNN] Schappe Technical Thread - the authentic technical Sewing Threads
- Firmenschrift Schappe Technical Thread, Charnoz, Frankreich
ohne Jahresangabe

[sel98] Seliger, G. ; Stephan, J.
Beitrag zur flexiblen Handhabung flächiger biegeschlaffer Teile
In Krause, Uhlmann (Hrsg.): Innovative Produktionstechnik
München, Wien: Hanser, 1998, S. 445-460

[sfb01] N.N.
Sonderforschungsbereich 332
"Produktionstechnik für Bauteile aus nichtmetallischen
Faserverbundwerkstoffen"
Arbeits- und Ergebnisbericht 1999/2000
- Forschungsbericht, RWTH Aachen, 2001

[sfb01a] Klopp, K. ; et al.
Aufbau, Prüfung und Aufmachung der Harze und Fasern
In: Sonderforschungsbereich 332 "Produktionstechnik für Bauteile aus nichtmetallischen Faserverbundwerkstoffen" der RWTH Aachen Arbeits- und Ergebnisbericht 1999/2000, S. 1-24
- Forschungsbericht, RWTH Aachen, 2001

[sfb98] N.N.
Sonderforschungsbereich 332
"Produktionstechnik für Bauteile aus nichtmetallischen Faserverbundwerkstoffen"
Arbeits- und Ergebnisbericht 1996/1997/1998
-Forschungsbericht, RWTH Aachen, 1998

[sic01] Sickinger, Ch. ; Herrmann, A.
Strukturelles Nähen als Methode für zukünftige Hochleistungsfaser-Verbundstrukturen
11. Internationales Techtextil-Symposium für Technische Textilien, Vliesstoffe und textilarmierte Werkstoffe,
"Hightex for a better Living",
5.0 Innovative Automobiltextilien,
23.-26.4.2001, Frankfurt, D, n. p.

[som60] Sommer, H. (Hrsg.)
Handbuch der Werkstoffprüfung, 2. Auflage
Die Prüfung von Textilien, Band 5
Berlin, Göttingen, Heidelberg: Springer, 1960

[the98] Thesing, W.
Märkte und Technologie der nähenden Industrie von morgen
Bekleidung + Wear 50 (1998), Heft 22, S. 24-27

[tor01] N.N.
Torayca Stitching Thread
- Firmenschrift Toray Deutschland GmbH, Neu Isenburg
ohne Jahresangabe

[web92] Weber, K.-P.
Wirkerei und Strickerei, 3. Auflage
Heidelberg: Melliand, 1992

[wei00] Weimer, C. ; Mitschang, P.
Nähtechnik für Faser/Kunststoff-Verbundwerkstoffe
Technische Textilien 43 (2000), S.120-121

[wul91] Wulfhorst, B. ; Büsgen, A. ; Weber, M.
Dreidimensionale Textilien rationalisieren die Herstellung von Faserverbundwerkstoffen
Kunststoffe 81 (1991), Heft 11, Sonderveröffentlichung, n. p.

[wul98] Wulfhorst, B.
Textile Fertigungsverfahren
Eine Einführung
München, Wien: Carl Hanser, 1998

[www97] N.N.
The Advanced Stitching Machine:
Making Composite Wing Structures of the Future
Internet-Veröffentlichung, http://www.oea.larc.nasa.gov/PAIS/ASM.html
FS-1997-08-31-LaRC
- Firmenschrift NASA/USA, 1997

[www98] N.N.
Shortening the Span in Wing Design
Internet-Veröffentlichung http://www.rapidproducts.net/nov98/rpd1198.html
- Firmenschrift Boing Company/USA

[zoc78] Zocher, J.
Faserbeanspruchung und ableitbare Forderungen an die Fasereigenschaften beim Nähen, Vernadeln und Tuften,
Lenziger Berichte ohne Bandangabe (1978), Heft 45, S. 141-148

# 12 Anhang

## 12.1 Verstärkungstextilien in Faserverbundkunststoffen

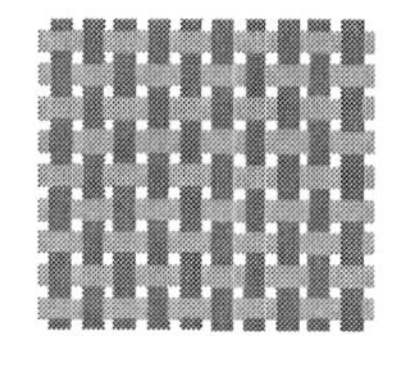

Gewebe

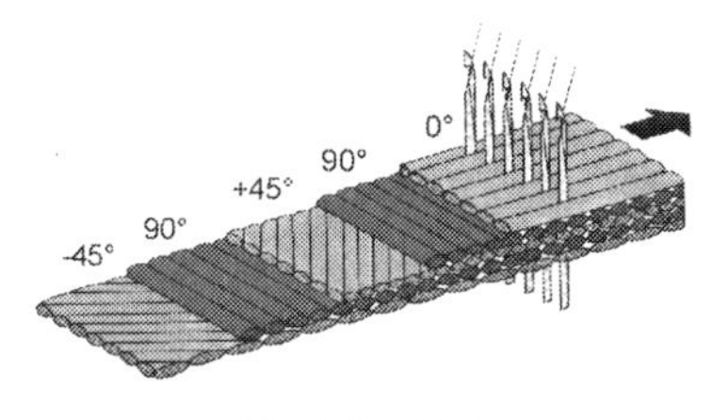


multiaxiales Gelege

*Abb. 12-1: Gewebe und multiaxiales Gelege, Quelle ITA*
*Fig. 12-1: Woven and multiaxial Layer Fabric, Source ITA*

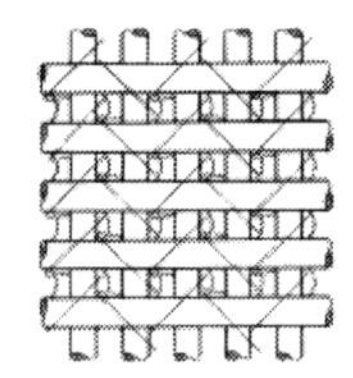

Biaxiales Gelege

Geflecht

*Abb. 12-2: Biaxiales Gelege und Geflecht, Quelle ITA*
*Fig. 12-2: Bi-axial Layer Fabric and Braid, Source ITA*

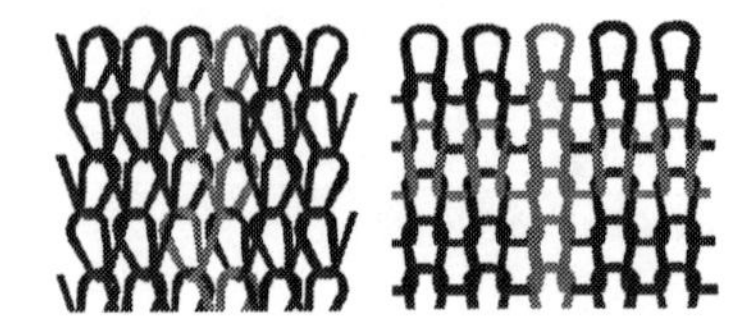

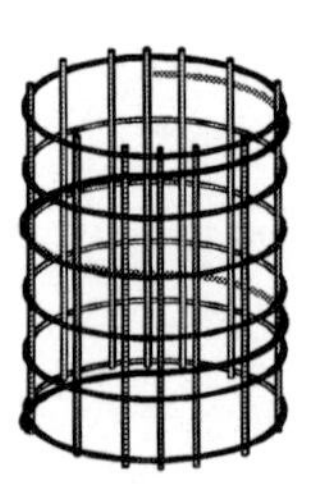

Maschenware (Gewirk/Gestrick) Rundgewirk mit Kettfaden

*Abb. 12-3: Maschenware und Rundgewirk mit Kettfaden, Quelle ITA*
*Fig. 12-3: Knitted Fabric (Warp Knitting, Singular Knitting) and Circular Warp Knitted Fabric, Source ITA*

3D-Konturengewirk/Abstandsgewirk

*Abb. 12-4: 3D-Konturengewirk/Abstandsgewirk, Quelle ITA*
*Fig. 12-4: 3D-Contour-Warp Knitting/Sandwich Knitting, Source ITA*

## 12.2 Methoden der Prozessstrukturierung

Zur Strukturierung von Prozessen existieren einige Strukturierungshilfsmittel [dwo89, hen94, pfe96, pfe96a, pol94]:

- Fehler-Möglichkeits- und Einfluss-Analyse (FMEA)
- Systemstrukturierung und Funktionsanalyse
- Fehlerbaumanalyse
- Petri-Netze
- Flussdiagramm/Ablaufplan
- "Structered Analysis and Design Technique" (SADT)
- Ursache-Wirkungs-Diagramm /Ishikawa-Diagramm

- Phasenmodell der Produktion.

Die **FMEA** hilft bei der Problemerkennung, Produktentwicklung und Produktplanung [pfe96, pfe96a, klp98]. Sie gliedert sich in die Schritte:

1. Strukturierung des Herstellungsprozesses
2. Risikoanalyse und -bewertung
3. Risikominimierung.

Die Strukturierung des Herstellungsprozesses untergliedert sich in die Teilschritte:

a) Definition der Fertigungsschritte
b) Unterteilung der Fertigungsabschnitte in einzelne Bearbeitungsgänge
c) Angabe der Fertigungs- bzw. Einflußparameter und der Erstellung von Verknüpfungen zu konstruktiven Merkmalen.

Die **Systemstrukturierung und Funktionsanalyse** hat die Aufgabe, einen Herstellprozess zu untergliedern und theoretisch zu prüfen, ob die Funktion des erstellten Bauteils gewährleistet wird [pfe96, pfe96a, klp98]. Dabei wird das erstellte Produkt in Unterkomponenten klassifiziert. Anschließend wird überprüft, ob die Funktion der Unterkomponente des Produktes mit der Globalfunktion des Gesamtprodukts vereinbar ist.

Die **Fehlerbaumanalyse** hat das Ziel, das Verhalten eines Systems oder einer Anlage in bezug auf vorher definierte Fehler vorhersagen zu können [pfe96, klp98]. Das Ergebnis ist ein Fehlerbaum, in dem alle Ursachen für einen auftretenden Fehler zu erkennen sind.

**Petri-Netze** sind ein Hilfsmittel zur Darstellung kausaler Strukturen [hen94, klp98]. Anhand dieser Netze kann aufgezeigt werden, unter welchen Bedingungen Ereignisse eintreten können.

Das **Flussdiagramm** bzw. der **Ablaufplan** stellt Abläufe von Handlungen oder Aktionen grafisch dar [dwo89, klp98]. Es besteht aus Aktionen, Abfragen und Verzweigungen.

Eine **SADT** verfolgt das Ziel, ein System funktional zu analysieren und zu untergliedern [dwo89, hen94, klp98]. Das Gesamtsystem wird in einzelne Untersysteme unterteilt. Es bestehen zwei Betrachtungsarten. Systeme lassen sich funktionsorientiert und objektorientiert betrachten.

**Ishikawa-Diagramme** dienen zur Visualisierung von Ursachen für Auswirkungen in Systemen [pfe96, pfe96a, klp98]. Das Ergebnis ist ein Fischgräten-Diagramm, in dem beispielsweise alle Ursachen für einen Fehler an einer Anlage dargestellt werden.

Das **Phasenmodell der Produktion** untergliedert Produktionsprozesse nach dem Top-Down-Prinzip [pol94, klp98]. Jeder Prozessabschnitt besitzt Eingangs- und Ausgangsprodukte. In einem dazwischen liegenden Prozesselement werden die Eingangsprodukte zu Ausgangsprodukten transformiert.
Eine ausführliche Bewertung dieser in Kurzform vorgestellten Strukturierungshilfsmittel erfolgte bereits in einer wissenschaftlichen Arbeit am ITA [klp98]. Zur Prozessstrukturierung wird dort eine Kombination aus dem Phasenmodell der Produktion, SADT und Ishikawa-Diagramm empfohlen. Das Phasenmodell der Produktion dient zur Untergliederung bis in die untersten Ebenen (Detaillierungsebenen). Mithilfe der SADT können Zusammenhänge aufgezeigt werden. Das Ishikawa-Diagramm kann anschließend die Beziehungen zwischen Ursache und Wirkung präsentieren. Das Phasenmodell der Produktion wurde bereits zur Strukturierung unterschiedlicher textiler Prozesse, wie OE-Rotorspinnen [mre96], Elastan-Kombinationsgarnherstellung [klp98] und Maschenwarenherstellung [mge97] erfolgreich eingesetzt.

Im folgenden wird die visuelle Gestalt des Phasenmodells der Produktion und des Ishikawa-Diagramms vorgestellt.

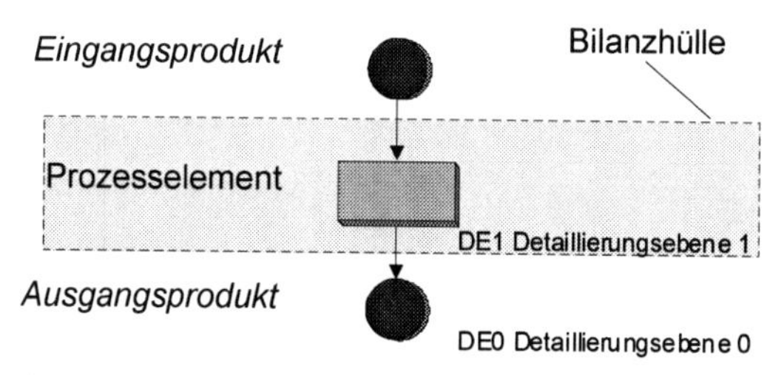


*Abb.12-5: Prinzip Phasenmodell der Produktion*
*Fig. 12-5: Principle Phase Model of Production*

Im **Phasenmodell der Produktion** (Abb.12-5) werden Eingangs-, Zwischen- und Ausgangsprodukte durch Kreise dargestellt [pol94, klp98]. Es können auch mehrere Produkte parallel eingezeichnet werden. Der Herstellprozess selbst wird als rechtwinkliger Kasten visualisiert (Prozesselement). Es können auch Prozesselemente parallel verlaufen. Die Bilanzhülle gibt in Analogie zur Thermodynamik die Grenze der Eingangs- und Ausgangsprodukte an. Weiterhin zeigt sie die nächste Untergliederungsebene bzw. Detaillierungsebene (DE) an. Tiefergehende Untergliederungen sind an einer höheren Nummer der Detaillierungsebene zu erkennen.

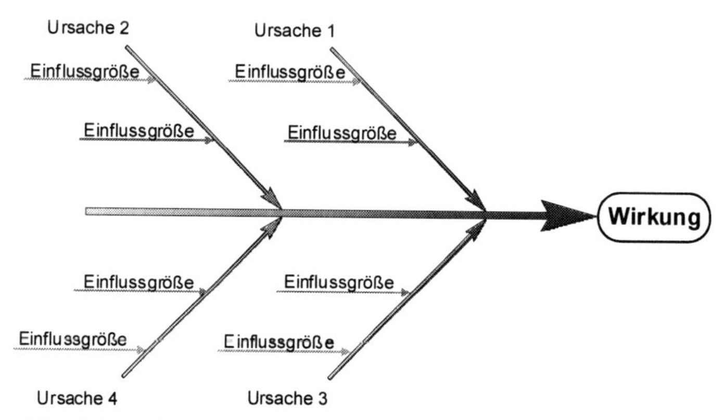


*Abb. 12-6: Prinzip des Ishikawa-Diagramms*
*Fig. 12-6: Principle of Ishikawa-Diagram*

Das **Ishikawa-Diagramm** (Abb. 12-6) stellt Beziehungen zwischen Ursachen und Wirkung in einer Richtung dar. Dazu werden an den Hauptpfeil mit der Wirkung oder dem zu erzielenden Effekt Teilursachen durch Querpfeile zugeordnet. Diese Teilursachen werden weiterhin in die Einflussgrößen untergliedert. Das Ishikawa-Diagramm visualisiert sehr gut die Zusammenhänge. Es ist allerdings kein direktes Prozessstrukturierungshilfsmittel wie das Phasenmodell der Produktion. Es stellt jedoch die Ergebnisse eines Phasenmodells der Produktion strukturiert dar.

## 12.3 Nähfadenmaterial

| **Nähfaden** | **Material** | **Garntyp** | **Feinheit in dtex** | **Drehungs-beiwert $\alpha$** |
|---|---|---|---|---|
| t-ara-002 | m-Aramid | Stapelfaser | 468,22 | 511,66 |
| t-ara-006 | m-Aramid | Stapelfaser | 1655,90 | 498,77 |
| t-ara-008 | m-Aramid | Stapelfaser | 738,8 | 106,33 |
| t-ara-010 | p-Aramid | Filament | 1019,7 | 114,7 |
| t-ca-001 | Carbon T900-1000-50A | Filament | 873,50 | 170,47 |
| t-ca-003 | Carbon/PBO | Spinnfaser | 6942,20 | ------ |
| t-pa-004 | Polyamid 4.6 | Filament | 1758,4 | 170,31 |
| t-pee-004 | PEEK | Filament | 591,20 | 112,97 |
| t-pet-004 | Polyester | Stapelfaser | 232,40 | 532,79 |
| t-pp-002 | Polypropylen | Filament | 1534,3 | 47,11 |
| t-gla-001 | Quarzglas | Filament | 1373,6 | 112,82 |
| t-gla-003 | Quarzglas | Filament | 2104 | 132,56 |

*Abb. 12-7: Nähfadenmaterial*
*Fig. 12-7: Stitching Thread Material*

## 12.4 Berechnung der Gesamtsteifigkeitsmatrix

Aus den einzelnen Steifigkeiten der UD-Schicht aus Kapitel 5.2

$c_{\parallel} = 40235{,}30\ \text{N/mm}^2$

$c_{\perp} = 6116{,}20\ \text{N/mm}^2$

$c_{\#} = 2254{,}26\ \text{N/mm}^2$

$c_{\parallel\perp} = 1593{,}76\ \text{N/mm}^2$

können die Einzellagensteifigkeiten mit folgenden Formeln [fvwNN, iflNN] bestimmt werden:

Gl. 12-1 $c_{11} = A_c + B_c \cos\ 2\varphi + C_c \cos\ 4\varphi$

Gl. 12-2 $c_{12} = D_c - C_c \cos 4\varphi$

Gl. 12-3 $c_{13} = -\frac{1}{2} B_c \sin 2\varphi - C_c \sin 4\varphi$

Gl. 12-4 $c_{21} = c_{12}$

Gl. 12-5 $c_{22} = A_c - B_c \cos 2\varphi + C_c \cos 4\varphi$

Gl. 12-6 $c_{23} = -\frac{1}{2} B_c \sin 2\varphi + C_c \sin 4\varphi$

Gl. 12-7 $c_{31} = c_{13}$

Gl. 12-8 $c_{32} = c_{23}$

Gl. 12-9 $c_{33} = E_c - C_c \cos 4\varphi$ .

Die einzelnen Koeffizienten in den vorher aufgelisteten Gleichungen bestimmen sich aus:

Gl. 12-10 $A_c = \frac{1}{8}\left(3c_{\parallel} + 3c_{\perp} + 2c_{\parallel\perp} + 4c_{\#}\right)$

Gl. 12-11 $B_c = \frac{1}{2}\left(c_{\parallel} - c_{\perp}\right)$

Gl. 12-12 $C_c = \frac{1}{8}\left(c_{\parallel} + c_{\perp} - 2c_{\parallel\perp} - 4c_{\#}\right)$

Gl. 12-13 $D_c = \frac{1}{8}\left(c_{\parallel} + c_{\perp} + 6c_{\parallel\perp} - 4c_{\#}\right)$

Gl. 12-14 $E_c = \frac{1}{8}\left(c_{\parallel} + c_{\perp} - 2c_{\parallel\perp} + 4c_{\#}\right)$ .

Aus den Gleichungen Gl. 12-10 bis Gl. 12-14 berechnen sich folgende Werte:

$A_c$ = 18907,38 N/mm$^2$

$B_c$ = 17059,55 N/mm$^2$

$C_c$ = 4268,37 N/mm$^2$

$D_c$ = 5862,13 N/mm$^2$

$E_c$ = 6522,63 N/mm$^2$ .

Daraus resultieren dann die Einzelsteifigkeiten für die einzelnen Lagenorientierungen $\varphi$ (Abb. 12-8).

| | φ = 45° | φ = 0° | φ = -45° | φ = 90° |
|---|---|---|---|---|
| $C_{11}$ in N/mm² | 14639,01 | 40235,30 | 14639,01 | 6116,20 |
| $C_{12}$ in N/mm² | 10130,50 | 1593,76 | 10130,50 | 1593,76 |
| $C_{13}$ in N/mm² | -8529,78 | 0 | 8529,78 | 0 |
| $C_{21}$ in N/mm² | 10130,50 | 1593,76 | 10130,50 | 1593,76 |
| $C_{22}$ in N/mm² | 14639,01 | 6116,20 | 14639,01 | 40235,30 |
| $C_{23}$ in N/mm² | -8529,78 | 0 | 8529,78 | 0 |
| $C_{31}$ in N/mm² | -8529,78 | 0,00 | 8529,78 | 0 |
| $C_{32}$ in N/mm² | -8529,78 | 0 | 8529,78 | 0 |
| $C_{33}$ in N/mm² | 10791,00 | 2254,26 | 10791,00 | 2254,26 |

*Abb. 12-8: Steifigkeiten der Einzellagen*
*Fig. 12-8: Stiffeness of the single Layers*

Die Gesamtsteifigkeiten bestimmen sich aus folgenden Gleichungen mit den Werten der Einzelsteifigkeiten (Abb. 12-8) und in Abhängigkeit der Einzelschichtdicken (vgl. [fvwNN, iflNN]) (Abb. 12-9).

Gl. 12-15 $$c_{i,j} = \sum_{k=1}^{n} c_{i,j}\left(z_{k+1} - z_k\right)$$ i, j = 1,2,3

Gl. 12-16 $$c_{i,j+3} = -\sum_{k=1}^{n} c_{i,j} \frac{1}{2}\left(z_{k+1}^2 - z_k^2\right)$$ i, j = 1,2,3

Gl. 12-17 $$c_{i+3,j+3} = \sum_{k=1}^{n} c_{i,j} \frac{1}{3}\left(z_{k+1}^3 - z_k^3\right)$$ i, j = 1,2,3

| φ in ° | Schicht k | $z_k$ | $z_{k+1}$ | $z_{k+1}-z_k$ | $(z_k)^2$ | $(z_{k+1})^2$ | $(z_{k+1})^2-(zk)^2$ | $(z_k)^3$ | $(z_{k+1})^3$ | $(z_{k+1})^3-(zk)^3$ |
|---|---|---|---|---|---|---|---|---|---|---|
| 45° | 1 | -0,600 | -0,450 | 0,150 | 0,360 | 0,203 | -0,158 | -0,216 | -0,091 | 0,125 |
| 0° | 2 | -0,450 | -0,300 | 0,150 | 0,203 | 0,090 | -0,113 | -0,091 | -0,027 | 0,064 |
| -45° | 3 | -0,300 | -0,150 | 0,150 | 0,090 | 0,023 | -0,068 | -0,027 | -0,003 | 0,024 |
| 90° | 4 | -0,150 | 0,000 | 0,150 | 0,023 | 0,000 | -0,023 | -0,003 | 0,000 | 0,003 |
| 0° | 5 | 0,000 | 0,150 | 0,150 | 0,000 | 0,023 | 0,023 | 0,000 | 0,003 | 0,003 |
| -45° | 6 | 0,150 | 0,300 | 0,150 | 0,023 | 0,090 | 0,068 | 0,003 | 0,027 | 0,024 |
| 90° | 7 | 0,300 | 0,450 | 0,150 | 0,090 | 0,203 | 0,113 | 0,027 | 0,091 | 0,064 |
| 45° | 8 | 0,450 | 0,600 | 0,150 | 0,203 | 0,360 | 0,158 | 0,091 | 0,216 | 0,125 |

*Abb. 12-9: Schichtkoeffizienten*
*Fig. 12-9: Layer Coefficients*

Das Einsetzen der Werte in die Formel liefert die Gesamtsteifigkeitsmatrix (vgl. Kapitel 5.2):

$$
\begin{array}{c}
\text{Scheibenquadrant} \qquad\qquad\qquad\qquad \text{Koppelquadrant} \\
[C_{ges}] = \left[\begin{array}{ccc|ccc}
22688{,}86 & 7034{,}55 & 0 & 1535{,}36 & 0 & 0 \\
7034{,}55 & 22688{,}86 & 0 & 0 & -1535{,}36 & 0 \\
0 & 0 & 7827{,}15 & 0 & 0 & 0 \\
\hline
1535{,}36 & 0 & 0 & 2492{,}17 & 1074{,}64 & -575{,}76 \\
0 & -1535{,}36 & 0 & 1074{,}64 & 2492{,}17 & -575{,}76 \\
0 & 0 & 0 & -575{,}76 & -575{,}76 & 1169{,}75
\end{array}\right]. \\
\text{Koppelquadrant} \qquad\qquad\qquad\qquad \text{Plattenquadrant}
\end{array}
$$

## 12.5 Mathematische Modellbildung zur Vorhersage der Reduktion der Zugfestigkeit vernähter Faserverbundkunststoffe mit multiaxialen Glasgelegen

Die Herleitung der Reduktion der Zugfestigkeit von FVK-Probekörpern aus vernähten multiaxialen Glasgelegen mit Quernähten erfolgt in Anlehnung das Prismenmodell nach Jones (vgl. Kapitel 5.2 und [fvwNN, iflNN]). Aufgrund der in z-Richtung angeordneten Nähfäden wird angenommen, dass diese eine Verringerung des Matrixvolumenanteils und des Faservolumenanteils bewirken. Aufgrund der Lage der Nähfäden tragen diese nicht zur Festigkeit in Zugrichtung bei. Die Prismenbreite reduziert sich daher im beanspruchten FVK-Probenquerschnitt zu:

Gl.12-18
$$w = w_f + w_m - w_{fn} - w_{mn}$$
$$w = \varphi \times w + (1-\varphi) \times w - v_{faser} \times \varphi_N \times w - (1 - v_{faser}) \times \varphi_N \times w$$

$w$: Gesamtbreite des Faser-Matrix-Prisma

$w_f$: Breite des Faser-Prisma

$w_m$: Breite des Matrix-Prisma

$w_{fn}$: Breite des Nähfadenprisma anteilig am Faser-Prisma

$w_{mn}$: Breite des Nähfadenprisma anteilig am Matrix-Prisma

$\varphi$: Faservolumengehalt

$\varphi_N$: Nähfadenvolumengehalt

$v_{faser}$: Faserverdrängung (1 komplette Faserverdrängung, 0 komplette Matrixverdrängung).

Der Elastizitätsmodul parallel zur Faserrichtung der Einzelgelegelage berechnet sich im Vergleich zu (vgl. Kapitel 5.2 und [fvwNN, iflNN]) aus der Aufteilung der Einzelspannungen in Faserrichtung :

$$\sigma_{II} = E_{II}\varepsilon_{II}\,;\ \varepsilon_{II} = \frac{\Delta l}{l}$$

$$F_{II} = \sigma_{II}A = \sigma_{IIF}A_F + \sigma_{IIM}A_M - \sigma_{IIF}v_{faser}A_N - \sigma_{IIM}(1 - v_{faser})A_N$$

$$\Rightarrow \sigma_{II}A = \sigma_{IIF}\left(A_F - v_{faser}A_N\right) + \sigma_{IIM}\left(A_M - (1 - v_{faser})A_N\right)$$

$$\text{mit}: A_F = \varphi_F \times A\,;\ A_M = (1 - \varphi_F)A\,;\ A_N = \varphi_N \times A$$

$$\Rightarrow \sigma_{II} = \sigma_{IIF}\left(\varphi_F - v_{faser}\varphi_N\right) + \sigma_{IIM}\left(1 - \varphi_F - (1 - v_{faser})\varphi_N\right)$$

Aufgrund der Annahme ideal verklebter Lagen und Grenzflächen zwischen Faser und Matrix herrschen in Faserorientierung gleiche Dehnungen in Faser und Matrix vor.

Gl.12-19

$$\Rightarrow \sigma_{II} = E_{II}\varepsilon_{II}\,;\ \sigma_{IIF} = E_{FII}\varepsilon_{II}\,;\ \sigma_{IIM} = E_{MII}\varepsilon_{II}$$

$$\Rightarrow E_{II} = E_{IIF}\left(\varphi_F - v_{faser}\varphi_N\right) + E_{IIM}\left(1 - \varphi_F - (1 - v_{faser})\varphi_N\right)$$

$l$: Ursprungslänge des FVK-Probekörpers

$\Delta l$: Längenänderung des FVK-Probekörpers beim Zugbruch

$\sigma_{II}$: Spannung des Einzelschichtverbundes parallel zur Faserorientierung

$\sigma_{IIF}$: Spannung in den Fasern des Einzelschichtverbundes parallel zur Faserorientierung

$\sigma_{IIM}$: Spannung in der Matrix des Einzelschichtverbundes zur Faserorientierung

$\varepsilon_{II}$: Dehnung des Einzelschichtverbundes parallel zur Faserorientierung

$F_{II}$: Zugkraft bzw. Zugbelastung zur Faserorientierung

$A$: Querschnittsfläche des FVK-Probekörpers

$A_F$: Querschnittsfläche der Fasern in der Einzelschicht bzw. im FVK-Bauteil

$A_M$: Querschnittsfläche der Matrix in der Einzelschicht bzw. im FVK-Bauteil

$A_N$: Querschnittsfläche des Nähfadens in der Einzelschicht bzw. im FVK-Bauteil

$E_{II}$: E-Modul des Einzelschichtverbund parallel zur Faserorientierung

$E_{IIF}$: E-Modul der Faser parallel zur Faserorientierung

$E_{IIM}$: E-Modul der Matrix parallel zur Faserorientierung

$v_{faser}$: Anteil der Faserverdrängung durch den Nähfaden (1 komplette Faserverdrängung, 0 komplette Matrixverdrängung)

$\varphi_N$: Nähfadenvolumengehalt des FVK-Bauteils

$\varphi_F$: Faservolumengehalt des FVK-Bauteils (=0,526)

Der Elastizitätsmodul senkrecht zur Faserorientierung der Einzelgelegelage berechnet sich im Vergleich zu Kapitel 5.2 und [fvwNN, ifINN]) aus der Änderung der Gesamtdehnung senkrecht zur Faserorientierung des Einzelschichtverbundes mittels der Änderung der Gesamtprismenbreite nach Jones von Faser und Matrix (Gl.12-18):

$$\Delta w = \Delta w_f + \Delta w_m - \Delta w_{fn} - \Delta w_{mn}$$

$$\text{mit } \varepsilon_\perp = \frac{\Delta w}{w} \Rightarrow \Delta w = \varepsilon_\perp \times w$$

$$\text{mit } \Delta w_f = \varepsilon_{\perp F} \varphi_F w \,;\, \Delta w_m = \varepsilon_{\perp M}(1-\varphi_F) w$$

$$\text{mit } \Delta w_{fn} = \varepsilon_{\perp F} v_{faser} \varphi_N w \,;\, \Delta w_{mn} = \varepsilon_{\perp M}(1 - v_{faser}) \varphi_N w$$

$$\Rightarrow \varepsilon_\perp = \varepsilon_{\perp F}(\varphi_F - v_{faser}\varphi_N) + \varepsilon_{\perp M}(1 - \varphi_F - (1 - v_{faser})\varphi_N)$$

Aufgrund der Annahme gleicher Spannungen senkrecht zur Faserorientierung [fvwNN] lässt sich der Elastizitätsmodul senkrecht zur Faserorientierung bestimmen.

$$\text{mit } \varepsilon_{\perp}=\frac{\sigma_{\perp}}{E_{\perp}};\ \varepsilon_{\perp F}=\frac{\sigma_{\perp}}{E_{\perp F}};\ \varepsilon_{\perp M}=\frac{\sigma_{\perp}}{E_{\perp M}}$$

Gl. 12-20
$$\Rightarrow \frac{1}{E_{\perp}}=\frac{E_{\perp M}\left(\varphi_F - v_{faser}\varphi_N\right)+E_{\perp F}\left(1-\varphi_F-\left(1-v_{faser}\right)\varphi_N\right)}{E_{\perp F}E_{\perp M}}$$

$$\Rightarrow E_{\perp}=\frac{E_{\perp F}E_{\perp M}}{E_{\perp M}\left(\varphi_F - v_{faser}\varphi_N\right)+E_{\perp F}\left(1-\varphi_F-\left(1-v_{faser}\right)\varphi_N\right)}$$

$\Delta w$: Gesamtbreitenänderung des Faser-Matrix-Prisma

$\Delta w_f$: Breitenänderung des Faser-Prisma

$\Delta w_m$: Breitenänderung des Matrix-Prisma

$\Delta w_{fn}$: Breitenänderung des Nähfadenprisma anteilig am Faser-Prisma

$\Delta w_{mn}$: Breitenänderung des Nähfadenprisma anteilig am Matrix-Prisma

$\sigma_{\perp}$: Spannung des Einzelschichtverbundes senkrecht zur Faserorientierung

$\sigma_{\perp F}$: Spannung der Fasern senkrecht zur Hauptverstärkungs-orientierung

$\sigma_{\perp M}$: Spannung der Matrix senkrecht zur Hauptverstärkungs-orientierung

$\varepsilon_{\perp}$: Dehnung des Einzelschichtverbundes senkrecht zur Faserorientierung

$\varepsilon_{\perp F}$: Dehnung Faser quer zur Faserorientierung

$\varepsilon_{\perp M}$: Dehnung Matrix quer zur Faserorientierung

$E_{\perp}$: E-Modul des Einzelschichtverbundes senkrecht zur Faserorientierung

$E_{\perp F}$: E-Modul der Glasfaser senkrecht zur Faserorientierung

$E_{\perp M}$: E-Modul der Matrix senkrecht zur Faserorientierung

$v_{faser}$: Anteil der Faserverdrängung durch den Nähfaden (1 komplette Faserverdrängung, 0 komplette Matrixverdrängung)

$\varphi_N$: Nähfadenvolumengehalt des FVK-Bauteils

$\varphi_F$: Faservolumengehalt des FVK-Bauteils (= 0,526).

Der Schubmodul berechnet sich auf Grundlage der Verschiebungen des Faser-Matrix-Prisma in Folge Schub- bzw. Scherbeanspruchung [fvwNN, iflNN]. Am ganzen Prisma wirken die gleichen Scherbeanspruchungen.

$$\Delta s = \Delta s_f + \Delta s_m - \Delta s_{fn} - \Delta s_{mn}$$

$$\text{mit } \Delta s = \gamma \times w \,;\, \Delta s_f = \gamma_f \times \varphi_f \times w \,;\, \Delta s_m = \gamma_m \times (1 - \varphi_f) w$$

$$\text{und } \Delta s_{fn} = \gamma_f \times v_{faser} \times \varphi_N \times w \,;\, \Delta s_{mn} = \gamma_m \times (1 - v_{faser}) \varphi_N \times w$$

Gl. 12-21
$$\text{und } \gamma = \frac{\tau}{G_\#} ; \gamma_f = \frac{\tau}{G_{\# f}} ; \gamma_m = \frac{\tau}{G_{\# m}}$$

$$\Rightarrow \frac{1}{G_\#} = \frac{1}{G_{\# f}} (\varphi_f - v_{faser} \varphi_N) + \frac{\tau}{G_{\# m}} (1 - \varphi_f - (1 - v_{faser}) \varphi_N)$$

$$\Rightarrow G_\# = \frac{G_{\# f} \times G_{\# m}}{G_{\# m}(\varphi_f - v_{faser} \varphi_N) + G_{\# f}(1 - \varphi_f - (1 - v_{faser}) \varphi_N)}$$

| | |
|---|---|
| $w$: | Gesamtbreite des Faser-Matrix-Prisma |
| $\Delta s$: | Scheränderung des Faser-Matrix-Prisma |
| $\Delta s_f$: | Scheränderung des Faser-Prisma |
| $\Delta s_m$: | Scheränderung des Matrix-Prisma |
| $\Delta s_{fn}$: | Scheränderung des Nähfadenprisma anteilig am Faser-Prisma |
| $\Delta s_{mn}$: | Scheränderung des Nähfadenprisma anteilig am Matrix-Prisma |
| $\gamma_\perp$: | Scherung des Einzelschichtverbundes |
| $G_\#$: | Schub-Modul des Einzelschichtverbundes |
| $G_{\#F}$: | Schub-Modul der Glasfaser |
| $G_{\#M}$: | Schub-Modul der Matrix |
| $v_{faser}$: | Anteil der Faserverdrängung durch den Nähfaden (1 komplette Faserverdrängung, 0 komplette Matrixverdrängung) |
| $\varphi_N$: | Nähfadenvolumengehalt des FVK-Bauteils |
| $\varphi_F$: | Faservolumengehalt des FVK-Bauteils (= 0,526). |

Die Querkontraktionszahl der Einzelschicht berechnet sich aus dem negativen Verhältnis von Querdehnung zu Längsdehnung [fvwNN, iflNN] auf Basis der Prismenbreitenänderung.

$$\upsilon_{\parallel\perp} = -\frac{\varepsilon_\perp}{\varepsilon_\parallel}; \Rightarrow \varepsilon_\perp = -\upsilon_{\parallel\perp}\varepsilon_\parallel$$

$$\Delta w = \Delta w_f + \Delta w_m - \Delta w_{fn} - \Delta w_{mn}$$

$$\text{mit } \varepsilon_\perp = \frac{\Delta w}{w} \Rightarrow \Delta w = \varepsilon_\perp \times w$$

$$\text{mit } \Delta w_f = \varepsilon_{\perp F} \times \varphi_F\, w;\ \Delta w_m = \varepsilon_{\perp M}(1-\varphi_F)w$$

Gl. 12-22 $$\text{und } \Delta w_{fn} = \varepsilon_{\perp F} \times v_{fase} \times {}_r\varphi_N \times w;\ \Delta w_{mn} = \varepsilon_{\perp M}(1 - v_{faser})\varphi_N w$$

$$\Rightarrow \varepsilon_\perp = \varepsilon_{\perp F}(\varphi_F - v_{faser}\varphi_N) + \varepsilon_{\perp M}(1 - \varphi_F - (1 - v_{faser})\varphi_N)$$

$$\text{mit } \varepsilon_{\perp F} = -\upsilon_{\parallel\perp F} \times \varepsilon_{\parallel F};\ \varepsilon_{\perp M} = -\upsilon_{\parallel\perp M} \times \varepsilon_{\parallel M}$$

$$\text{und } \varepsilon_{\parallel F} = \varepsilon_{\parallel M} = \varepsilon_\parallel$$

$$\Rightarrow \upsilon_{\parallel\perp} = \upsilon_{\parallel\perp F}(\varphi_F - v_{faser}\varphi_N) + \upsilon_{\parallel\perp M}(1 - \varphi_F - (1 - v_{faser})\varphi_N)$$

$\Delta w$: Gesamtbreitenänderung des Faser-Matrix-Prisma

$\Delta w_f$: Breitenänderung des Faser-Prisma

$\Delta w_m$: Breitenänderung des Matrix-Prisma

$\Delta w_{fn}$: Breitenänderung des Nähfadenprisma anteilig am Faser-Prisma

$\Delta w_{mn}$: Breitenänderung des Nähfadenprisma anteilig am Matrix-Prisma

$\varepsilon_{\parallel}$: Dehnung des Einzelschichtverbundes in Faserorientierung

$\varepsilon_{\parallel F}$: Dehnung der Faser in Faserorientierung

$\varepsilon_{\parallel M}$: Dehnung der Matrix in Faserorientierung

$\varepsilon_{\perp}$: Dehnung des Einzelschichtverbundes quer zur Faserorientierung

$\varepsilon_{\perp F}$: Dehnung Faser quer zur Faserorientierung

$\varepsilon_{\perp M}$: Dehnung Matrix quer zur Faserorientierung

$\nu_{\parallel\perp}$: Querkontraktion des Einzelschichtverbundes senkrecht zur Faserorientierung

$\nu_{\parallel F}$: Querkontraktion der Faser parallel zur Faserorientierung

$\nu_{\parallel M}$: Querkontraktion der Matrix parallel zur Faserorientierung

$v_{faser}$: Anteil der Faserverdrängung durch den Nähfaden
(1 komplette Faserverdrängung, 0 komplette Matrixverdrängung)

$\varphi_N$: Nähfadenvolumengehalt des FVK-Bauteils

$\varphi_F$: Faservolumengehalt des FVK-Bauteils (= 0,526).

Der Nähfadenvolumengehalt berechnet sich aus dem Verhältnis des Nähfadenanteils in FVK-Probenquerschnittsfläche zum Gesamtquerschnitt. Versuche zur Berechnung des Nähfadenvolumens im Vergleich zum FVK-Probenkörpervolumen ermittelten Nähfadenvolumengehalte unter 0,00004, das entspricht 0,004 %. Diese Werte waren zu gering. Daher wird angenommen, dass die Reduktion des FVK-Probenquerschnitts durch den Nähfaden und nicht die Änderung des Faservolumengehaltes durch den Nähfaden Festigkeitsverringerungen herbeiführt. Der Nähfadenvolumengehalt berechnet sich hiernach aus folgenden Gleichungen:

Gl. 12-23

$$\varphi_N = \frac{A_{Naht}}{A_{fvk}}$$

$$\text{mit } A_{Naht} = n_{naht} \times n_{stich} \times 2d_n \times t_{ges}$$

$$\text{und } A_{fvk} = b_{fvk} \times t_{ges}\,;\; d_n = \frac{T_{tex}}{\rho} \times \frac{1}{10^3} \text{ in mm}$$

$$\text{und } n_{stich} = \frac{b_{fvk}}{a_{stich}}\; n_{stich} \text{ ganzzahlig abrunden !!}$$

$A_{fvk}$: Querschnittsfläche FVK-Probekörper

$A_{Naht}$: Nähfadenfläche in FVK-Probenquerschnitt

$a_{stich}$: Stichabstand (3mm)

$b_{fvk}$: FVK-Probekörperbreite

$d_n$: Nähfadendurchmesser

$n_{naht}$: Anzahl der Quernähte

$n_{stich}$: Anzahl der Nähstiche auf der FVK-Probenkörperbreite (ganzzahlig)

$t_{ges}$: FVK-Probekörperhöhe

$T_{tex}$: Nähfadenfeinheit in tex

$\varphi_N$: Nähfadenvolumengehalt des FVK-Bauteils

$\rho$: Dichte des Aramidnähfadens

Mit den Gleichungen Gl.12-19 bis Gl. 12-23 lässt sich in Analogie zu Kapitel 5.2 und 12.4 mit den Gleichungen Gl. 12-1 bis Gl. 12-17 die Gesamtsteifigkeitsmatrix bilden. Mit der folgenden Gleichung aus Kapitel 5.2 lässt sich aus der Gesamtsteifigkeitsmatrix die theoretische Zugfestigkeit von FVK-Probekörpern mit vernähten multiaxialen Glasgelegen ermitteln.

Gl. 12-24 $$\sigma_{Zug,max,näh} = \eta \frac{C_{11ges} \times \varepsilon}{t_{ges}}$$

Die folgenden Abbildungen stellen die Ergebnisse der Zugfestigkeiten dar. Die grafische Auswertung und Diskussion der Ergebnisse erfolgt in Kapitel 5.3.

| | **keine Naht** | **1 Naht** | **3 Nähte** |
|---|---|---|---|
| $V_{faser}$ | $\sigma_{zug,max}$ **in N/mm²** | $\sigma_{zug,max,näh}$ **in N/mm²** | $\sigma_{zug,max,näh}$ **in N/mm²** |
| 0,0 | 368,69 | 286,81 | 338,21 |
| 0,1 | | 281,82 | 314,23 |
| 0,2 | | 276,89 | 292,89 |
| 0,3 | | 272,01 | 273,48 |
| 0,4 | | 267,19 | 255,52 |
| 0,5 | | 262,42 | 238,68 |
| 0,6 | | 257,70 | 222,73 |
| 0,7 | | 253,02 | 207,47 |
| 0,8 | | 248,39 | 192,80 |
| 0,9 | | 243,80 | 178,60 |
| 1,0 | | 239,24 | 164,81 |

*Abb. 12-10: Theoretische Zugfestigkeiten vernähter FVK*
*Fig. 12-10: Theoretical Tensile Strength of Stitched FRP*

Abb. 12-10 stellt die berechneten Werte der theoretischen Zugfestigkeit von Faserverbundwerkstoffen mit folgenden Parametern dar:

- Verstärkungstextil: multiaxiales Glasgelege (vgl. Kapitel 4 und 5)
- Harzsystem: Epoxid
- $\rho$ = 1,44 g/cm$^3$
- $a_{stich}$ = 3 mm
- $b_{fvk}$ = 24,85 mm
- $t_{ges}$ = 1,2 mm.

| | keine Naht | 1 Naht | 3 Nähte |
|---|---|---|---|
| $v_{faser}$ | $\sigma_{zug,max}$ in N/mm$^2$ | $\sigma_{zug,max,näh}$ in N/mm$^2$ | $\sigma_{zug,max,näh}$ in N/mm$^2$ |
| 0,0 | 341,04 | 265,30 | 312,84 |
| 0,1 | | 260,68 | 290,66 |
| 0,2 | | 256,12 | 270,93 |
| 0,3 | | 251,61 | 252,97 |
| 0,4 | | 247,15 | 236,36 |
| 0,5 | | 242,74 | 220,78 |
| 0,6 | | 238,37 | 206,02 |
| 0,7 | | 234,05 | 191,91 |
| 0,8 | | 229,76 | 178,34 |
| 0,9 | | 225,51 | 165,21 |
| 1,0 | | 221,30 | 152,45 |

*Abb. 12-11: Theoretische Zugfestigkeiten vernähter FVK mit berücksichtigter Festigkeitsreduktion von 7,5 %*
*Fig. 12-11: Theoretical Tensile Strength of Stitched FRP considering a Reduction of 7.5 %*

Die Werte aus Abb. 12-11 berücksichtigen im Vergleich zu Abb. 12-10 eine Verringerung um 7,5 % der theoretischen Zugfestigkeit. Bei den Berechnungen unvernähter Festigkeiten lagen die experimentellen Ergebnisse um 7,5 % niedriger.

Abb. 12-12 beinhaltet die berechneten theoretischen Zugfestigkeiten unter Variation der Faserverdrängung $v_{faser}$ und der Nähfadenfeinheit für eine Naht.

| $v_{faser}$ | 10tex | 20tex | 30tex | 40tex | 50tex | 60tex | 70tex | 80tex | 90tex | 100tex |
|---|---|---|---|---|---|---|---|---|---|---|
| **0,00** | 280,66 | 282,67 | 284,34 | 285,84 | 287,25 | 288,60 | 289,90 | 291,17 | 292,42 | 293,65 |
| **0,10** | 278,49 | 279,53 | 280,43 | 281,27 | 282,07 | 282,85 | 283,61 | 284,37 | 285,12 | 285,87 |
| **0,20** | 276,32 | 276,41 | 276,56 | 276,75 | 276,96 | 277,19 | 277,43 | 277,69 | 277,97 | 278,26 |
| **0,30** | 274,16 | 273,31 | 272,72 | 272,27 | 271,90 | 271,60 | 271,35 | 271,14 | 270,96 | 270,81 |
| **0,40** | 272,01 | 270,24 | 268,92 | 267,84 | 266,91 | 266,09 | 265,35 | 264,68 | 264,07 | 263,50 |
| **0,50** | 269,87 | 267,18 | 265,14 | 263,45 | 261,97 | 260,65 | 259,44 | 258,33 | 257,30 | 256,33 |
| **0,60** | 267,73 | 264,14 | 261,39 | 259,10 | 257,08 | 255,27 | 253,61 | 252,07 | 250,63 | 249,27 |
| **0,70** | 265,61 | 261,11 | 257,68 | 254,78 | 252,24 | 249,95 | 247,84 | 245,89 | 244,05 | 242,32 |
| **0,80** | 263,49 | 258,11 | 253,98 | 250,51 | 247,45 | 244,69 | 242,15 | 239,78 | 237,57 | 235,47 |
| **0,90** | 261,39 | 255,12 | 250,32 | 246,27 | 242,70 | 239,48 | 236,51 | 233,75 | 231,16 | 228,71 |
| **1,00** | 259,29 | 252,15 | 246,67 | 242,06 | 237,99 | 234,31 | 230,93 | 227,79 | 224,83 | 222,04 |

*Abb. 12-12: Theoretische Zugfestigkeiten vernähter FVK mit einer Naht und Variation der Faserverdrängung und der Fadenfeinheit in N/mm$^2$*

*Fig. 12-12: Theoretical Tensile Strength of Stitched FRP with one Seam and a Variation of the Fibre Displacement and the Stitching Thread Fineness/Count in N/mm$^2$*

Abb. 12-13 beinhaltet die berechneten theoretischen Zugfestigkeiten unter Variation der Faserverdrängung $v_{faser}$ und der Nähfadenfeinheit für 3 Nähte.

| $v_{faser}$ | 10tex | 20tex | 30tex | 40tex | 50tex | 60tex | 70tex | 80tex | 90tex | 100tex |
|---|---|---|---|---|---|---|---|---|---|---|
| **0,00** | 292,42 | 303,40 | 315,01 | 328,09 | 343,40 | 361,84 | 384,73 | 414,12 | 453,40 | 508,81 |
| **0,10** | 285,12 | 291,96 | 299,40 | 307,81 | 317,49 | 328,80 | 342,22 | 358,37 | 378,16 | 402,94 |
| **0,20** | 277,97 | 280,96 | 284,75 | 289,32 | 294,72 | 301,05 | 308,47 | 317,16 | 327,38 | 339,48 |
| **0,30** | 270,96 | 270,36 | 270,89 | 272,20 | 274,19 | 276,82 | 280,09 | 284,04 | 288,73 | 294,24 |
| **0,40** | 264,07 | 260,08 | 257,66 | 256,16 | 255,32 | 255,03 | 255,23 | 255,88 | 256,97 | 258,50 |
| **0,50** | 257,30 | 250,10 | 244,97 | 240,96 | 237,71 | 235,03 | 232,81 | 230,98 | 229,49 | 228,32 |
| **0,60** | 250,63 | 240,37 | 232,72 | 226,46 | 221,09 | 216,36 | 212,15 | 208,33 | 204,87 | 201,70 |
| **0,70** | 244,05 | 230,86 | 220,86 | 212,52 | 205,24 | 198,73 | 192,79 | 187,33 | 182,24 | 177,48 |
| **0,80** | 237,57 | 221,55 | 209,32 | 199,04 | 190,02 | 181,90 | 174,45 | 167,54 | 161,07 | 154,98 |
| **0,90** | 231,16 | 212,42 | 198,06 | 185,97 | 175,33 | 165,72 | 156,90 | 148,70 | 141,01 | 133,75 |
| **1,00** | 224,83 | 203,45 | 187,04 | 173,22 | 161,06 | 150,07 | 139,98 | 130,60 | 121,81 | 113,51 |

*Abb. 12-13: Theoretische Zugfestigkeiten vernähter FVK mit 3 Nähen und Variation der Faserverdrängung und der Fadenfeinheit in N/mm²*
*Fig. 12-13: Theoretical Tensile Strength of Stitched FRP with 3 Seams and a Variation of the Fibre Displacement and the Stitching Thread Fineness/Count in N/mm²*

## 12.6 Berechnung der Herstellkosten vernähter Textilpreforms

Die Herstellkosten vernähter Textilpreforms werden in diesem Unterkapitel berechnet. Für die Berechnungen wird das Textilpreform mit Stringerversteifungen aus Kapitel 7.2 zu Grunde gelegt. Die Investitionskosten der Doppelsteppstichnähmaschine, der einseitigen Nähtechnologie, der Textilzuführung und der Lagerbox werden aufgrund vorhandener Erfahrungen angenommen (Abb. 12-14).

| | |
|---|---|
| Einzelkosten konventionelle Nähmaschine | $K_{konv\ Nähmaschine}$ = 6100 € |
| Einzelkosten Textilzuführung | $K_{Textilzuführung}$ = 3000 € |
| Einzelkosten Lagerbox | $K_{Lagerbox}$ = 1000 € |

*Abb. 12-14: Einzelkosten der Doppelsteppstichnähanlage*
*Fig. 12-14: Single Costs of the Lockstitch-Installation*

Die Gesamtkosten der Doppelsteppstichnähanlage lassen sich durch folgende Formel berechnen:

$$K_{ges} = K_{konv\ Nähmaschine} + K_{Textilzuführung} + K_{Lagerbox}$$

Gl. 12-25 $K_{konv\ ges} = 10.100$ €

| Einzelkosten einseitiger Nähkopf | $K_{Nähkopf} = 50.000$ € |
|---|---|
| Einzelkosten Roboter plus Steuerung | $K_{Roboter} = 44.000$ € |
| Einzelkosten Halterung | $K_{Halterung} = 3000$ € |
| Einzelkosten Lagerbox | $K_{Lagerbox} = 1000$ € |

*Abb. 12-15: Einzelkosten der Roboter gestützten einseitigen Nähtechnologie*
*Fig. 12-15: Single Costs of the Robotic based one-sided Stitching-Installation*

Die Gesamtkosten der Roboter gestützten einseitigen Nähtechnologie sind durch nachfolgende Formel berechenbar:

$$K_{ges} = K_{Nähkopf} + K_{Roboter} + K_{Halterung} + K_{Lagerbox}$$

Gl. 12-26 $K_{eins\ ges} = 98.000$ €

Für die Berechnung der Material-, Lohn- und Energiekosten sind diverse Angaben erforderlich (Abb. 12-16). Zusätzlich wird angenommen, dass der Nähfadenverbrauch bei der Doppelsteppstich- und der Roboter gestützten Nähtechnologie gleich ist. Dies entspricht nicht ganz der Realität, aber die Kosten für den Nähfadenverbrauch bei Glasmaterialien sind gering im Vergleich zu den Verstärkungstextilkosten.

| Gelegehöhe | $h_{gelege} = 2$ mm |
|---|---|
| Bodenlänge | $l_{Boden} = 2100$ mm |
| Bodenbreite | $b_{boden} = 1000$ mm |
| Bodenhöhe | $h_{boden} = 12$ mm |
| Rippenlänge | $l_{rippe} = 1000$ mm |
| Rippenbreite | $b_{rippe} = 150$ mm |
| Rippenabstand | $a_{Rippe} = 150$ mm |
| Steghöhe | $h_{steg} = 50$ mm |
| Stegbreite | $b_{steg} = 6$ mm |
| Flanschhöhe | $h_{Flansch} = 6$ mm |
| Stichabstand | $a_{stich} = 3$ mm |
| Nähgeschwindigkeit | $v_{näh} = 200, 400, 600, 800, 1000$ Stiche/min |
| Nahtlänge Rippe | $l_{naht\ rippe} = 1000$ mm |

| | |
|---|---|
| Nahtanzahl Flansch Boden | $n_{Naht\ Fl\ B} = 4$ |
| Nahtanzahl Steg | $n_{Naht\ Steg} = 2$ |
| Feinheit des Nähfadens | $T_{Faden} = 139$ tex |
| Stundenlohn konventionelle Doppelsteppstichnähtechnik | $k_{konv\ Stunde} = 60{,}00$ €/h |
| Stundenlohn einseitige Dop-Nähtechnik | $k_{ein\ Stunde} = 80{,}00$ €/h |
| Energieverbrauch konventionelles Doppelsteppnähen | $E_{konv\ Näh} = 0{,}55$ KWh |
| Energieverbrauch Textilzuführung | $E_{Zuführung} = 0{,}55$ KWh |
| Energiekosten KWh | $k_{KWh} = 0{,}10$ €/KWh |
| Einzelkosten multiaxiales Glasgelege | $k_{Gelege} = 30$ €/m$^2$ |
| Einzelkosten Quarzglasnähfaden | $k_{Faden} = 29{,}9$ €/kg |
| Zeit Zuschnitt Rippe | $t_{Zuschnitt\ Rippe} = 10{,}00$ min |
| Zeit Vorlegen Rippe | $t_{Vorlage\ Rippe} = 2{,}50$ min |
| Zeit Umsetzen Rippe | $t_{umsetzen\ Rippe} = 0{,}50$ min |
| Zeit Zuschnitt Boden | $t_{Zuschnitt\ Boden} = 60{,}00$ min |
| Zeit Vorlegen Boden und Rippe | $t_{Vorlage\ Boden\ Rippe} = 5{,}00$ min |
| Zeit Umsetzen Boden | $t_{umsetzen\ Boden} = 1{,}00$ min |
| Zeit Wartung | $t_{Wartung} = 5{,}00$ min |

*Abb. 12-16: Angaben zur Kostenberechnung*
*Fig. 12-16: Data for Cost Evaluation*

Für den Vergleich der konventionellen und einseitigen Nähtechnik werden gleiche Abmessungen und Nahtverläufe des Textilpreform angenommen.

Zunächst wird der Bedarf an multiaxialen Glasgelege berechnet (vgl. Abb. 7-4).

$$A_{ges} = A_{Verschnitt} + A_{Rippe} + A_{Boden}$$
$$A_{Verschnitt} = 0{,}3 \times A_{ges}$$
$$A_{Textilprefrom} = A_{Rippe} + A_{Boden}$$
$$A_{Rippe} = n_{Rippe}(A_{Flansch} + A_{Steg})$$
$$A_{Flansch} = l_{Rippe} * b_{Rippe} * n_{Gelege\,Flansch}$$
$$A_{Steg} = h_{Steg} * l_{Rippe} * n_{Gelege\,Steg}$$
$$A_{Boden} = l_{Boden} * b_{Boden} * n_{Boden}$$

| | |
|---|---|
| $A_{ges}$: | Gesamtfläche des multiaxialen Glasgeleges |
| $A_{Verschnitt}$: | Verschnitt des Verstärkungstextils beim Zuschnitt (Erfahrungswert: 30 % des Verstärkungstextilbedarfs) |
| $A_{Rippe}$: | Fläche an multiaxialem Glasgelege für eine Versteifungsrippe |
| $n_{Rippe}$: | Anzahl der Versteifungsrippen (= 7) |
| $A_{Flansch}$: | Fläche an multiaxialem Glasgelege für den Rippenflansch |
| $A_{Steg}$: | Fläche an multiaxialem Glasgelege für den Rippensteg |
| $l_{Rippe}$: | Rippenlänge |
| $b_{Rippe}$: | Rippenbreite |
| $n_{Gelege\,Flansch}$: | Anzahl der Gelegelagen im Rippenflansch (= 3) |
| $h_{Steg}$: | Höhe des Rippenstegs |
| $n_{Gelege\,Steg}$: | Anzahl der Gelegelagen im Rippensteg (= 3) |
| $l_{Boden}$: | Länge des Bodens |
| $b_{Boden}$: | Breite des Bodens |
| $n_{Boden}$: | Anzahl der Gelegelagen im Boden (= 6). |

Bei den Berechnungen wird eine Gelegehöhe von 2 mm vorausgesetzt. Mit den vorhandenen Werten ergibt sich der Gesamtflächenbedarf an multiaxialem Glasgelege für ein Textilpreform unter Berücksichtigung eines Verschnittes von 30 % zu:

Gl. 12-27 $A_{Textilpreform} = 16.800.000\ mm^2 = 16{,}8\ m^2$

$A_{ges} = A_{Textilpreform} : 0{,}7 = 24{,}1\ m^2$.

Zur Bestimmung der benötigten Nähfadenlänge muss berücksichtigt werden, dass zunächst der Rippensteg mit 2 Nähten versehen wird. Anschließend werden die Rippenflansche mit dem Boden vernäht. Die benötigte Nähfadenlänge wird mit folgenden Gleichungen berechnet.

$$l_{Faden\,ges} = n_{Rippe} * (l_{Faden\,FlB} + l_{Faden\,Steg})$$

$$l_{Faden\,FlB} = 2 * n_{Naht\,FlB} * l_{Naht\,Rippe} * \left(1 + \frac{t_{Naht\,FlB}}{a_{Stich}}\right)$$

$$l_{Faden\,Steg} = 2 * n_{Naht\,Steg} * l_{Naht\,Rippe} * \left(1 + \frac{t_{Naht\,Steg}}{a_{Stich}}\right)$$

$$t_{Naht\,FlB} = (n_{GelegeFlB} + n_{Gelege\,Boden}) * h_{Gelege}$$

$$t_{Naht\,steg} = n_{GelegeSteg} * h_{Gelege}$$

| | |
|---|---|
| $l_{Faden\,ges}$: | gesamte Nähfadenlänge |
| $n_{Rippe}$: | Anzahl der Versteifungsrippen (= 7) |
| $l_{Faden\,Fl\,B}$: | Nähfadenlänge für das Aufnähen der Rippe auf den Boden (Flansch-Boden) |
| $l_{Faden\,Steg}$: | Nähfadenlänge für das Nähen des Stegs |
| $n_{Naht\,Fl\,B}$: | Nahtanzahl Flansch-Boden (= 4) |
| $n_{Naht\,Steg}$: | Nahtanzahl Steg (= 2) |
| $l_{Naht\,Rippe}$: | Nahtlänge der Rippe (= $l_{Rippe}$) |
| $t_{Naht\,Fl\,B}$: | Nahttiefe Flansch-Boden (= 18 mm) |
| $t_{Naht\,Steg}$: | Nahttiefe Steg (= 6 mm) |
| $n_{Gelege\,Fl\,B}$: | Gelegelagen Flansch (= 3) |
| $n_{Boden}$: | Gelegelagen Boden (= 6) |
| $n_{Gelege\,Steg}$: | Gelegelagen Steg (= 3) |
| $a_{Stich}$: | Stichabstand |
| $h_{Gelege}$: | Gelegehöhe |

Die gesamte benötigte Nähfadenlänge wird kalkuliert:

$l_{Faden\,ges}$ = 476.000 mm.

Das einzusetzende Fadengewicht wird berechnet:

Gl. 12-28 $$G_{Faden\,ges} = \frac{T_{tex} * l_{Faden\,ges}}{1000000} = 66{,}164 \text{ g}.$$

Die Materialkosten werden anteilig aus den Kosten der multiaxialen Glasgelege und des Nähfadenverbrauchs berechnet:

$$K_{Material\,Textil} = K_{Gelege} + K_{Faden}$$
$$K_{Gelege} = k_{Gelege} * A_{Textilpreform}$$
$$K_{Faden} = k_{Faden} * G_{Faden\,ges}$$

| | |
|---|---|
| $K_{Material\ Textil}$: | Gesamtmaterialkosten |
| $K_{Gelege}$: | Materialkosten multiaxiales Glasgelege |
| $K_{Faden}$: | Materialkosten Nähfaden |
| $k_{Gelege}$: | flächenbezogene Einzelkosten Gelege |
| $k_{Faden}$: | gewichtsbezogene Einzelkosten Nähfaden |
| $A_{Textilpreform}$: | Fläche des multiaxialen Glasgeleges ohne Verschnitt |
| $G_{Faden\ ges}$: | Gesamtgewicht des Nähfadenverbrauchs |

Mit Gl. 12-27 und Gl. 12-28 bestimmen sich die Materialkosten für ein Textilpreform zu:

Gl. 12-29 $K_{Material\ Textil} = 722{,}83$ €.

Die Lohnkosten für die konventionelle Doppelsteppstichtechnik besitzen eine Abhängigkeit von den Zuschnitt-, Näh- und Umsetzzeiten vor und während des Nähens. Die Zeiten zur Herstellung eines Textilpreforms berechnen sich aus den Zeitanteilen der Rippenherstellung, der Bodenherstellung und der Wartungszeiten:

$$t_{Textil} = t_{Rippe\,ges} + t_{Boden\,ges} + t_{Wartung}$$

$$t_{Rippe\,ges} = n_{Rippe} * \begin{pmatrix} t_{Zuschnitt\,Rippe} + t_{Vorlage\,Rippe} + t_{Näh\,Rippe} \times n_{Naht\,Steg} + \\ t_{umsetzenRippe} \times (n_{Naht\,Steg} - 1) \end{pmatrix}$$

$$t_{Boden\,ges} = n_{Rippe} * \begin{pmatrix} t_{Zuschnitt\,Boden} + t_{Vorlage\,Boden\,Rippe} + t_{Näh\,Rippe} \times n_{Naht\,Flansch} + \\ t_{umsetzen\,Boden} \times (n_{Naht\,Flansch} - 1) \end{pmatrix}$$

$$t_{NähRippe} = \frac{l_{Rippe}}{a_{stich} \times v_{näh}}$$

$t_{Textil}$: Gesamtzeit zur Herstellung eines Textilpreforms

$t_{Rippe\ ges}$: Zeit zur Herstellung aller 7 Versteifungsrippen

$t_{Boden\ ges}$: Zeit zur Herstellung des Bodens inkl. Aufnähen der Versteifungsrippen

$t_{Wartung}$: Wartungszeit der Anlagen pro Textilpreform

$n_{Rippe}$: Anzahl Versteifungsrippen (= 7)

$t_{Zuschnitt\ Rippe}$: Zeit des Zuschnitts der multiaxialen Glasgelegeflächen für eine Versteifungsrippe

$t_{Vorlage\ Rippe}$: Zeit zur Vorlage der einzelnen multiaxialen Glasgelegeflächen in die Textilzuführung zur Nähmaschine für eine Versteifungsrippe

$t_{Näh\ Rippe}$: Zeit zum Vernähen des Stegs einer Versteifungsrippe

$t_{umsetzen\ Rippe}$: Zeit zur Wiedervorlage der teilvernähten Versteifungsrippe nach einer Naht

$n_{Naht\ Steg}$: Nahtanzahl im Steg der Versteifungsrippe

$t_{Zuschnitt\ Boden}$: Zeit des Zuschnitts der multiaxialen Glasgelegeflächen für einen Boden

$t_{Vorlage\ Boden}$: Zeit zur Vorlage der einzelnen multiaxialen Glasgelegeflächen in die Textilzuführung zur Nähmaschine für einen Boden

$t_{Näh\ Boden}$: Zeit zum Vernähen des Bodens mit einer Versteifungsrippe

$t_{umsetzen\ Boden}$: Zeit zur Wiedervorlage der teilvernähten Versteifungsrippe nach einer Naht auf den Boden

$n_{Naht\ Boden}$: Nahtanzahl im Boden und Flansch von einer Versteifungsrippe

$l_{Rippe}$: Länge einer Naht der Versteifungsrippe

$a_{Stich}$: Stichabstand

$v_{Näh}$: Nähgeschwindigkeit.

Die Lohnkosten für die konventionelle Doppelsteppstichtechnik berechnen sich im Anschluss mit folgender Formel:

Gl. 12-30 $$K_{Lohn\ konv\ Textil} = \frac{k_{konv\ Stunde}}{60} \times t_{Textil}\ .$$

| | |
|---|---|
| $K_{Lohn\ konv\ textil}$: | Lohnkosten Textilherstellung mittels konventioneller Doppelsteppstichtechnologie |
| $k_{konv\ Stunde}$: | Stundenlohn Mitarbeiter konventionelle Nähtechnik |
| $t_{Textil}$: | Gesamtzeit zur Herstellung eines Textilpreforms. |

Für die Roboter gestütze einseitige Nähtechnologie werden die gleichen Näh-, Wartungs- und Arbeitszeiten wie für die konventionelle Nähtechnik angenommen. Die Lohnkosten für die einseitige Nähtechnologie werden mit Hilfe folgender Formel bestimmt:

Gl. 12-31 $$K_{Lohn\ ein\ Textil} = \frac{k_{ein\ Stunde}}{60} \times t_{Textil}\ .$$

| | |
|---|---|
| $K_{Lohn\ ein\ textil}$: | Lohnkosten Textilherstellung mittels einseitiger Nähtechnologie |
| $k_{ein\ Stunde}$: | Stundenlohn Mitarbeiter konventionelle Nähtechnik |
| $t_{Textil}$: | Gesamtzeit zur Herstellung eines Textilpreforms. |

Die Energiekosten berechnen sich aus den Zeiten, zu denen die elektrische Anlagen in Betrieb sind. Unter Annahme einer motorisch unterstützen Textilzuführung wird für die Textilzuführung der gleiche Energieverbrauch wie für die Doppelsteppstich-Nähmaschine angenommen. Für die einseitige Nähtechnologie wird ein 10-fach höherer Wert angenommen. Sie besitzt im Roboter und Nähkopf im Vergleich zur konventionellen Nähmaschine eine höhere Anzahl von elektrischen Antrieben.

Gl. 12-32
$$K_{EnergieTextil\ konv} = \frac{k_{kwh}}{60} \times \left(E_{Näh} \times E_{Zuführung}\right) \times \left(t_{Näh\ Rippe} \times n_{Naht\ Steg} + t_{Näh\ Boden} \times n_{Naht\ Boden}\right)$$
$$K_{EnergieTextil\ ein} = 10 \times K_{EnergieTextil\ konv}$$

$K_{Energie\ Textil\ konv}$: Energieverbrauch zur Herstellung eines Textilpreforms mittels konventioneller Nähtechnik

$K_{Energie\ Textil\ ein}$: Energieverbrauch zur Herstellung eines Textilpreforms mittels einseitiger Nähtechnik

$k_{kwh}$: Energiekosten für eine kwh Stromenergie

$E_{Näh}$: Energieverbrauch der Nähanlage

$E_{Zuführung}$: Energieverbrauch der Textilzuführung

$t_{Näh\ Rippe}$: Zeit zum Vernähen des Stegs einer Versteifungsrippe

$t_{Näh\ Boden}$: Zeit zum Vernähen des Bodens mit einer Versteifungsrippe

$n_{Naht\ Steg}$: Nahtanzahl im Steg der Versteifungsrippe

$n_{Naht\ Boden}$: Nahtanzahl im Boden und Flansch von einer Versteifungsrippe

Die kalkulatorischen Abschreibungskosten der Wertminderung der Nähanlagen sowie die Raumkosten werden folgendermaßen zusammengefasst.

Gl. 12-33
$$K_{kalk\ Ab+Raum\ konv} = K_{Abschreib\ konv} + K_{Raum\ konv}$$
$$K_{kalk\ Ab+Raum\ ein} = K_{Abschreib\ ein} + K_{Raum\ ein}$$
$$K_{Abschreibung\ konv} = \frac{K_{konv\ ges}}{t_{Abschreibung}} \times \frac{t_{Textil}}{t_{Jahr} \times t_{Wochen} \times t_{Wochen\ Durch}}$$
$$K_{Abschreibung\ ein} = \frac{K_{ein\ ges}}{t_{Abschreibung}} \times \frac{t_{Textil}}{t_{Jahr} \times t_{Wochen} \times t_{Wochen\ Durch}}$$
$$K_{Raum\ konv} = \frac{r_{konv\ ges} \times k_{Raum\ Monat}}{t_{Woche} \times t_{Wochen\ Durch}} \times t_{Textil}$$
$$K_{Raum\ ein} = \frac{r_{ein\ ges} \times k_{Raum\ Monat}}{t_{Woche} \times t_{Wochen\ Durch}} \times t_{Textil}$$

$K_{kalk\ Ab+Raum\ konv}$: Inventarkosten konventioneller Doppelsteppstich

$K_{kalk\ Ab+Raum\ ein}$: Inventarkosten einseitige Nähtechnologie

| | |
|---|---|
| $K_{Abschreib\ konv}$: | Abschreibungskosten Doppelsteppstich |
| $K_{Abschreib\ ein}$: | Abschreibungskosten einseitige Nähtechnik |
| $K_{konv\ ges}$: | Gesamte Anschaffungskosten Doppelsteppstich |
| $K_{ein\ ges}$: | Gesamte Anschaffungskosten einseitige Nähtechnik |
| $t_{Abschreibung}$: | Zeitdauer der Abschreibung in Jahren (= 8) |
| $t_{Textil}$: | Gesamtzeit zur Herstellung eines Textilpreforms |
| $t_{Jahr}$: | Monatsanzahl eines Jahres (= 12) |
| $t_{Wochen}$: | Wochenanzahl eines Monats (= 4) |
| $t_{Wochen\ Durch}$: | Durchschnittliche Wochenarbeitszeit (=38,5 h) |
| $K_{Raum\ konv}$: | Raumkosten konventioneller Doppelsteppstich |
| $K_{Raum\ ein}$: | Raumkosten einseitige Nähtechnik |
| $r_{konv\ ges}$: | Raumbedarf konventionelle Nähtechnik inkl. Zuführung, Transportbox und Bedienflächen (= 11,42 $m^2$) |
| $r_{ein\ ges}$: | Raumbedarf einseitige Nähtechnik inkl. Halterung, Transportbox und Bedienflächen ( = 9,17 $m^2$) Roboter wird an der Decke montiert |
| $k_{Raum\ Monat}$: | Monatliche Raumpauschale (= 10 €/$m^2$) |

Mit den Gleichungen Gl. 12-25 bis Gl. 12-33 können unter Variation der Nähgeschwindigkeiten die Inventar-, Lohn- und Energiekosten für konventionelle und einseitige Nähtechnologien bestimmt werden. Die Materialkosten bleiben bei Variation der Nähgeschwindigkeit $v_{Näh}$ konstant.

Die Abb. 12-17 bis Abb. 12-20 beinhalten die berechneten Kostenarten für die Herstellung eines stringerversteiften Textilpreforms und von 1.000 stringerversteiften Textilpreforms mittels konventioneller Doppelsteppstichtechnologie und Roboter gestützter einseitiger Nähtechnologie. Zur Vereinfachung der Energiekosten wird bei allen Geschwindigkeiten der höchste Energieverbrauch der Nähanlagen angenommen.

| Nähgeschwindigkeit $v_{näh}$ in Stichen/min | Kalkulatorische Abschreibung + Raumkosten $K_{kalk\ Ab + Raum\ konv}$ | Materialkosten $K_{Material\ Textil}$ | Lohnkosten $K_{Lohn\ konv\ Textil}$ | Energiekosten $K_{Energie\ Textil\ konv}$ |
|---|---|---|---|---|
| 200 | 6,70 € | 722,83 € | 282,00 € | 0,0022 € |
| 400 | 5,87 € | 722,83 € | 247,00 € | 0,0022 € |
| 600 | 5,59 € | 722,83 € | 235,33 € | 0,0022 € |
| 800 | 5,45 € | 722,83 € | 229,50 € | 0,0022 € |
| 1000 | 5,37 € | 722,83 € | 226,00 € | 0,0022 € |

*Abb. 12-17: Kosten zur Herstellung eines Textilpreforms mittels konventioneller Doppelsteppstichnähtechnik bei Variation der Nähgeschwindigkeit*
*Fig. 12-17: Manufacturing Costs for one Textilepreform using conventionell double Lockstitch Sewing Technology with Variation of the Stitching Speed*

| Nähgeschwindigkeit $v_{näh}$ in Stichen/min | Kalkulatorische Abschreibung + Raumkosten $K_{kalk\ Ab + Raum\ ein}$ | Materialkosten $K_{Material\ Textil}$ | Lohnkosten $K_{Lohn\ ein\ Textil}$ | Energie-kosten $K_{Energie\ Textil\ konv}$ |
|---|---|---|---|---|
| 200 | 33,95 € | 722,83 € | 376,00 € | 0,0219 € |
| 400 | 29,74 € | 722,83 € | 329,33 € | 0,0219 € |
| 600 | 28,34 € | 722,83 € | 313,78 € | 0,0219 € |
| 800 | 27,63 € | 722,83 € | 306,00 € | 0,0219 € |
| 1000 | 27,21 € | 722,83 € | 301,33 € | 0,0219 € |

*Abb. 12-18: Kosten zur Herstellung eines Textilpreforms mittels einseitiger Nähtechnik bei Variation der Nähgeschwindigkeit*
*Fig. 12-18: Manufacturing Costs for one Textilepreform using one-sided Sewing Technology with Variation of the Stitching Speed*

| Nähgeschwindigkeit $v_{näh}$ in Stichen/min | Kalkulatorische Abschreibung + Raumkosten $K_{kalk\ Ab\ +\ Raum\ konv}$ | Materialkosten $K_{Material\ Textil}$ | Lohnkosten $K_{Lohn\ konv\ Textil}$ | Energiekosten $K_{Energie\ Textil\ konv}$ |
|---|---|---|---|---|
| 200 | 6.696,23 € | 722.826,15 € | 282.000,00 € | 2,19 € |
| 400 | 5.865,14 € | 722.826,15 € | 247.000,00 € | 2,19 € |
| 600 | 5.588,11 € | 722.826,15 € | 235.333,33 € | 2,19 € |
| 800 | 5.449,59 € | 722.826,15 € | 229.500,00 € | 2,19 € |
| 1000 | 5.366,48 € | 722.826,15 € | 226.000,00 € | 2,19 € |

*Abb. 12-19: Kosten zur Herstellung von 1.000 Textilpreforms mittels konventioneller Doppelsteppstichnähtechnik bei Variation der Nähgeschwindigkeit*
*Fig. 12-19: Manufacturing Costs for 1.000 Textilpreforms using conventionell double Lockstitch Sewing Technology with Variation of Stitching Speed*

| Nähgeschwindigkeit $v_{näh}$ in Stichen/min | Kalkulatorische Abschreibung + Raumkosten $K_{kalk\ Ab\ +\ Raum\ ein}$ | Materialkosten $K_{Material\ Textil}$ | Lohnkosten $K_{Lohn\ ein\ Textil}$ | Energie-kosten $K_{Energie\ Textil\ konv}$ |
|---|---|---|---|---|
| 200 | 33.953,94 € | 722.826,15 € | 376.000,00 € | 21,87 € |
| 400 | 29.739,80 € | 722.826,15 € | 329.333,33 € | 21,87 € |
| 600 | 28.335,08 € | 722.826,15 € | 313.777,78 € | 21,87 € |
| 800 | 27.632,73 € | 722.826,15 € | 306.000,00 € | 21,87 € |
| 1000 | 27.211,31 € | 722.826,15 € | 301.333,33 € | 21,87 € |

*Abb. 12-20: Kosten zur Herstellung von 1.000 Textilpreforms mittels einseitiger Nähtechnik bei Variation der Nähgeschwindigkeit*
*Fig. 12-20: Manufacturing Costs for 1.000 Textilpreforms using one-sided Sewing Technology with Variation of Stitching Speed*

Diese Kostenkalkulationen sind Berechnungen basierend auf Schätzwerten. Eine Geschwindigkeitserhöhung im Nähprozess ist zudem nur sinnvoll, sofern die Anlagen auch dadurch im Zusammenhang mit der Beschickung der Nähanlagen und dem Transport zur Harzimprägnierung und Aushärtung ausgelastet werden können.

Für den Vergleich der Herstellkosten für ein Textilpreform nach Handlegetechnik, Doppelsteppstichnähen und einseitiges Nähen werden die Handlegekosten nach Hinrichsen [hin02] ermittelt. Dort werden für 1kg hergestelltes FVK-Bauteil für die Luftfahrt Herstellkosten von 40 $ angegeben. Diese Kostenangabe gilt für das Handlegen von Textilhalbzeugen mit leichter bis mittlerer 3D-Anordnung. Dies beinhaltet die Material-, Prozess- und Lohnkosten. Zur Bestimmung der Kosten bezogen auf das Beispielbauteil aus Kapitel 7.2 wird zunächst das Gewicht des Textilpreform aus multiaxialen Glasgelegen benötigt.

Gl. 12-34 $$G_{Textilpreform} = G_{Flächengewicht} \times A_{Textilpreform}$$

$G_{Textilpreform}$: Gewicht Textilpreform

$G_{Flächengewicht}$: Flächengewicht Textilpreform (= 822 g/m$^2$)

$A_{Textilpreform}$: Fläche Textilpreform (= 16,8 m$^2$)

Mit Hilfe der Gleichung Gl. 12-34 wird das Gewicht des Textilpreform bestimmt: $G_{Textilpreform}$ = 13,81 kg.

Für das Gesamtgewicht des FVK-Bauteils wird der Gewichtsanteil der Matrix gleich dem des Fasermaterials angenommen.

Gl. 12-35 $$G_{ges} = 2 \times G_{Textilpreform}$$

$G_{ges}$: Gesamtes Gewicht inkl. Faser- und Matrixanteil

$G_{Textilpreform}$: Gewicht Textilpreform.

Das Gesamtgewicht wird mittels Gl. 12-35 zu $G_{ges}$ = 27,62 kg berechnet.

Gl. 12-36 $$K_{Handlegen} = k_{Handlegen} \times G_{ges} \times U_{Umrechnung}$$

$K_{Handlegen}$: Kosten Handlegen

$k_{Handlegen}$: Kosten Handlegen pro kg FVK-Bauteil (= 40 $/kg)

$G_{ges}$: Gesamtes Gewicht inkl. Faser- und Matrixanteil

$U_{Umrechnung}$: Umrechnungskurs $ in € (= 0,917 €/$).

Mit Hilfe der Gleichung Gl. 12-36 lassen sich die Kosten des Handlegen eines Textilpreform berechnen:

$K_{Handlegen}$ = 1013,1 €.

Die in diesem Unterkapitel durchgeführten Berechnungen sind reine Abschätzungskalkulationen.

## Lebenslauf

| | | |
|---|---|---|
| Name | | Kai Tobi Klopp |
| Geburtsdatum/-ort | | 11. März 1969 in Gronau (Westfalen) |
| Nationalität | | deutsch |
| Familienstand | | ledig |
| Schulbildung | 08/75 - 07/79 | Grundschule in Gronau-Epe |
| | 08/79 - 07/88 | Gymnasium in Gronau, Abschluss: Abitur |
| Grundwehrdienst | 10/88 - 12/89 | Richtkanonier beim Panzerartilleriebataillon in Dülmen |
| Studium | 10/90 - 05/98 | Studium Maschinenbau RWTH Aachen, Vertiefung Textiltechnik/Textilmaschinenbau, Abschluss: Dipl.-Ing. |
| Berufliche Tätigkeiten | | |
| Praktika | 08/88 - 09/88 | Firma techno system GmbH, Nordhorn |
| | 01/90 - 05/90 | W. Schlafhorst AG & Co, Mönchengladbach |
| | 05/90 - 06/90 | Eisengiesserei Ewald Tweer, Viersen |
| | 12/96 - 01/97 | De Danske Bomuldsspinderier A/S, Vejle, Dänemark |
| | 02/97- 06/97 | Zellweger Uster a divison of Zellweger Luwa AG, Uster, Schweiz |
| befristetes Arbeitsverhältnis | 07/90 - 09/90 | Baumwollspinnerei Germania-Epe AG, Gronau-Epe |
| studentische Hilfskraft | 04/95 - 03/97 | Institut für Textiltechnik der RWTH Aachen |
| Wissenschaftlicher Mitarbeiter | 05/98 - 11/01 | Institut für Textiltechnik der RWTH Aachen |
| Oberingenieur | seit 12/01 | Institut für Textiltechnik der RWTH Aachen |
| Auszeichnungen | | |
| Förderpreis der Wilhelm-Lorch Stiftung | 05/99 | Für die Diplomarbeit: „Systematische Prozessanalyse als Basis für eine ganzheitliche Qualitätssicherung bei der Herstellung elastanhaltiger Kombinationsgarne“ |